学以致用

U0397975

3ds Max 2016 三维动画 制作案例教程

张　波　陶建强　叶丽丽　主　编
周伦钢　副主编

电子工业出版社
Publishing House of Electronics Industry
北京·BEIJING

内 容 简 介

本书是为了满足中等职业学校培养计算机应用及软件技术领域人才的需求编写的。全书采用任务驱动模式，提出了 25 个兼具实用性与趣味性的具体任务，介绍了 3ds Max 2016 在建模、材质、灯光、摄影机和动画等方面的基本使用方法和操作技巧。本书通过大量的工作任务实施和上机实战训练，提高读者的实际操作能力。

本书可以作为中等职业学校三维动画相关课程的教材，也可以作为相关培训机构的教材，还可以作为三维动画爱好者的自学参考书。

未经许可，不得以任何方式复制或抄袭本书之部分或全部内容。

版权所有，侵权必究。

图书在版编目（CIP）数据

3ds Max 2016 三维动画制作案例教程 / 张波，陶建强，叶丽丽主编. —北京：电子工业出版社，2021.4

ISBN 978-7-121-41042-0

Ⅰ．①3… Ⅱ．①张… ②陶… ③叶… Ⅲ．①三维动画软件－教材 Ⅳ．①TP317.48

中国版本图书馆 CIP 数据核字（2021）第 076688 号

责任编辑：罗美娜　　　　　　特约编辑：田学清
印　　刷：三河市兴达印务有限公司
装　　订：三河市兴达印务有限公司
出版发行：电子工业出版社
　　　　　北京市海淀区万寿路 173 信箱　　　　邮编 100036
开　　本：787×1 092　　1/16　　印张：20.25　　字数：519 千字
版　　次：2021 年 4 月第 1 版
印　　次：2021 年 4 月第 1 次印刷
定　　价：45.00 元

前　　言

　　随着计算机技术的飞速发展，计算机技术的应用领域越来越广，三维动画技术得到了广泛应用，相应的动画制作软件也层出不穷，3ds Max 是这些动画制作软件中的佼佼者。使用 3ds Max 可以完成多项工作，包括影视制作、广告动画制作、室内设计、模拟产品造型设计和工艺设计等。

　　我们组织编写这本书的初衷是帮助广大读者快速、全面地学会应用 3ds Max 2016。因此，本书在内容编写和结构编排上充分考虑到广大读者的实际情况，采用由浅入深、循序渐进的方法，通过实用的操作指导和有代表性的实例，让读者直观、迅速地了解 3ds Max 2016 的主要功能，并且在实践中掌握 3ds Max 2016 的应用方法。

　　无论是 3ds Max 软件的新手，还是曾经用过以前版本的老用户，只要具有最基本的计算机操作常识，都能轻轻松松地阅读本书。在阅读本书时配合实际操作，可以更好地掌握本书中的相关知识点。

　　一本书的出版凝聚了许多人的心血、汗水和思想。在这里，我想对每一位为本书付出劳动的人们表达自己的感谢和敬意。

　　本书主要由张波、陶建强、叶丽丽担任主编，周伦钢担任副主编，参与本书编写的还有朱晓文、李少勇、刘蒙蒙、刘峥、田红梅、陈月霞、刘希林、黄健、黄永生等，感谢你们为书稿前期的版式设计、校对、编排、图片处理所做的工作。

　　由于本书编写时间仓促，作者水平有限，书中疏漏之处在所难免，欢迎广大读者和有关专家批评指正。

作　者

目　　录

第 1 章

初识 3ds Max 2016

01

Chapter

本章导读:

基础知识 ❖ 认识工作界面
❖ 对象的变换、复制操作

重点知识 ❖ 艺术人生动画的制作
❖ 打开的门动画的制作

提高知识 ❖ 文件的基本操作
❖ 捕捉工具的使用和设置

3ds Max 属于单屏幕操作软件,所有的命令和操作都在一个屏幕上完成,不用进行切换,这样可以节省大量的工作时间,同时使创作更加直观。对于 3ds Max 的初级用户,学习和适应该软件的工作环境及基本的文件操作是非常有必要的。

1.1 任务1：制作艺术人生片头动画——3ds Max 2016 的基本操作

变形文字在日常生活中随处可见，本案例主要介绍如何制作变形文字。首先将制作好的矢量图形导入 3ds Max 2016 中，然后通过对其添加【倒角】修改器，使其呈现出立体感。本案例所需的素材文件如表 1-1 所示，完成后的效果如图 1-1 所示。

表 1-1 本案例所需的素材文件

案例文件	CDROM|Scenes|Cha01|变形文字.max
	CDROM|Scenes|Cha01|变形文字 OK.max
贴图文件	CDROM|Map
视频文件	视频教学|Cha01|制作艺术人生片头动画.avi

图 1-1 变形文字效果

1.1.1 任务实施

（1）在启动软件后，打开配套资源中的【CDROM\|Scenes\|Cha01\|变形文字.max】文件，切换到【摄影机】视图进行渲染，效果如图 1-2 所示。

（2）单击系统图标，在弹出的下拉菜单中选择【导入】|【导入】命令，如图 1-3 所示。

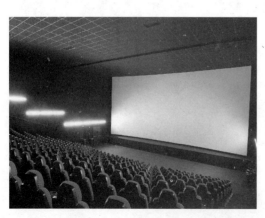

图 1-2 渲染【摄影机】视图

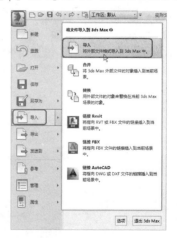

图 1-3 选择【导入】|【导入】命令

（3）弹出【选择要导入的文件】对话框，选择配套资源中的【CDROM|Map|变形文字.ai】文件，单击【打开】按钮，弹出【AI 导入】对话框，选择【合并对象到当前场景】单选按钮，单击【确定】按钮，弹出【图形导入】对话框，选择【多个对象】单选按钮，单击【确定】按钮，如图 1-4 所示。

（4）此时导入的对象会平铺在场景中，使用【选择并旋转】工具框选所有文字，对这些文字进行调整，调整后的文字效果如图 1-5 所示。

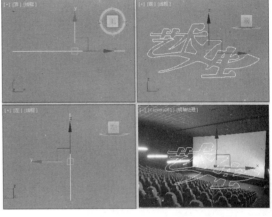

图 1-4　导入素材文件　　　　　　　　　　　图 1-5　调整后的文字效果

（5）在【前】视图中选择文字的主体部分，切换到【修改】命令面板，在【几何体】卷展栏中单击【附加】按钮，在场景中拾取文字的其他部分，使其与文字附加为一个整体，再次单击【附加】按钮，退出附加状态，如图 1-6 所示。

（6）在【修改器列表】下拉列表中选择【倒角】选项，添加【倒角】修改器，在【倒角值】卷展栏中，将【级别 1】选区中的【高度】和【轮廓】的值分别设置为 1.5 和 0.0，将【级别 2】选区中的【高度】和【轮廓】的值分别设置为 0.07 和-0.05，如图 1-7 所示。

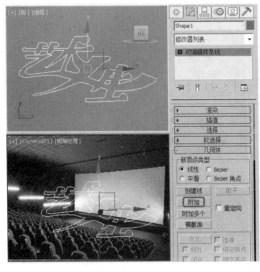

图 1-6　附加文字　　　　　　　　　　　　图 1-7　添加【倒角】修改器

（7）按【M】快捷键打开【材质编辑器】窗口，选择一个空白材质球，将其重命名为【文字】，在【明暗器基本参数】卷展栏中将明暗器类型设置为【金属】，在【金属基本参数】卷展栏中将【环境光】和【漫反射】的颜色的RGB值设置为218、37、28，将【自发光】选区中【颜色】的值设置为40，在【反射高光】选区中将【高光级别】和【光泽度】的值分别设置为10和50，单击【将材质指定给选定对象】按钮，将该材质指定给文字对象，如图1-8所示。

（8）单击【自动关键点】按钮，将滑块调整至第0帧，调整文字对象的大小、角度和位置，效果如图1-9所示。

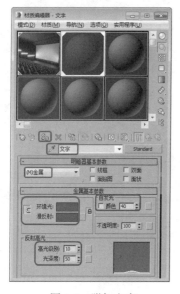

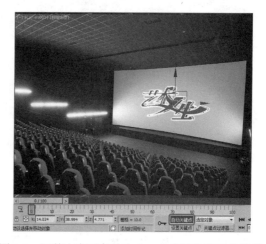

图1-8　附加文字　　　　　　　　　　图1-9　调整文字对象的大小、角度和位置后的效果

（9）将滑块调整至第100帧，调整文字对象的位置，效果如图1-10所示。再次单击【自动关键点】按钮。

（10）对文字对象进行渲染，效果如图1-11所示。

图1-10　调整文字对象的位置　　　　　　　图1-11　对文字对象进行渲染后的效果

1.1.2　**认识** 3ds Max 2016 **的工作界面**

　　启动 3ds Max 2016，进入该应用程序的工作界面，如图 1-12 所示。3ds Max 2016 的工作界面由标题栏、菜单栏、工具栏、场景资源器、命令面板、视图区、视图控制区、状态栏与提示栏、时间轴、动画控制区等部分组成。该界面集成了 3ds Max 2016 的全部命令和上千条参数，因此，在学习 3ds Max 2016 之前，有必要对其工作界面有一个基本的了解。

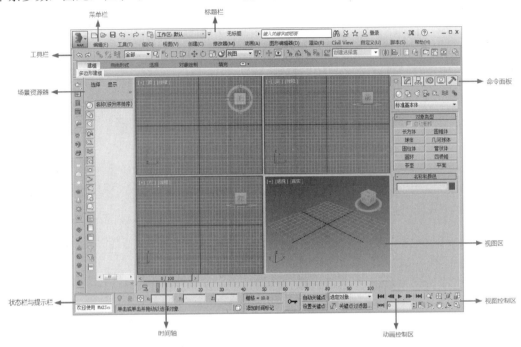

图 1-12　3ds Max 2016 的工作界面

1．标题栏

　　标题栏位于 3ds Max 2016 工作界面的顶部，位于标题栏最左边的是快速访问工具栏，单击它们可执行相应的命令；紧随其后的是文件名；在标题栏最右边的是 3 个基本按钮，分别是【最小化】按钮▬、【最大化】按钮▢和【关闭】按钮✖，如图 1-13 所示。

图 1-13　标题栏

2．菜单栏

　　3ds Max 2016 的菜单栏中有 13 组菜单，这些菜单包含 3ds Max 2016 的大部分操作命令，如图 1-14 所示。

图 1-14　菜单栏

- 编辑：主要用于进行一些基本的编辑操作。例如，【撤销】命令和【重做】命令分别用于撤销和恢复上一次的操作，【克隆】命令和【删除】命令分别用于复制和删除场景中选定的对象。
- 工具：主要用于提供各种常用的命令，如对齐、镜像、间隔工具等。这些命令在工具栏中一般都有相应的按钮，主要用于对选定对象进行各种操作。
- 组：主要用于对 3ds Max 2016 中的群组进行控制，如将多个对象绑定成组、解除对象成组等。
- 视图：主要用于控制视图的显示方式，如是否在视图中显示网格、还原当前激活的视图等。
- 创建：主要用于创建基本的物体、灯光、粒子系统等，如长方体、圆柱体、泛光灯等。
- 修改器：主要用于对选定对象进行调整，如 NURBS 编辑、弯曲、噪波等。
- 动画：该菜单中的命令主要用于启用制作动画的各种控制器及实现动画预览功能，如 IK 解算器、变换控制器、生成预览等。
- 图形编辑器：主要用于查看和控制对象的运动轨迹、添加同步轨迹等。
- 渲染：主要用于渲染场景和环境。
- Civil View：该菜单提供了【初始化 Civil View】命令。
- 自定义：主要用于提供自定义设置相关的命令，如【自定义用户界面】【配置系统路径】等。
- 脚本：主要用于提供操作脚本的相关命令，如【新建脚本】【运行脚本】等。
- 帮助：该菜单提供了丰富的帮助信息，如 3ds Max 2016 的新功能。

3．工具栏

3ds Max 2016 的工具栏位于菜单栏的下方，由若干个工具按钮组成，包括主工具栏和标签工具栏两部分。其中一些工具按钮是菜单命令的快捷按钮，可以直接打开某些控制窗口（如【材质编辑器】窗口、【渲染设置】窗口等），如图 1-15 所示。

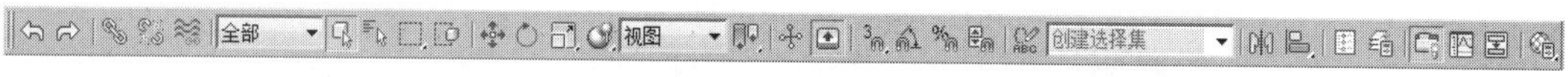

图 1-15　工具栏

> ！提示：一般在 1024px×768px 分辨率下，工具栏中的按钮无法全部显示出来，将鼠标指针移至工具栏上，鼠标指针会变为【小手】，这时对工具栏进行拖动即可显示其余的按钮。将鼠标指针在工具按钮上停留几秒，会出现当前按钮的文字提示，有助于了解该按钮的用途。

在 3ds Max 2016 中还有一些工具按钮没有在工具栏中显示，它们会在浮动工具栏中显示。在菜单栏中选择【自定义】|【显示 UI】|【显示浮动工具栏】命令，如图 1-16 所示，即可打开【捕捉】【容器】【动画层】等浮动工具栏。

图 1-16　选择【显示浮动工具栏】命令

4．视图区

视图区在 3ds Max 2016 的工作界面中占据很大面积，是进行三维创作的主要工作区域，一般分为【顶】视图、【前】视图、【左】视图和【透视】视图 4 部分。通过这 4 个视图，可以从不同角度观察创建的对象。

VimCube 3D 导航控件提供了视图当前方向的视觉反馈，使用户可以调整视图方向，并且可以在【标准】视图与【等距】视图之间进行切换。ViewCube 3D 导航控件如图 1-17 所示。

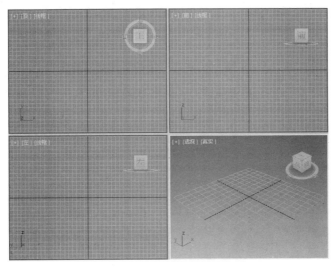

图 1-17　ViewCube 3D 导航控件

在默认情况下，ViewCube 3D 导航控件会显示在活动视图的右上角，它不会显示在【摄影机】【灯光】【ActiveShade】【Schematic】等视图中。如果 ViewCube 3D 导航控件处于非活动状态，则会叠加在场景之上。

在将鼠标指针置于 ViewCube 3D 导航控件上方时，ViewCube 3D 导航控件会转换为活动状态。单击 ViewCube 3D 导航控件的相应位置，可以切换到相应的视图；在 ViewCube 3D 导航控件上按住鼠标左键并拖动鼠标，可以旋转当前视图；右击 ViewCube 3D 导航控件，会弹出一个快捷菜单，如图 1-18 所示，通过该快捷菜单中的命令可以快速切换到相应的视图。

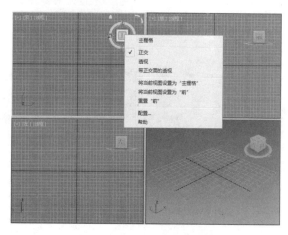

图 1-18　弹出的快捷菜单

1）控制 ViewCube 3D 导航控件的显示状态。

ViewCube 3D 导航控件的显示状态分为非活动状态和活动状态。

当 ViewCube 3D 导航控件处于非活动状态时，在默认情况下它在视图上方为透明显示，这样不会完全遮住视图中的模型。当 ViewCube 3D 导航控件处于活动状态时，它是不透明的，并且可能遮住视图中的模型。

当 ViewCube 3D 导航控件处于非活动状态时，用户可以控制其不透明度、大小、视图显示和指南针显示。如果要进行这些设置，那么在菜单栏中选择【视图】|【视口配置】命令，弹出【视口配置】对话框，选择【ViewCube】选项卡，在该选项卡中进行相应的参数设置，如图 1-19 所示。

2）显示或隐藏 ViewCube 3D 导航控件。

下面介绍 4 种显示或隐藏 ViewCube 3D 导航控件的方法。

- 按默认的快捷键：Alt+Ctrl+V。
- 在【视口配置】对话框的【ViewCube】选项卡中勾选【显示 ViewCube】复选框。
- 右击 ViewCube 3D 导航控件，在弹出的快捷菜单中选择【配置】命令，弹出【视口配置】对话框，然后在【ViewCube】选项卡中进行相应的参数设置。
- 在菜单栏中选择【视图】|【ViewCube】|【显示 ViewCube】命令，如图 1-20 所示。

图 1-19　【ViewCube】选项卡

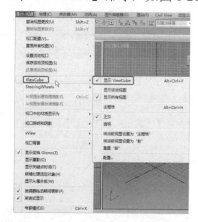

图 1-20　选择【显示 ViewCube】命令

3）设置 ViewCube 3D 导航控件的大小和非活动不透明度。

（1）在【视口配置】对话框中选择【ViewCube】选项卡。

（2）在【显示选项】选区中，可以在【ViewCube 大小】下拉列表中设置 ViewCube 3D 导航控件的大小，选项包括【大】、【普通】、【小】和【细小】。

（3）在【显示选项】选区中，可以在【非活动不透明度】下拉列表中设置【非活动不透明度】的值，该值的取值范围为 0%（在处于非活动状态下不可见）～100%（始终完全不透明）。

（4）在设置完成后，单击【确定】按钮即可。

4）指南针。

ViewCube 3D 导航控件的指南针可以指示场景中的北方。用户可以切换 ViewCube 3D 导航控件下方的指南针显示，并且使用指南针指定其方向。

5）设置显示 ViewCube 3D 导航控件的指南针。

（1）在【视口配置】对话框中选择【ViewCube】选项卡。

（2）在【指南针】选区中勾选【在 ViewCube 下显示指南针】复选框，指南针就会显示于 ViewCube 3D 导航控件的下方，并且指向场景中的北方。

（3）在设置完成后，单击【确定】按钮即可。

5．命令面板

3ds Max 2016 中有 6 个命令面板，分别为【创建】命令面板 、【修改】命令面板 、【层次】命令面板 、【运动】命令面板 、【显示】命令面板 和【实用程序】命令面板 ，如图 1-21 所示，这 6 个命令面板分别可以完成不同的工作。【创建】命令面板中包含 7 个面板，分别为【几何体】面板 、【图形】面板 、【灯光】面板 、【摄影机】面板 、【辅助对象】面板 、【空间扭曲】面板 、【系统】面板 ，利用这 7 个面板可以创建不同的对象。命令面板是 3ds Max 2016 的核心工作区，包括大部分造型和动画命令，为用户提供了丰富的工具及修改命令，它们分别用于创建对象、修改对象、设置链接、设置反向运动、控制运动变化、控制显示和选择应用程序，外部插件窗口也位于这里。

图 1-21　命令面板

6．视图控制区

视图控制区位于 3ds Max 2016 工作界面的右下角，其中的控制按钮可以控制视图区中各个视图的显示状态，如视图的缩放、旋转、移动等。此外，视图控制区中的各按钮会因所用视图不同而呈现不同状态。例如，在【前】视图、【透视】视图、【摄影机】

视图中，视图控制区中的各按钮如图 1-22 所示。

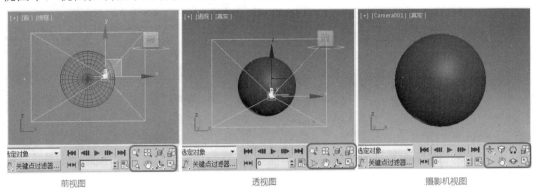

前视图　　　　　　　　　透视图　　　　　　　　　摄影机视图

图 1-22　不同视图中的视图控制区按钮

7．状态栏与提示栏

状态栏与提示栏位于 3ds Max 2016 工作界面底部的左侧，主要用于显示当前选定对象的数量、坐标和当前视图的网格单位等信息，如图 1-23 所示。状态栏中的坐标输入区域会经常用到，通常用于精确调整对象的变换细节。

图 1-23　状态栏与提示栏

- 当前状态：显示当前选定对象的数量和类型。
- 提示信息：针对当前选择的工具和程序，提示下一步操作。
- 锁定选择：在默认状态下是禁用的，如果启用它，会将当前选定对象锁定，在切换视图或调整工具时，都不会改变当前操作对象。在实际操作时，这是一个使用频率很高的按钮。
- 当前坐标：显示当前选定对象的世界坐标，以及在对选定对象进行变换操作时的相对坐标。
- 栅格尺寸：显示当前栅格中一个方格的边长，该值不会因为镜头的推拉而产生变化。
- 时间标记：通过文字符号指定特定的帧标记，使用户能够迅速跳转到指定帧。时间标记可以锁定标记之间的关系，在移动一个时间标记时，其他的时间标记也会发生相应的变化。

8．动画控制区

动画控制区包括视图区的时间轴，以及状态栏与视图控制区之间的区域，主要用于对动画时间进行控制，如图 1-24 所示。在动画控制区中可以开启动画制作模式，可以随时在当前动画场景中设置关键帧，并且完成的动画可以在处于激活状态的视图中进行实时播放。

图 1-24　动画控制区

1.1.3　文件的基本操作

作为 3ds Max 2016 的初级用户，在没有正式掌握软件之前，学习文件的基本操作是非常必要的。下面介绍 3ds Max 2016 文件的基本操作方法。

1．建立新文件

（1）选择 ![MAX] |【新建】|【新建全部】命令，如图 1-25 所示，或者按【Ctrl+N】组合键。

图 1-25　选择【新建全部】命令

（2）新建一个空白场景，如图 1-26 所示。

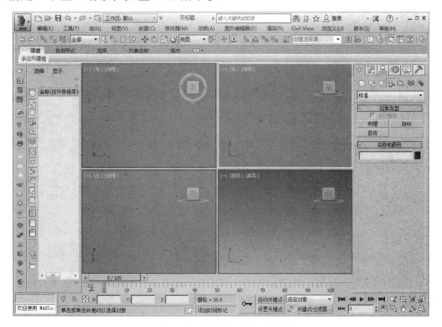

图 1-26　新建的空白场景

2．重置场景

（1）选择 ![MAX] |【重置】命令，如图 1-27 所示。

（2）弹出【3ds Max】对话框，如图 1-28 所示，单击【确定】按钮，即可重置当前场景。

图 1-27　选择【重置】命令　　　　　　　　　　　　图 1-28　　【3ds Max】对话框

3．打开文件

（1）选择 ![MAX] |【打开】|【打开】命令，如图 1-29 所示，或者按【Ctrl+O】组合键。

（2）弹出【打开文件】对话框，选择要打开的文件，单击【打开】按钮，如图 1-30 所示，即可打开该文件。

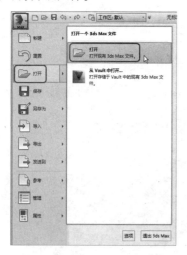

图 1-29　选择【打开】命令　　　　　　　　　　　　图 1-30　　【打开文件】对话框

4．保存文件

（1）选择 ![MAX] |【另存为】|【另存为】命令，如图 1-31 所示。

（2）弹出【文件另存为】对话框，在【保存在】下拉列表中选择保存路径，在【文件名】文本框中输入文件名，单击【保存】按钮，如图 1-32 所示，即可将该文件存储于所选路径下。

图 1-31　选择【另存为】命令

图 1-32　【文件另存为】对话框

5. 合并文件

（1）选择![MAX]【导入】|【合并】命令，如图 1-33 所示。

（2）弹出【合并文件】对话框，选择要合并的场景文件，单击【打开】按钮，如图 1-34 所示。

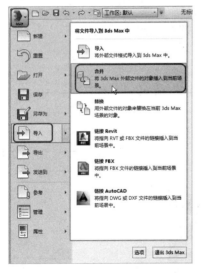

图 1-33　选择【合并】命令

图 1-34　【合并文件】对话框

（3）弹出【合并】对话框，选择要合并的对象，单击【确定】按钮，如图 1-35 所示，即可完成合并操作。

图 1-35　【合并】对话框

6．导入、导出文件

在 3ds Max 2016 中可以导入的文件格式包括 3DS、AI、APE、ASM、CGR、DAE、DEM、DWG、FLT、HTR、IGE、IPT、JT、DLV、OBJ、PRT、SAT、SKP、SHP、SLDPRT、STL、STP、WRL 等。

在 3ds Max 2016 中可以导出的文件格式包括 FBX、3DS、AI、ASE、DAE、DWF、DWG、DXF、FLT、HTR、IGS、SAT、STL、W3D、WIRE、WRL 等。

1.2　任务 2：制作打开门动画——3ds Max 2016 的基本操作

本案例主要介绍如何使用【自动关键点】按钮制作打开门动画。首先利用【自动关键点】按钮在第 0 帧位置添加关键帧，然后在第 50 帧位置利用【仅影响轴】按钮对旋转轴进行调整，最后利用【自动关键点】按钮在第 50 帧位置添加关键帧。本案例所需的素材文件如表 1-2 所示，完成后的效果如图 1-36 所示。

表 1-2　本案例所需的素材文件

案例文件	CDROM|Scenes|Cha01|打开门动画.max
	CDROM|Scenes|Cha01|制作打开门动画 OK.max
贴图文件	CDROM|Map
视频文件	视频教学|Cha01|制作打开门动画.avi

图 1-36　打开门动画效果

1.2.1 任务实施

（1）打开配套资源中的【CDROM|Scenes|Cha01|打开门动画.max】文件，如图1-37所示。

（2）在【顶】视图中选择最左侧的一扇门，将时间滑块移动到第0帧位置，单击【设置关键点】按钮💉，如图1-38所示。

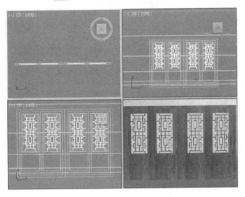

图1-37 打开【打开门动画】文件

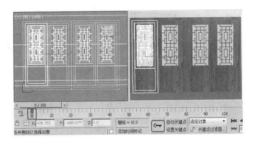

图1-38 添加关键帧

（3）然后将时间滑块移动到第50帧位置，在命令面板中选择【层次】|【轴】命令，在【调整轴】卷展栏中单击激活【仅影响轴】按钮，将轴调整到适当位置，如图1-39所示。再次单击取消激活【仅影响轴】按钮。

（4）单击【自动关键点】按钮，在工具栏中右击【角度捕捉切换】按钮💍，打开【栅格和捕捉设置】窗口，设置【角度】的值为90.0度；在设置完成后关闭该窗口，并使【角度捕捉切换】按钮💍处于激活状态；单击【选择并旋转】按钮🔄，在【顶】视图中将选中的门向上旋转90度，如图1-40所示。

图1-39 将轴调整到适当位置

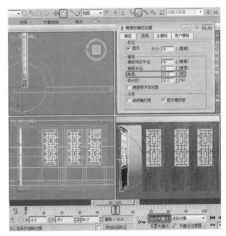

图1-40 添加关键帧并将门旋转

> **！提示：** 如果要使对象根据特定的轴进行旋转或移动，那么可以在【层次】命令面板中单击激活【仅影响轴】按钮，然后设置对象的轴。在设置完成后，再次单击取消激活【仅影响轴】按钮。

（5）使用同样的方法，对其他 3 扇门进行设置，完成后的效果如图 1-41 所示。

（6）在命令面板中选择【创建】|【灯光】|【标准】命令，使用【天光】工具在视图中创建一盏天光灯，使用【泛光】工具在视图中创建一盏泛光灯，如图 1-42 所示。

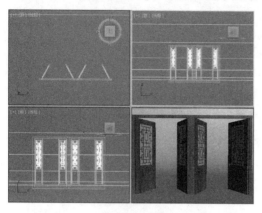

图 1-41　对门设置完成后的效果

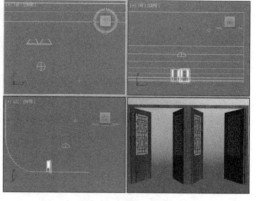

图 1-42　创建一盏天光灯和一盏泛光灯

（7）按【F10】快捷键，打开【渲染设置】窗口，在【时间输出】选区中选择【范围】单选按钮，并且设置【范围】为 0～100；在【输出大小】选区中的下拉列表中选择【自定义】选项，设置【宽度】的值为 640，设置【高度】的值为 480；在【渲染输出】选区中勾选【保存文件】复选框；然后单击其后的【文件】按钮，设置文件的存储位置；最后单击【渲染】按钮，如图 1-43 所示。

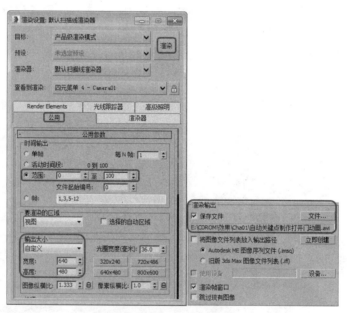

图 1-43　【渲染设置】窗口

1.2.2　对象的选择

选择对象是基本操作。如果需要对场景中的对象进行操作，首先要选中该对象。3ds Max 2016 提供了多种选择对象的方式。

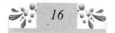

1．单击选择

（1）在任意视图中创建一个圆柱体和一个管状体，如图 1-44 所示。

（2）单击工具栏中的【选择对象】按钮，将鼠标指针移动到圆柱体上，在鼠标指针变为十字形后单击，即可选中该圆柱体，如图 1-45 所示。

图 1-44　创建圆柱体和管状体　　　　　　图 1-45　选中圆柱体

（3）按住【Ctrl】键的同时单击视图中的管状体，即可同时选中圆柱体和管状体。

> ！ 提示：被选中的对象，在以【平滑+高光】模式显示的视图中，会在周围显示一个白色的框架，无论被选中的对象是什么形状，这种白色的框架都以长方体的形式显示。

2．按名称选择

（1）在工具栏中单击【按名称选择】按钮，弹出【从场景选择】对话框，按住【Ctrl】键的同时选中创建的两个对象，如图 1-46 所示。

（2）单击【确定】按钮，即可看到视图中的圆柱体和管状体已被选中，如图 1-47 所示。

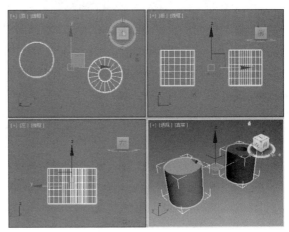

图 1-46　【从场景选择】对话框　　　　　图 1-47　圆柱体和管状体已被选中

3．工具选择

单选工具只有【选择对象】工具。

组合选择工具包括【选择并移动】工具、【选择并旋转】工具、【选择并均匀缩放】

工具█、【选择并链接】工具█、【断开当前选择链接】工具█等。

区域选择工具包括【矩形选择区域】工具█、【圆形选择区域】工具█、【围栏选择区域】工具█、【套索选择区域】工具█和【绘制选择区域】工具█。

【围栏选择区域】工具█的使用方法：单击并不断拉出直线，围成多边形区域，然后在末端双击，即可完成区域选择，如图 1-48 所示。

【套索选择区域】工具█的使用方法：按住鼠标左键，拖动绘制出选择区域，如图 1-49 所示。

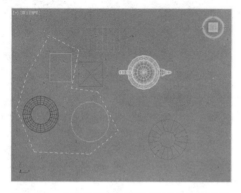 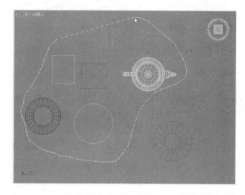

图 1-48　【围栏选择区域】工具的使用方法　　　图 1-49　【套索选择区域】工具的使用方法

范围选择方式有两种，是【窗口/交叉】按钮的两种状态。如果【窗口/交叉】按钮处于【交叉范围选择】状态█，那么在选择对象时，只要对象的部分被框选，该对象就会被选中，如图 1-50 所示；如果【窗口/交叉】按钮处于【窗口范围选择】状态█，那么在选择对象时，只有对象被完全框选，该对象才会被选中，如图 1-51 所示。

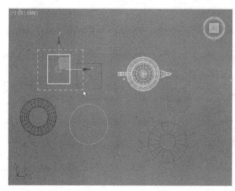 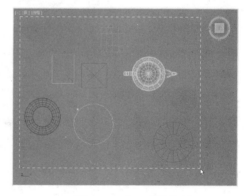

图 1-50　交叉范围选择　　　　　　　　　　图 1-51　窗口范围选择

1.2.3　对象的变换

对象的变换包括移动、旋转、缩放等，可以使用【选择并移动】工具、【选择并旋转】工具、【选择并均匀缩放】工具等对选中的对象进行变换操作。

1. 对象的移动

（1）单击【选择并移动】按钮█，在对象上会出现 X、Y、Z 移动轴，将鼠标指针移动到 X 轴上，鼠标指针会变为十字光标，并且 X 轴呈黄色显示，如图 1-52 所示。按住鼠标左键并拖动

鼠标，即可沿该轴移动选中的对象。

（2）将鼠标指针移动到 X 轴和 Y 轴之间的平面上，鼠标指针会变为十字光标，并且 X 轴和 Y 轴同时呈黄色显示，如图 1-53 所示，按住鼠标左键并拖动鼠标，即可在 X 轴与 Y 轴形成的平面上移动选中的对象。

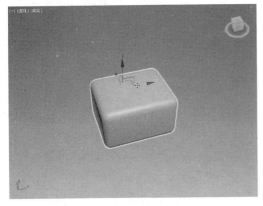
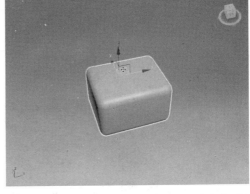

图 1-52　沿 X 轴移动选中的对象　　　　图 1-53　在 X 轴与 Y 轴形成的平面上移动选中的对象

2．对象的旋转

（1）单击【选择并旋转】按钮 ○，在选中的对象上会出现 3 种颜色的圆，其中，红色的圆以 X 轴为旋转轴，绿色的圆以 Y 轴为旋转轴，蓝色的圆以 Z 轴为旋转轴。将鼠标指针移动到红色圆上，该圆会呈黄色显示，如图 1-54 所示。

（2）按住鼠标左键并拖动鼠标，即可沿 X 轴旋转选中的对象，如图 1-55 所示。

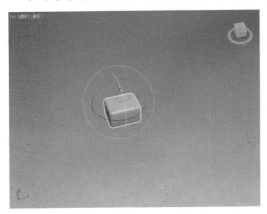
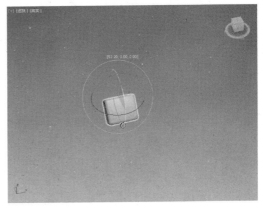

图 1-54　旋转轴呈黄色显示　　　　　　　图 1-55　沿 X 轴旋转选中的对象

3．对象的缩放

3ds Max 2016 中有 3 种缩放工具，分别为【选择并均匀缩放】工具、【选择并非均匀缩放】工具、【选择并挤压】工具，其功能介绍如下。

- 【选择并均匀缩放】工具 ⊡：可以沿 3 条轴同时以相同比例缩放对象，并且保持原始对象的形状不发生变化。
- 【选择并非均匀缩放】工具 ⊡：可以使对象在两条轴方向上保持形状不变的情况下进行放大或缩小，如图 1-56 所示。

- 【选择并挤压】工具 ：可以使对象在三维空间中保持体积不变的情况下进行压缩或伸展，如图 1-57 所示。

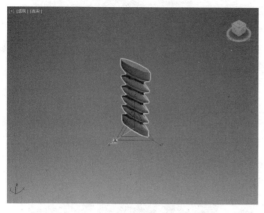

图 1-56　使用【选择并非均匀缩放】工具

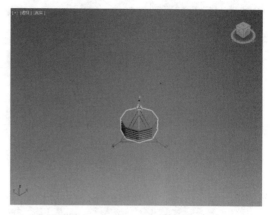

图 1-57　使用【选择并挤压】工具

! 提示：除了上述方法，还可以在视图区中右击，在弹出的快捷菜单中选择相应的命令，从而对对象进行变换操作。

1.2.4　对象的复制

如果需要将对象复制出一个或多个副本，并且需要与原始对象有相同的属性和参数，那么可以对选中的对象进行克隆、镜像等操作。

1. 克隆对象

（1）选中要克隆的对象，右击【选择对象】按钮 ，在弹出的快捷菜单中选择【克隆】命令，如图 1-58 所示。

（2）弹出【克隆选项】对话框，选择【复制】单选按钮，在【名称】文本框中输入【002】，如图 1-59 所示。

图 1-58　选择【克隆】命令

图 1-59　【克隆选项】对话框

（3）单击【确定】按钮，使用【选择并移动】工具移动克隆对象，如图 1-60 所示。

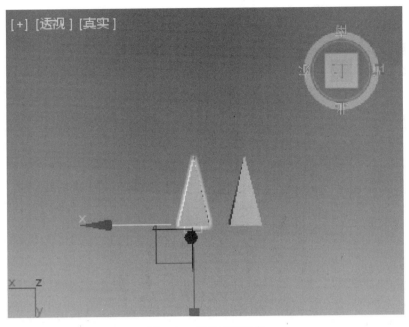

图 1-60　移动克隆对象

2. 镜像对象

（1）选择要镜像的对象，单击【镜像】按钮，弹出【镜像：世界 坐标】对话框，在【镜像轴】选区中选择【Y】单选按钮，指定镜像轴，设置【偏移】的值为 120.0，在【克隆当前选择】选区中选择【复制】单选按钮，如图 1-61 所示。

（2）单击【确定】按钮，镜像效果如图 1-62 所示。

图 1-61　【镜像：世界 坐标】对话框

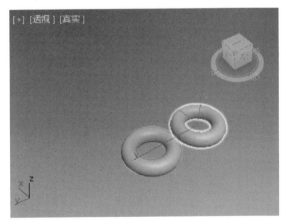

图 1-62　镜像效果

1.2.5　捕捉工具

在 3ds Max 2016 中，使用捕捉工具可以精确地将光标放置到所需位置。

1. 栅格和捕捉设置

在工具栏中右击【捕捉开关】按钮，弹出【栅格和捕捉设置】对话框，如图 1-63 所示。

图 1-63　【栅格和捕捉设置】对话框

在【捕捉】、【选项】、【主栅格】和【用户栅格】选项卡中，可以对栅格和捕捉进行设置。

1）【捕捉】选项卡。

【捕捉】选项卡的下拉列表中的选项有【Standard】、【Body Snaps】和【NURBS】，表示 3 种不同的捕捉类型，下面对【Standard】捕捉类型和【NURBS】捕捉类型进行详细说明。

①【Standard】捕捉类型。

- 【栅格点】：捕捉对象栅格的顶点。
- 【轴心】：捕捉对象的轴心点。
- 【垂足】：在视图区中绘制曲线时，捕捉上一次垂足的点。
- 【顶点】：捕捉网格对象或可编辑网格对象的顶点。
- 【边/线段】：捕捉对象的边或线段。
- 【面】：捕捉在视图区中所需面的点，背面无法进行捕捉。
- 【栅格线】：捕捉栅格线上的点。
- 【边界框】：捕捉对象边界框的 8 个角。
- 【切点】：捕捉样条线上与上一个点相对的相切点。
- 【端点】：捕捉对象边界的端点。
- 【中点】：捕捉对象边界的中点。
- 【中心面】：捕捉三角形面的中心。

②【NURBS】捕捉类型。

在【捕捉】选项卡的下拉列表中选择【NURBS】选项，如图 1-64 所示。

- 【CV】：捕捉 NURBS 曲线或 NURBS 曲面的 CV 子对象，如图 1-65 所示。

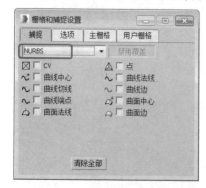

图 1-64　【NURBS】捕捉类型的参数

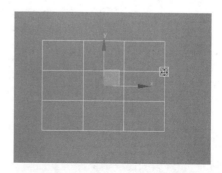

图 1-65　捕捉 NURBS 曲线或 NURBS 曲面的 CV 子对象

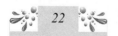

- 【曲线中心】：捕捉 NURBS 曲线的中心点。
- 【曲线切线】：捕捉与 NURBS 曲线相切的切线的切点。
- 【曲线端点】：捕捉 NURBS 曲线的端点。
- 【曲面法线】：捕捉 NURBS 曲面的法线点。
- 【点】：捕捉 NURBS 模型中的点子对象。
- 【曲线法线】：捕捉 NURBS 曲线的点法线。
- 【曲线边】：捕捉 NURBS 曲线的边。
- 【曲面中心】：捕捉 NURBS 曲面的中心点。
- 【曲面边】：捕捉 NURBS 曲面的边。

2）【选项】选项卡。

【选项】选项卡中的参数主要用于设置捕捉的大小、角度和颜色等，如图 1-66 所示。

- 【显示】：控制在捕捉时是否显示捕捉光标。
- 【大小】：设置捕捉光标的大小。
- 【捕捉半径】：设置捕捉光标的捕捉范围。
- 【角度】：设置在旋转时递增的角度。
- 【百分比】：设置缩放递增的百分比。
- 【启用轴约束】：设置选中的对象只能沿着指定的坐标轴移动。

3）【主栅格】选项卡。

【主栅格】选项卡中的参数主要用于控制主栅格的特性，如图 1-67 所示。

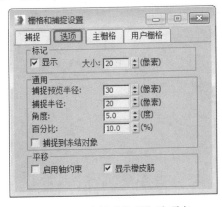

图 1-66　选择【选项】选项卡

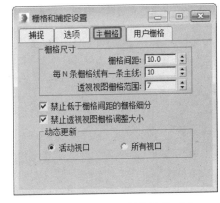

图 1-67　选择【主栅格】选项卡

- 【栅格间距】：设置主栅格中两条线之间的距离。
- 【每 N 条栅格线有一条主线】：设置每两条粗线之间有多少条细线。
- 【透视视图栅格范围】：设置透视图中粗线格中所包含的细线格数量。
- 【禁止低于栅格间距的栅格细分】：设置在对视图进行放大或缩小操作时栅格是否自动细分。
- 【禁止透视视图栅格调整大小】：设置在对视图进行放大或缩小操作时栅格是否会根据透视图的变化而变化。
- 【活动视口】：在改变栅格设置后，仅更新激活视图的栅格显示。
- 【所有视口】：在改变栅格设置后，更新所有视图的栅格显示。

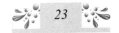

4）【用户栅格】选项卡。

【用户栅格】选项卡中的参数主要用于控制用户创建的辅助栅格对象，如图 1-68 所示。

图 1-68　选择【用户栅格】选项卡

- 【创建栅格时将其激活】：在创建栅格对象的同时将其激活。
- 【世界空间】：设置创建的栅格对象自动与世界空间坐标系统对齐。
- 【对象空间】：设置创建的栅格对象自动与对象空间坐标系统对齐。

2.【空间】捕捉工具

【空间】捕捉工具包括【2D】捕捉工具、【2.5D】捕捉工具和【3D】捕捉工具共 3 种。使用【空间捕捉】工具可以精确地创建和移动对象。注意：使用【2D】捕捉工具或【2.5D】捕捉工具只能捕捉到位于绘图平面上的节点和边。

3.【角度】捕捉工具

【角度】捕捉工具主要用于精确地旋转对象和视图。可以在【栅格和捕捉设置】对话框中进行设置，其中【选项】选项卡中的【角度】参数用于设置旋转时递增的角度，系统默认值为 0.5。在视图中，对象的旋转度数一般为 30、45、60、90、180 度等，使用【角度】捕捉工具为精确地旋转对象和视图提供了方便。

4.【百分比】捕捉工具

在一般情况下，使用【百分比】捕捉工具可以使对象以系统默认的 10%的比例进行变化，如图 1-69 所示。在【栅格和捕捉设置】对话框中，可以通过设置【选项】选项卡中的【百分比】的值对【百分比】捕捉工具进行设置。

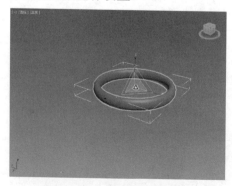

图 1-69　【百分比】捕捉工具

1.2.6 使用组

组是由多个对象组成的集合，在成组之后，单击组内任何一个对象，整个组都会被选中。如果需要单独对组内对象进行操作，则必须先将组暂时打开。组可以使用户对多个对象进行同样的操作。

1. 组的建立

（1）在视图区中选择两个或更多个对象，在菜单栏中选择【组】|【组】命令，如图 1-70 所示。

（2）弹出【组】对话框，在【组名】文本框中输入组的名称，如图 1-71 所示。

图 1-70　选择【组】命令　　　　　　图 1-71　【组】对话框

（3）单击【确定】按钮，即可将选中的对象成组，如图 1-72 所示。

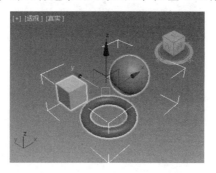

图 1-72　将选中的对象成组

2. 打开组

（1）选中组，在菜单栏中选择【组】|【打开】命令，组的外框变为粉红色，如图 1-73 所示。

（2）选择组内的对象进行单独操作，然后在菜单栏中选择【组】|【关闭】命令，如图 1-74 所示，即可将该组关闭。

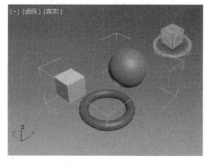

图 1-73　组的外框变为粉红色　　　　　图 1-74　选择【关闭】命令

3．解组

在视图区中选中一个组，在菜单栏中选择【组】|【解组】命令，可以将所选的组打散。在解组后，【关闭】命令不可用。

4．附加组

在视图区中选中要加入的对象，在菜单栏中选择【组】|【附加】命令，单击要附加的组，即可将新的对象附加到组中。

5．炸开组

选中视图中的组，在菜单栏中选择【组】|【炸开】命令，可以将所选组的所有层级同时打散，使其不再包含任何组。

1.2.7 【阵列】工具

使用【阵列】工具可以大量、有序地复制对象，从而实现二维、三维的阵列复制。下面介绍【阵列】工具的使用方法。

（1）在命令面板中选择【创建】|【图形】|【样条线】|【圆】工具，在视图区中绘制一个圆，在【层次】命令面板中设置圆的轴心点。如图 1-75 所示。

（2）选中要进行阵列操作的对象【圆】，在命令面板中选择【修改】|【修改器列表】|【挤出】命令，添加【挤出】修改器，在【参数】卷展栏中设置【半径】的值为 2.3，效果如图 1-76 所示。

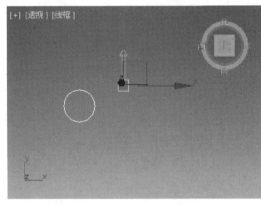 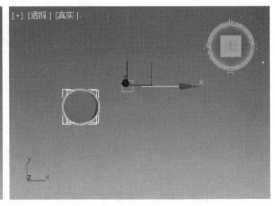

图 1-75　选择【圆】命令　　　　　　　图 1-76　【挤出】修改器的效果

（3）在菜单栏中选择【工具】|【阵列】命令，弹出【阵列】对话框，在【阵列变换：世界坐标（使用轴点中心）】选区中设置 Z 轴的旋转增量为 30.0 度，在【阵列维度】选区中选择【1D】单选按钮并设置其【数量】的值为 12，如图 1-77 所示。

（4）单击【确定】按钮，即可实现【圆】对象的阵列，如图 1-78 所示。

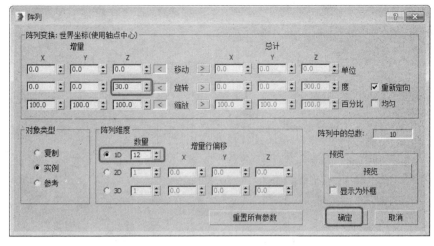

图 1-77　【阵列】对话框

图 1-78　实现【圆】对象的阵列

1.2.8　【对齐】工具

使用【对齐】工具可以使选中对象自动与其他对象对齐。

在【顶】视图中创建一个长方体和一个球体，选中球体，在工具栏中单击【对齐】按钮，然后在【顶】视图中选中长方体，弹出【对齐当前选择】对话框，如图 1-79 所示，单击【应用】按钮或【确定】按钮，即可使球体的轴点与长方体的轴点重合。

图 1-79　【对齐当前选择】对话框

【对齐位置（屏幕）】选区中的参数主要用于确定对齐方式。【X 位置】、【Y 位置】和【Z 位置】是位置对齐依据的轴向，可以设置单方向对齐，也可以设置多方向对齐。

【当前对象】选区和【目标对象】选区中的参数主要用于设置当前对象和目标对象的对齐设置。

- 【最小】：将对象表面最靠近另一个对象的点与另一个对象的选择点进行对齐。
- 【中心】：将对象的中心点与另一个对象的选择点进行对齐。
- 【轴点】：将对象的轴心点与另一个对象的选择点进行对齐。
- 【最大】：将对象表面最远离另一个对象的点与另一个对象的选择点进行对齐。

【对齐方向（局部）】选区中的参数主要用于指定（局部）对齐方向依据的轴向，方向的对齐是根据对象自身坐标系完成的。

【匹配比例】选区中的参数主要用于对目标对象进行缩放操作，将目标对象的缩放比例沿指定的坐标轴施加到当前对象上。

1.3　上机实战——风车旋转动画

本案例主要介绍如何使用轨迹视图制作风车旋转动画。首先通过为风车叶片对象添加关键帧来使风车旋转，然后在轨迹视图中调整路径，最后为其添加【运动模糊】效果。本案例所需的素材文件如表 1-3 所示，完成后的效果如图 1-80 所示。

表 1-3　本案例所需的素材文件

案例文件	CDROM|Scenes|Cha01|风车.max
	CDROM|Scenes|Cha01|风车 OK.max
贴图文件	CDROM|Map
视频文件	视频教学|Cha01|风车旋转动画.avi

图 1-80　风车旋转动画效果

（1）打开配套资源中的【CDROM | Scenes |Cha01|风车.max】文件，如图 1-81 所示。

（2）选中所有的风车叶片对象，然后在菜单栏中选择【组】|【组】命令，弹出【组】对话框，在【组名】文本框中输入【风车叶片】，单击【确定】按钮，如图 1-82 所示。

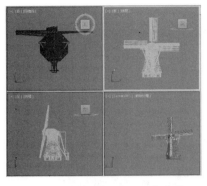

图 1-81　打开【风车.max】文件

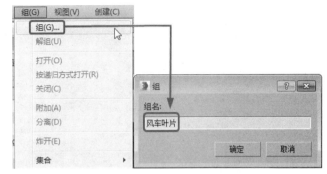

图 1-82　将风车叶片对象成组

> **！提示：** 在成组后，不会对原对象进行任何修改，但对组的编辑会影响组中的每个对象。在成组后，单击组内的任意一个对象，整个组都会被选中。如果需要单独对组内的对象进行操作，则必须先将组暂时打开。

（3）将时间滑块移动到第 100 帧位置，单击激活【自动关键点】按钮，然后使用【选择并旋转】工具在【前】视图中沿 Y 轴旋转【风车叶片】组对象，如图 1-83 所示。

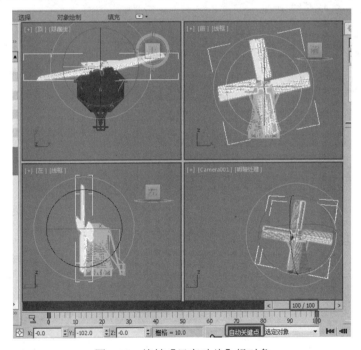

图 1-83　旋转【风车叶片】组对象

（4）再次单击【自动关键点】按钮，取消激活该按钮。在工具栏中单击【曲线编辑器】按钮，打开【轨迹视图】窗口，在左侧选择【世界】|【对象】|【风车叶片】|【变换】|【旋转】|【Y 轴旋转】选项，如图 1-84 所示。

> **！提示：** 在【轨迹视图】窗口中可以精确地修改动画。【轨迹视图】窗口有两种不同的模式，分别为【曲线编辑器】模式和【摄影表】模式。

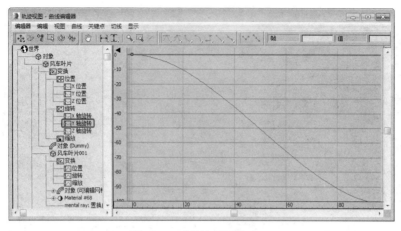

图 1-84 【轨迹视图】窗口

（5）右击位于第 0 帧位置的关键帧，在弹出的对话框中设置【输入】和【输出】参数曲线，如图 1-85 所示。

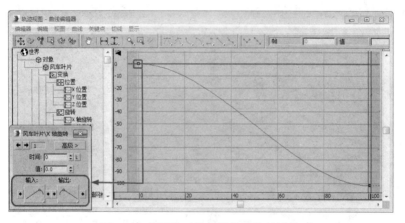

图 1-85 设置位于第 0 帧位置的关键帧

（6）右击位于第 100 帧位置的关键帧，在弹出的对话框中设置【输入】和【输出】参数曲线，并且将【值】设置为 360.0，如图 1-86 所示。

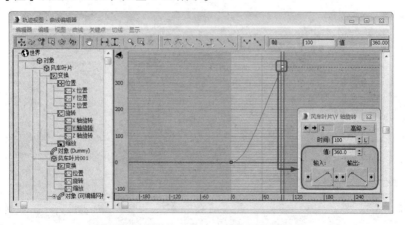

图 1-86 设置位于第 100 帧位置的关键帧

（7）在设置完成后，关闭【轨迹视图】窗口，然后右击【风车叶片】组对象，在弹出的快捷菜单中选择【对象属性】命令，如图 1-87 所示。

（8）弹出【对象属性】对话框，在【运动模糊】选区中选择【图像】单选按钮，单击【确定】按钮，如图 1-88 所示。

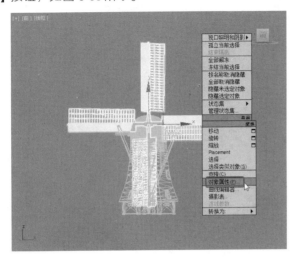

图 1-87　选择【对象属性】命令　　　　　图 1-88　【对象属性】对话框

（9）按【8】快捷键打开【环境和效果】窗口，选择【效果】选项卡，在【效果】卷展栏中单击【添加】按钮，在弹出的【添加效果】对话框中选择【运动模糊】选项，单击【确定】按钮，即可添加【运动模糊】效果，如图 1-89 所示。

（10）然后选择【环境】选项卡，在【公用参数】卷展栏中单击【环境贴图】按钮，在弹出的【材质/贴图浏览器】对话框中选择【贴图】|【标准】|【位图】选项，单击【确定】按钮，如图 1-90 所示。

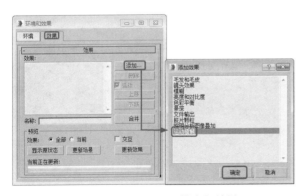

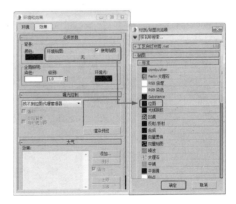

图 1-89　添加【运动模糊】效果　　　　　图 1-90　选择【位图】选项

（11）在弹出的对话框中打开配套资源中的【CDROM|Map|风车背景.jpg】贴图文件，然后按【M】快捷键打开【材质编辑器】窗口，将【环境和效果】窗口中的【环境贴图】按钮拖曳至【材质编辑器】窗口中一个空白材质球上，在弹出的【实例（副本）贴图】对话框中选择【实例】单选按钮，单击【确定】按钮，如图 1-91 所示。

（12）在【材质编辑器】窗口的【坐标】卷展栏中，在【贴图】下拉列表中选择【屏幕】选项，如图 1-92 所示。

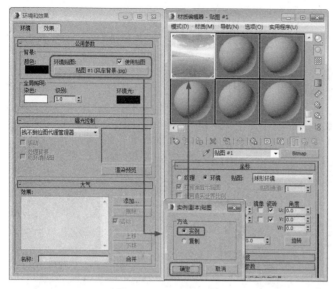

图 1-91　实例贴图　　　　　　　　　　　　　　图 1-92　设置贴图

（13）切换到【摄影机】视图，在菜单栏中选择【视图】|【视口背景】|【环境背景】命令，设置视图背景，如图 1-93 所示。

（14）然后设置动画的输出大小、存储位置等，渲染的静帧效果如图 1-94 所示。

图 1-93　设置视图背景

图 1-94　渲染的静帧效果

习题与训练

一、填空题

1. 启动 3ds Max 2016，在屏幕上可以看到 4 个视图，分别是_____视图、_____视图、_____视图和_____视图。

2. 按_____键可以将当前视图切换为【底】视图，按_____键可以将当前视图切换为【摄影机】视图。

3．在菜单栏中选择_____命令，可以将当前同时选中的若干个对象成组。

二、简答题

1．在 3ds Max 2016 中，制作一个动画一般需要哪几个步骤？

2．怎样克隆一个对象？

3．怎样创建对称造型的模型？

第 2 章

三维基本体建模

02

Chapter

本章导读:

基础知识
- ◆ 长方体、圆柱体、球体
- ◆ 切角长方体、星形

重点知识
- ◆ 五角星的制作
- ◆ 【工艺台灯】和【排球】模型的制作

提高知识
- ◆ 几何球体、管状体、胶囊
- ◆ 棱柱、软管、异面体

本章主要介绍创建模型的具体操作方法和操作过程,使初学者切实掌握创建模型的基本技能。本章的重点是使用户建立基本的三维空间思维模式。

2.1 任务3: 制作五角星——使用标准基本体构造模型

五角星在日常生活中随处可见，本案例主要介绍如何使用 3ds Max 2016 制作五角星。首先使用【星形】工具绘制一个星形，然后使用【挤出】和【编辑网格】修改器对其进行修改。本案例所需的素材文件如表 2-1 所示，完成后的效果如图 2-1 所示。

表 2-1 本案例所需的素材文件

案例文件	CDROM|Scenes|Cha02|五角星.max
	CDROM|Scenes|Cha02|五角星 OK.max
贴图文件	CDROM|Map
视频文件	视频教学|Cha02|制作五角星.avi

图 2-1 五角星

2.1.1 任务实施

（1）打开配套资源中的【CDROM\|Scenes\|Cha02\|五角星.max】文件，在命令面板中选择【创建】|【图形】|【样条线】|【星形】工具，在【前】视图中绘制一个星形，如图 2-2 所示。

（2）选中上一步绘制的星形，切换到【修改】命令面板，将【名称】设置为【五角星】，将【颜色】设置为红色，在【参数】卷展栏中，将【半径 1】的值设置为 90.0，将【半径 2】的值设置为 34.0，将【点】的值设置为 5，如图 2-3 所示。

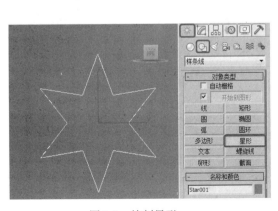

图 2-2 绘制星形

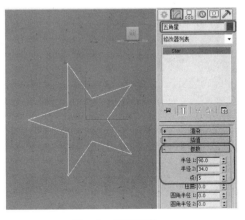

图 2-3 设置参数

（3）在【修改器列表】下拉列表中选择【挤出】选项，添加【挤出】修改器，在【参数】卷展栏中，将【数量】的值设置为20.0，如图2-4所示。

（4）选中【五角星】对象，使用【选择并旋转】工具对其进行旋转，如图2-5所示。

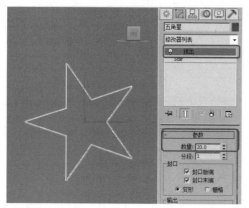
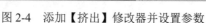

图2-4　添加【挤出】修改器并设置参数

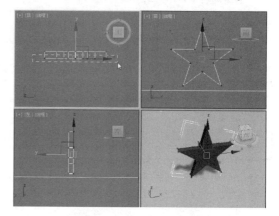

图2-5　旋转【五角星】对象

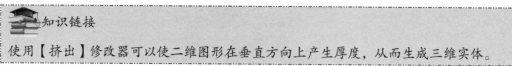

知识链接

使用【挤出】修改器可以使二维图形在垂直方向上产生厚度，从而生成三维实体。

（5）切换到【修改】命令面板，在【修改器列表】下拉列表中选择【编辑网格】选项，添加【编辑网格】修改器，并且定义当前的选择集为【顶点】，在【顶】视图中框选如图2-6所示的顶点。

（6）选择【选择并均匀缩放】工具，在【前】视图中对选中的顶点进行缩放，使其缩小到最小，即到不可再缩小为止，如图2-7所示。

（7）退出【顶点】选择集，分别使用【选择并移动】工具和【选择并旋转】工具对其进行适当的移动和旋转。切换到【摄影机】视图，按【F9】快捷键进行渲染，渲染效果如图2-8所示。

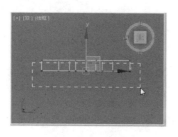
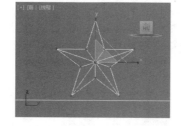

图2-6　框选顶点　　　　图2-7　将选中的顶点缩小到最小　　　　图2-8　渲染效果

2.1.2　标准基本体

标准基本体是3ds Max 2016中最简单的三维图形。使用标准基本体可以创建长方体、球体、圆柱体、圆环、茶壶等，如图2-9所示。3ds Max 2016提供了非常容易使用的标准基本体建模工具，拖动鼠标即可创建一个标准基本体。

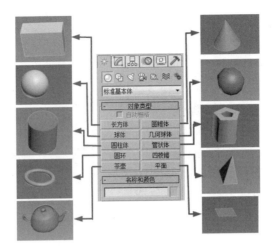

图 2-9　标准基本体

1．长方体

使用【长方体】工具可以创建长方体，如图 2-10 所示。

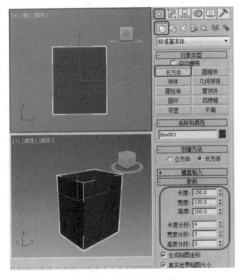

图 2-10　创建长方体

（1）在命令面板中选择【创建】|【几何体】|【标准基本体】|【长方体】工具，在【顶】视图中按住鼠标左键并拖动鼠标，在创建出长方体的长、宽之后释放鼠标左键。

（2）移动鼠标并观察其他 3 个视图，创建出长方体的高。

（3）单击鼠标左键，完成长方体的创建。

> ！提示：配合【Ctrl】键可以创建正方形底面的长方体。在【创建方法】卷展栏中选择【立方体】单选按钮，可以直接创建正方体。

【参数】卷展栏中各项参数的功能如下。

- 【长度】：设置长方体的长度。
- 【宽度】：设置长方体的宽度。

- 【高度】：设置长方体的高度。
- 【长度分段】：设置长度划分的片段数。
- 【宽度分段】：设置宽度划分的片段数。
- 【高度分段】：设置高度划分的片段数。
- 【生成贴图坐标】：自动指定贴图坐标。
- 【真实世界贴图大小】：如果勾选此复选框，则贴图大小由绝对尺寸决定，与对象的相对尺寸无关；如果不勾选此复选框，则贴图大小符合创建对象的尺寸。

对于【长度】、【宽度】和【高度】，如果只设置其中两个参数的值，则会生成矩形平面。对长度、宽度和高度进行片段划分，可以生成栅格长方体，一般用于对原对象进行修改，如创建波浪平面、山脉地形等。

2．球体

使用【球体】工具可以制作完整的球体、半球体或球体的其他部分，还可以围绕球体的垂直轴对其进行切片操作，如图 2-11 所示。

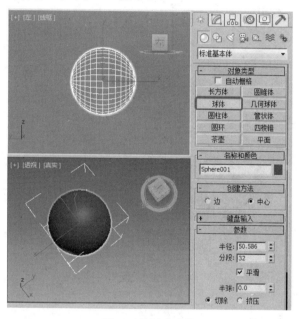

图 2-11　创建球体

在命令面板中选择【创建】|【几何体】|【标准基本体】|【球体】工具，在视图中按住鼠标左键并拖动鼠标，即可创建一个球体。

【创建方法】卷展栏中各项参数的功能如下。

- 【边】：在视图中拖动鼠标创建球体时，鼠标移动的距离是球体的直径。
- 【中心】：在视图中拖动鼠标创建球体时，会以中心放射方式创建球体（默认），鼠标移动的距离是球体的半径。

【参数】卷展栏中的各项参数功能如下。

- 【半径】：设置球体半径。
- 【分段】：设置球体表面划分的片段数，该值越高，球体表面越平滑。

- 【平滑】：设置是否对球体表面进行自动平滑处理，默认勾选该复选框。
- 【半球】：取值范围为0～1，默认值为0，表示创建完整的球体；增加数值，球体被逐渐减去；当值为0.5时，创建的是半球体，如图2-12所示；当值为1时，什么都没有了。

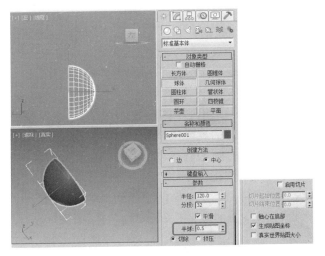

图2-12　设置半球参数

- 【切除】：切除球体中的顶点和面，从而减少它们的数量。默认选择该单选按钮。
- 【挤压】：保持原始球体中的顶点数和面数，将几何体向球体的顶部挤压，使其体积越来越小。
- 【轴心在底部】：在创建球体时，默认将球体的轴心设置在球体的正中央，勾选此复选框会将球体的轴心设置在球体的底部。例如，在制作台球时，将球体的轴心设置在球体的底部，可以准确地将台球放置在桌面上。

3．圆柱体

使用【圆柱体】工具可以创建圆柱体，如图2-13所示。通过修改参数可以创建棱柱体、局部圆柱体等，如图2-14所示。

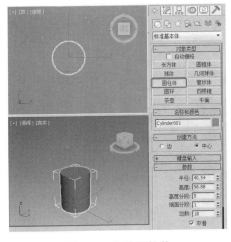

图2-13　创建圆柱体

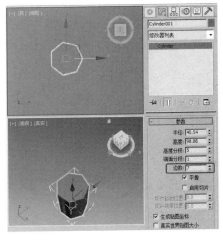

图2-14　创建棱柱体

（1）在命令面板中选择【创建】|【几何体】|【标准基本体】|【圆柱体】工具，在视图中按住鼠标左键并拖动鼠标，在确定底面圆形后释放鼠标左键。

（2）移动鼠标确定柱体的高度，单击鼠标左键，完成柱体的创建。

（3）调节参数改变柱体类型。

【参数】卷展栏中各项参数的功能如下。

- 【半径】：设置柱体底面的半径。
- 【高度】：设置柱体的高度。
- 【高度分段】：设置柱体在高度上划分的片段数。在弯曲柱体时，该值越大，弯曲的平滑效果越好。
- 【端面分段】：设置柱体底面上沿半径划分的片段数。
- 【边数】：设置在圆周上划分的片段数（棱柱的边数），该值越大，柱体表面越平滑。
- 【平滑】：设置是否在创建柱体的同时进行自动表面平滑处理。如果要创建圆柱体，则勾选该复选框；如果要创建棱柱体，则不勾选该复选框。
- 【启用切片】：设置是否启用切片功能，勾选该复选框，即可设置【切片起始位置】参数和【切片结束位置】参数，从而制作柱体的局部模型。
- 【切片起始位置】和【切片结束位置】：设置沿柱体自身中心轴进行切片的度数。当切片两个端点重合时，会重新显示整个柱体。
- 【生成贴图坐标】：生成将贴图材质应用于圆柱体的坐标。默认勾选该复选框。
- 【真实世界贴图大小】：控制应用于该对象的纹理贴图材质所使用的缩放方法。缩放值由位于应用的纹理贴图材质的【坐标】卷展栏中的【使用真实世界比例】的相关参数控制。默认不勾选该复选框。

4．圆环

使用【圆环】工具可以创建立体的圆环，截面为正多边形，通过修改参数可以产生不同的环形效果，设置切片参数可以制作局部的一段圆环，如图 2-15 所示。

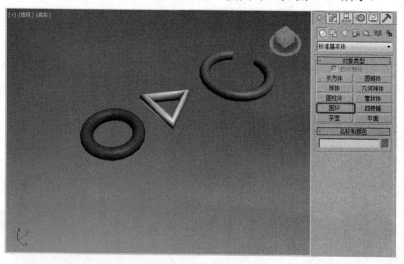

图 2-15　【圆环】工具

（1）在命令面板中选择【创建】|【几何体】|【标准基本体】|【圆环】工具，在视图中按住

鼠标左键并拖动鼠标，创建一级圆环。

（2）释放鼠标左键并移动鼠标，创建二级圆环。

（3）单击鼠标左键，完成圆环的创建。

【圆环】工具的【参数】卷展栏如图 2-16 所示，其各项参数的功能如下。

图 2-16　【圆环】工具的【参数】卷展栏

- 【半径 1】：设置圆环中心与截面正多边形中心的距离。
- 【半径 2】：设置截面正多边形内切圆的半径。
- 【旋转】：设置截面沿圆环轴旋转的角度，如果进行扭曲设置或对不平滑表面着色，则可以看到它的效果。
- 【扭曲】：设置截面扭曲的度数，产生扭曲的表面。
- 【分段】：确定在圆周上划分的片段数，该值越大，得到的圆形越平滑，如果该值较小，则可以制作几何棱环，如台球桌上的三角框。
- 【边数】：设置圆环截面的边数，该值越大，圆环截面越平滑。
- 【平滑】：设置平滑属性。
  - ➤ 【全部】：对整个表面进行平滑处理。
  - ➤ 【侧面】：对相邻面的边界进行平滑处理。
  - ➤ 【无】：不进行平滑处理。
  - ➤ 【分段】：对每个独立的片段进行平滑处理。
- 【启用切片】：设置是否启用切片功能，勾选该复选框，即可设置【切片起始位置】参数和【切片结束位置】参数，从而制作圆环的局部模型。
- 【切片起始位置】和【切片结束位置】：设置沿圆环中心轴进行切片的度数。当切片两个端点重合时，会重新显示整个圆环。
- 【生成贴图坐标】：生成将贴图材质应用于圆环的坐标。默认勾选该复选框。

- 【真实世界贴图大小】：控制应用于该对象的纹理贴图材质所使用的缩放方法。缩放值由位于应用的纹理贴图材质的【坐标】卷展栏中的【使用真实世界比例】的相关参数控制。默认不勾选该复选框。

5. 茶壶

【茶壶】模型因为其复杂弯曲的表面，特别适合用于材质的测试及渲染效果的评比，是计算机图形学中的经典模型。使用【茶壶】工具可以创建一个标准的【茶壶】模型或【茶壶】模型的一部分（如【壶盖】模型、【壶嘴】模型等），如图 2-17 所示。

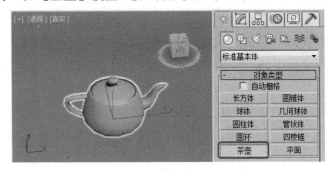

图 2-17　【茶壶】工具

【茶壶】工具的【参数】卷展栏如图 2-18 所示，其各项参数的功能如下。

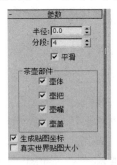

图 2-18　【茶壶】工具的【参数】卷展栏

- 【半径】：设置【茶壶】模型的大小。
- 【分段】：设置【茶壶】模型表面划分的片段数，该值越高，【茶壶】模型的表面越平滑。
- 【平滑】：设置是否进行自动表面平滑处理。
- 【茶壶部件】：设置【茶壶】模型各部分的取舍，包括【壶体】、【壶把】、【壶嘴】和【壶盖】4 部分，勾选前面的复选框即可显示相应的部件。
- 【生成贴图坐标】：生成将贴图材质应用于【茶壶】模型的坐标。默认勾选该复选框。
- 【真实世界贴图大小】：控制应用于该对象的纹理贴图材质所使用的缩放方法。缩放值由位于应用的纹理贴图材质的【坐标】卷展栏中的【使用真实世界比例】的相关参数控制。默认不勾选该复选框。

6. 圆锥体

使用【圆锥体】工具可以创建圆锥体、棱锥体、圆台体、棱台体、圆柱体、棱柱体，以

及它们的局部模型，如图 2-19 所示。对于圆柱体和棱柱体，使用【圆柱体】工具进行创建更方便；对于四棱锥，使用【四棱锥】工具进行创建更方便。

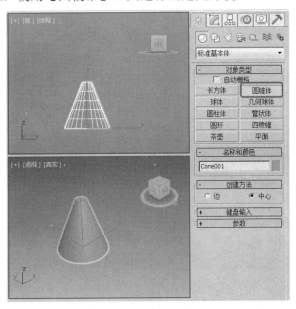

图 2-19 【圆锥体】工具

（1）在命令面板中选择【创建】|【几何体】|【标准基本体】|【圆锥体】工具，在【顶】视图中按住鼠标左键并拖动鼠标，创建圆锥体的一级半径。

（2）释放鼠标左键并移动鼠标，创建圆锥体的高。

（3）单击鼠标左键并向圆锥体的内侧或外侧移动鼠标，创建圆锥体的二级半径。

（4）单击鼠标左键，完成圆锥体的创建。

【圆锥体】工具的【参数】卷展栏如图 2-20 所示，其各项参数的功能如下。

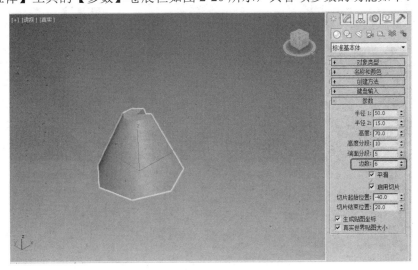

图 2-20 【圆锥体】工具的【参数】卷展栏

● 【半径 1】和【半径 2】：分别设置锥体两个端面（顶面和底面）的半径。如果两个值都不为 0，则生成圆台或棱台；如果有一个值为 0，则生成锥体；如果两个值相等，则生成柱体。

- 【高度】：确定圆锥体的高度。
- 【高度分段】：设置圆锥体在高度上划分的片段数。
- 【端面分段】：设置端面沿半径辐射划分的片段数。
- 【边数】：设置端面圆周上划分的片段数，该值越高，圆锥体越平滑；对棱锥来说，该值决定它属于几棱锥。
- 【平滑】：是否进行表面平滑处理。如果勾选该复选框，生成圆锥体、圆台、圆柱体；如果不勾选该复选框，则会生成棱锥体、棱台体、棱柱体。
- 【启用切片】：设置是否启用切片功能。勾选该复选框，即可设置【切片起始位置】参数和【切片结束位置】参数，从而制作圆锥体的局部模型。
- 【切片起始位置】和【切片结束位置】：设置沿圆锥体中心轴进行切片的度数。当切片两个端点重合时，会重新显示整个圆锥体。
- 【生成贴图坐标】：生成将贴图材质应用于圆锥体的坐标。默认勾选该复选框。
- 【真实世界贴图大小】：控制应用于该对象的纹理贴图材质所使用的缩放方法。缩放值由位于应用该纹理贴图材质的【坐标】卷展栏中的【使用真实世界比例】的相关参数控制。默认不勾选该复选框。

7. 几何球体

使用【几何球体】工具可以创建由三角面拼接而成的球体或半球体，如图 2-21 所示。在点、面数一致的情况下，几何球体比球体更光滑；它是由三角面拼接而成的，在进行面的分离特技时（如爆炸），可以分解成三角面或标准四面体、八面体等。

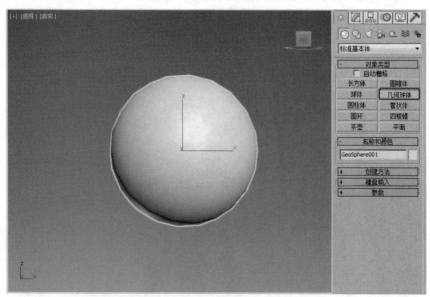

图 2-21　【几何球体】工具

【几何球体】工具的【创建方法】卷展栏和【参数】卷展栏如图 2-22 所示。

图 2-22 【几何球体】工具的【创建方法】卷展栏和【参数】卷展栏

【创建方法】卷展栏中各项参数的功能如下。

- 【直径】：在视图中拖动鼠标创建几何球体时，鼠标移动的距离是球的直径。
- 【中心】：在视图中拖动鼠标创建几何球体时，会以中心放射方式创建几何球体（默认），鼠标移动的距离是球体的半径。

【参数】卷展栏中各项参数的功能如下。

- 【半径】：设置几何球体的半径。
- 【分段】：设置几何球体表面划分的片段数，该值越大，几何球体表面的三角面越多，几何球体越平滑。
- 【基点面类型】：设置由哪种规则的多面体拼接成几何球体，包括【四面体】、【八面体】和【二十面体】，如图 2-23 所示。

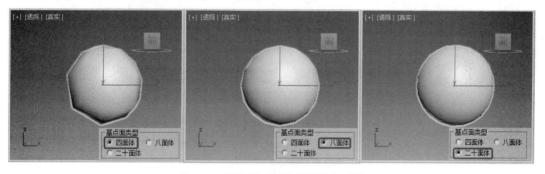

图 2-23 不同基点面类型的几何球体

- 【平滑】：设置是否对几何球体表面进行平滑处理。
- 【半球】：设置是否制作半球体。
- 【轴心在底部】：如果勾选该复选框，那么几何球体的轴心位于几何球体的底部；如果不勾选该复选框，那么几何球体的轴心位于几何球体的中心。在勾选【半球】复选框时，该参数无效。
- 【生成贴图坐标】：生成将贴图材质应用于几何球体的坐标。默认勾选该复选框。
- 【真实世界贴图大小】：控制应用于该对象的纹理贴图材质所使用的缩放方法。缩放值由位于应用的纹理贴图材质的【坐标】卷展栏中的【使用真实世界比例】的相关参数控制。默认不勾选该复选框。

8. 管状体

使用【管状体】工具可以创建各种管状体，包括圆管、棱管及其局部模型，如图 2-24 所示。

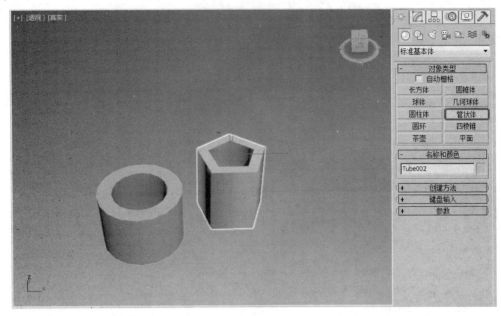

图 2-24　【管状体】工具

（1）在命令面板中选择【创建】|【几何体】|【标准基本体】|【管状体】工具，在视图中按住鼠标左键并拖动鼠标，创建一个圆形线圈。

（2）释放鼠标左键并移动鼠标，在确定圆环的大小后单击鼠标左键。

（3）移动鼠标，在确定管状体的高度后单击鼠标左键，完成管状体的创建。

【管状体】工具的【参数】卷展栏如图 2-25 所示，其各项参数的功能如下。

图 2-25　【管状体】工具的【参数】卷展栏

- 【半径 1】和【半径 2】：用于设置管状体的内径和外径。
- 【高度】：设置管状体的高度。
- 【高度分段】：设置在高度上划分的片段数。
- 【端面分段】：确定上下底面沿半径划分的片段数。

- 【边数】：设置圆周上的边数，该值越大，管状体越平滑；对棱管来说，该值决定它是几棱管。
- 【平滑】：对管状体的表面进行平滑处理。
- 【启用切片】：设置是否启用切片功能。
- 【切片起始位置】和【切片结束位置】：设置沿管状体中心轴进行切片的度数。
- 【生成贴图坐标】：生成将贴图材质应用于管状体的坐标。默认勾选该复选框。
- 【真实世界贴图大小】：控制应用于该对象的纹理贴图材质所使用的缩放方法。缩放值由位于应用的纹理贴图材质的【坐标】卷展栏中的【使用真实世界比例】的相关参数控制。默认不勾选该复选框。

9．四棱锥

使用【四棱锥】工具可以创建四棱锥，如图 2-26 所示。

【四棱锥】工具的【参数】卷展栏如图 2-27 所示，其各项参数的功能如下。

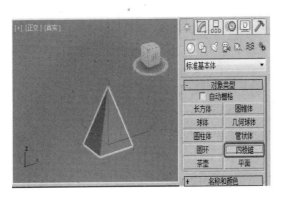

图 2-26　【四棱锥】工具　　　　　图 2-27　【四棱锥】工具的【参数】卷展栏

- 【宽度】【深度】【高度】：分别用于设置底面矩形的长度、宽度，以及锥体的高度。
- 【宽度分段】【深度分段】【高度分段】：分别用于设置沿 X 轴、Y 轴、Z 轴方向划分的片段数。
- 【生成贴图坐标】：生成将贴图材质应用于四棱锥的坐标。默认勾选该复选框。
- 【真实世界贴图大小】：控制应用于该对象的纹理贴图材质所使用的缩放方法。缩放值由位于应用的纹理贴图材质的【坐标】卷展栏中的【使用真实世界比例】的相关参数控制。默认不勾选该复选框。

> ！提示：在制作底面矩形时，配合【Ctrl】键可以创建底面为正方形的四棱锥。

10．平面

使用【平面】工具可以创建平面，如图 2-28 所示，然后通过添加修改器制作出其他效果，如制作崎岖的地形。使用【平面】工具创建的对象没有厚度，并且可以使用参数控制平面在渲染后的大小。

【平面】工具的【创建方法】卷展栏和【参数】卷展栏如图 2-29 所示，其各项参数的功能如下。

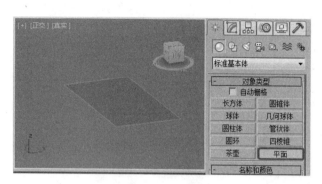

图 2-28　【平面】工具

图 2-29　【平面】工具的【创建方法】卷展栏和【参数】卷展栏

【创建方法】卷展栏中各项参数的功能如下。

- 【矩形】：以边界方式创建长方形平面。
- 【正方形】：以中心放射方式创建正方形平面。

【参数】卷展栏中各项参数的功能如下。

- 【长度】【宽度】：分别用于设置平面的长度和宽度。
- 【长度分段】【宽度分段】：分别用于设置平面在长和宽上划分的片段数。
- 【渲染倍增】：设置当前平面在进行渲染时的缩放值。
  - ➢ 【缩放】：当前平面在渲染过程中缩放的倍数。如果将该值设置为 2.0，那么渲染后的平面的长和宽分别被放大 2 倍。
  - ➢ 【密度】：平面对象在渲染过程中的精细程度的倍数，该值越大，平面越精细。
- 【生成贴图坐标】：生成将贴图材质应用于平面的坐标。默认勾选该复选框。
- 【真实世界贴图大小】：控制应用于该对象的纹理贴图材质所使用的缩放方法。缩放值由位于应用的纹理贴图材质的【坐标】卷展栏中的【使用真实世界比例】的相关参数控制。默认不勾选该复选框。

2.2　任务 4:【工艺台灯】模型——使用扩展基本体构造模型

本案例主要介绍如何制作【工艺台灯】模型，使用【圆柱体】工具和【布尔】命令创建【灯罩】模型和【灯罩顶边】模型，使用【切角长方体】工具创建【支架】模型，使用【圆柱体】工具创建【灯口】模型。本案例所需的素材文件如表 2-2 所示，完成后的效果如图 2-30所示。

表 2-2　本案例所需的素材文件

案例文件	CDROM|Scenes|Cha02|工艺台灯.max
	CDROM|Scenes|Cha02|工艺台灯 OK.max
贴图文件	CDROM|Map
视频文件	视频教学|Cha02|【工艺台灯】模型.avi

图 2-30　【工艺台灯】模型效果

2.2.1　任务实施

（1）打开配套资源中的【CDROM|Scenes|Cha02|工艺台灯.max】文件，在命令面板中选择【创建】|【几何体】|【扩展基本体】|【切角圆柱体】工具，在【顶】视图中创建一个切角圆柱体，将其重命名为【台灯底】，然后在【参数】卷展栏中将【半径】、【高度】、【圆角】和【边数】的值分别设置为 200.0、10.0、1.0 和 50，如图 2-31 所示。

（2）在命令面板中选择【创建】|【几何体】|【标准基本体】|【圆柱体】工具，在【顶】视图中创建一个圆柱体，将其重命名为【灯罩】，然后在【参数】卷展栏中将【半径】、【高度】、【高度分段】、【端面分段】和【边数】的值分别设置为 190.0、600.0、1、1 和 50，如图 2-32 所示。在【顶】视图中再创建一个圆柱体，在【参数】卷展栏中，将【半径】的值设置为 180.0，其他参数设置与【灯罩】对象的相应参数设置保持一致。

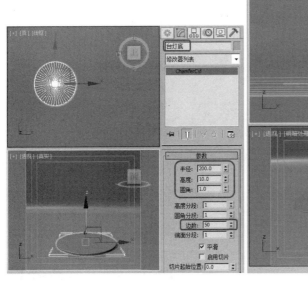

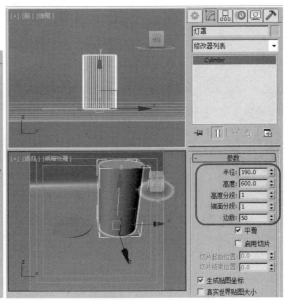

图 2-31　创建【台灯底】对象　　　　　　　图 2-32　创建【灯罩】对象

（3）在场景中选中【灯罩】对象，在命令面板中选择【创建】|【几何体】|【复合对象】|【布尔】命令，在【拾取布尔】卷展栏中单击【拾取操作对象 B】按钮，在【前】视图中选中新创建的圆柱体，在【操作】选区中选择【差集（A-B）】单选按钮，如图 2-33 所示。

（4）选择上一步创建的布尔对象，按【Ctrl+V】组合键，弹出【克隆选项】对话框，选择【复制】单选按钮，将【名称】设置为【灯罩顶边】，单击【确定】按钮，如图 2-34 所示。

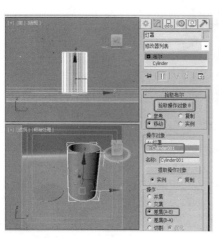

图 2-33　创建布尔对象（一）

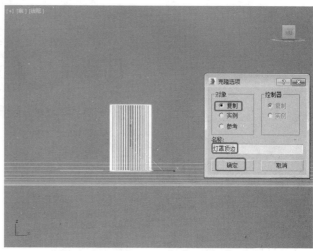

图 2-34　创建【灯罩顶边】对象

知识链接

布尔运算：布尔运算类似于传统的雕刻建模技术，通过对两个对象进行相加、相减、相交操作来产生新的对象。

（5）选中【灯罩顶边】对象，切换到【前】视图，在工具栏中右击【选择并均匀缩放】按钮，打开【缩放变换输入】窗口，在【绝对：局部】选区中，设置【Z】的值为 2.0，如图 2-35 所示。

（6）使用【选择并移动】工具调整所有对象的位置，如图 2-36 所示。

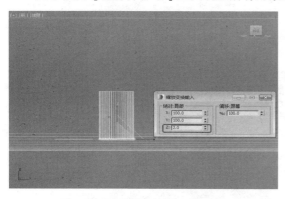
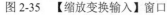

图 2-35　【缩放变换输入】窗口

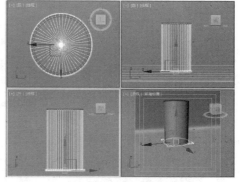

图 2-36　调整所有对象的位置

（7）在命令面板中选择【创建】|【几何体】|【扩展基本体】|【切角长方体】工具，在【前】视图中创建一个切角长方形，将其重命名为【支架 1】，然后在【参数】卷展栏中将【长度】、【宽度】、【高度】、【圆角】、【长度分段】和【圆角分段】的值分别设置为 700.0、30.0、30.0、2.0、4 和 3，使用【选择并移动】工具调整【支架 1】对象的位置，如图 2-37 所示。

（8）选中【支架 1】对象，切换到【修改】命令面板，在【修改器列表】下拉列表中选择

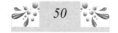

【编辑网格】选项，添加【编辑网格】修改器，将当前选择集定义为【顶点】，在场景中调整各顶点的位置，完成后的效果如图 2-38 所示，退出当前选择集。

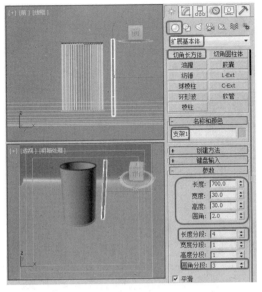

图 2-37　创建【支架 1】对象

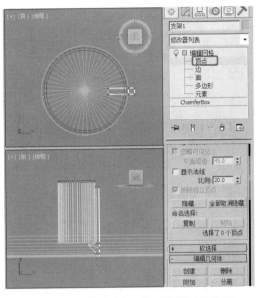

图 2-38　调整【支架 1】对象顶点的位置

（9）在【顶】视图中选中【支架 1】对象，切换到【层次】命令面板，单击【轴】按钮，在【调整轴】卷展栏中单击【仅影响轴】按钮，在工具栏中单击【对齐】按钮，在场景中单击【台灯底】对象，弹出【对齐当前选择（台灯底）】对话框，在【对齐位置（屏幕）】选区中勾选【X 位置】复选框、【Y 位置】复选框和【Z 位置】复选框，在【当前对象】选区和【目标对象】选区中选择【轴点】单选按钮，单击【确定】按钮，如图 2-39 所示。

（10）在【顶】视图中选中【支架 1】对象，在菜单栏中选择【工具】|【阵列】命令，弹出【阵列】对话框，在【阵列变换：屏幕坐标（使用轴点中心）】选区中，设置 Z 轴的旋转增量为 120.0，在【对象类型】选区中选择【复制】单选按钮，在【阵列维度】选区中选择【1D】单选按钮并将其【数量】的值设置为 3，单击【确定】按钮，如图 2-40 所示。

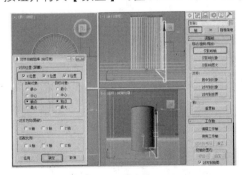

图 2-39　调整层次并对齐

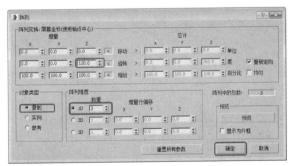

图 2-40　【阵列】对话框

！ 提示：在对象创建完成后，如果需要沿指定方向对对象进行多次复制，则可以利用【阵列】工具设置阵列方向，使原对象沿着指定方向进行阵列，从而提高工作效率。

（11）在命令面板中选择【创建】|【几何体】|【标准基本体】|【圆柱体】工具，在【顶】视图中创建一个圆柱体，将其重命名为【灯口】，然后在【参数】卷展栏中将【半径】、【高度】、【高度分段】、【端面分段】和【边数】的值分别设置为42.0、106.0、1、1和50，调整其位置到【台灯底】对象的中央，如图2-41所示。

（12）在【顶】视图中创建另一个圆柱体，在【参数】卷展栏中将【半径】、【高度】、【高度分段】、【端面分段】和【边数】的值分别设置为34.0、106.0、1、1和50，如图2-42所示。

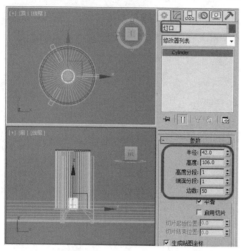

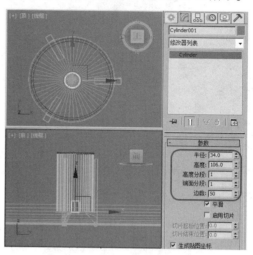

图2-41　创建【灯口】对象并调整其位置　　　　　图2-42　创建另一个圆柱体

（13）选中【灯口】对象，在命令面板中选择【创建】|【几何体】|【复合对象】|【布尔】命令，在【拾取布尔】卷展栏中单击【拾取操作对象B】按钮，在【顶】视图中选中另一个圆柱体，在【操作】选区中选择【差集（A-B）】单选按钮，如图2-43所示。

（14）在命令面板中选择【创建】|【几何体】|【扩展基本体】|【切角圆柱体】工具，在【顶】视图中创建一个切角圆柱体，在【参数】卷展栏中将【半径】、【高度】、【圆角】、【圆角分段】和【边数】的值分别设置为38.0、400.0、20.0、6和50，然后在【左】视图中调整切角圆柱体的位置，如图2-44所示。

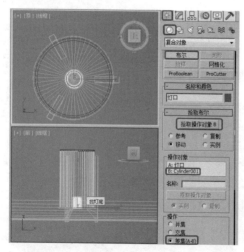

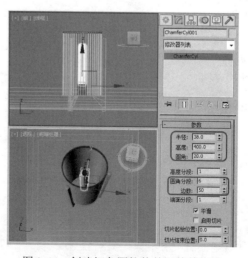

图2-43　创建布尔对象（二）　　　　　　　图2-44　创建切角圆柱体并调整其位置

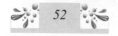

! 提示：使用【布尔】工具可以进行4种布尔运算，在【参数】卷展栏的【操作】选区中，如果选择【并集】单选按钮，则表示将原对象与目标对象进行组合；如果选择【交集】单选按钮，则表示取原对象与目标对象的重合部分；如果选择【差集（A-B）】单选按钮，则表示用原对象减去目标对象；如果选择【差集（B-A）】单选按钮，则表示用目标对象减去原对象。

（15）按【M】快捷键打开【材质编辑器】窗口，单击【获取材质】按钮，弹出【材质/贴图浏览器】对话框，单击【材质/贴图浏览器选项】按钮，在弹出的快捷菜单中选择【打开材质库】命令，打开配套资源中的【CDROM|Map|工艺台灯材质.mat】文件，在【材质/贴图浏览器】对话框中展开【工艺台灯材质】节点，双击各材质选项，将其添加到【材质编辑器】窗口中，如图2-45所示。

图2-45　添加材质

（16）选择相应的材质添加到场景对象中，切换到【透视】视图，使用【选择并旋转】工具将【灯罩】对象调整到适当的位置，将【工艺台灯】模型的所有对象合并成组，添加【目标】摄影机，并且调整其位置，完成后的效果如图2-46所示。

图2-46　完成后的效果

2.2.2 扩展基本体

扩展基本体包括切角长方体、切角圆柱体、胶囊等，它们一般比标准基本体复杂，边缘较圆滑，参数较多。

1. 切角长方体

在现实生活中，物体的边缘普遍是圆滑的，即有圆角，于是 3ds Max 2016 提供了【切角长方体】工具。使用【切角长方体】工具可以创建切角长方体，如图 2-47 所示。【切角长方体】工具的【参数】卷展栏如图 2-48 所示，其各项参数的功能如下。

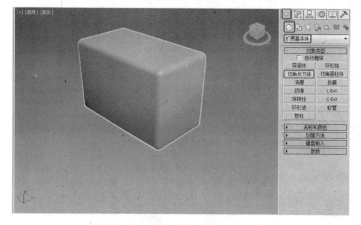

图 2-47 【切角长方体】工具

图 2-48 【切角长方体】工具的【参数】卷展栏

- 【长度】【宽度】【高度】：分别用于设置切角长方体的长度、宽度、高度。
- 【圆角】：设置圆角大小。
- 【长度分段】【宽度分段】【高度分段】：分别用于设置在切角长方体的长、宽、高上划分的片段数。
- 【圆角分段】：设置圆角划分的片段数，该值越大，切角长方体的角就越圆滑。
- 【平滑】：设置是否对表面进行平滑处理。如果需要使切角长方体的圆角部分变得圆滑，则勾选【平滑】复选框。
- 【生成贴图坐标】：生成将贴图材质应用于切角长方体的坐标。默认勾选该复选框。
- 【真实世界贴图大小】：控制应用于该对象的纹理贴图材质所使用的缩放方法。缩放值由位于应用的纹理贴图材质的【坐标】卷展栏中的【使用真实世界比例】的相关参数控制。默认不勾选该复选框。

2. 切角圆柱体

使用【切角圆柱体】工具可以创建切角圆柱体，如图 2-49 所示。【切角圆柱体】工具的【参数】卷展栏如图 2-50 所示，其各项参数的功能如下。

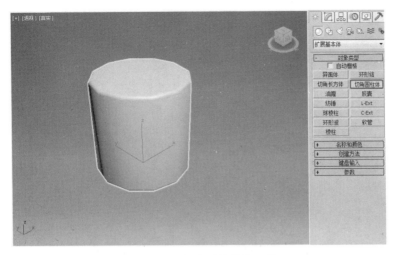

图 2-49 【切角圆柱体】工具

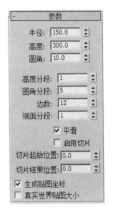

图 2-50 【切角圆柱体】
工具的【参数】卷展栏

- 【半径】：设置切角圆柱体的半径。
- 【高度】：设置切角圆柱体的高度。
- 【圆角】：设置圆角大小。
- 【高度分段】：设置在切角圆柱体高度上划分的片段数。
- 【圆角分段】：设置在圆角上划分的片段数。该值越大，圆角越圆滑。
- 【边数】：设置在切角圆柱体圆周上划分的片段数。该值越大，切角圆柱体越平滑。
- 【端面分段】：设置以切角圆柱体顶面和底面的中心为中心，进行同心分段的数量。
- 【平滑】：设置是否对切角圆柱体表面进行平滑处理。
- 【启用切片】：设置是否启用切片功能。在勾选该复选框后，即可设置【切片起始位置】参数和【切片结束为止】参数。
- 【切片起始位置】和【切片结束位置】：设置沿切角圆柱体局部坐标的 X 轴的零点开始围绕切角圆柱体局部坐标的 Z 轴的度数，如果该值为正数，则按逆时针方向移动切片位置；如果该值为负数，则按顺时针方向移动切片位置。在切片起始位置与切片结束位置重合时，会重新显示整个切角圆柱体。
- 【生成贴图坐标】：生成将贴图材质应用于切角圆柱体的坐标。默认勾选该复选框。
- 【真实世界贴图大小】：控制应用于该对象的纹理贴图材质所使用的缩放方法。缩放值由位于应用的纹理贴图材质的【坐标】卷展栏中的【使用真实世界比例】的相关参数控制。默认不勾选该复选框。

3. 胶囊

使用【胶囊】工具可以创建形状类似胶囊的几何体，如图 2-51 所示。胶囊由两个半球体与一个圆柱体组成，并且两个半球体的半径与圆柱体的半径相等。【胶囊】工具的【参数】卷展栏如图 2-52 所示，其各项参数的功能如下。

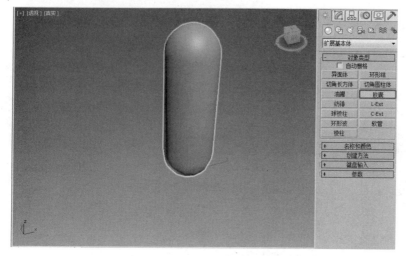

图 2-51 【胶囊】工具

图 2-52 【胶囊】工具
的【参数】卷展栏

- 【半径】：设置组成胶囊的半球体的半径。
- 【高度】：设置胶囊的高度。如果该值为负数，则会在构造平面下方创建胶囊。
- 【总体】和【中心】：如果选择【总体】单选按钮，那么【高度】参数的值表示胶囊的总体高度；如果选择【中心】单选按钮，那么【高度】参数的值表示组成胶囊的圆柱体的高度。
- 【边数】：设置在胶囊圆周上划分的片段数，该值越大，胶囊表面越平滑。
- 【高度分段】：设置沿胶囊中心轴划分的片段数。
- 【平滑】：设置是否对胶囊表面进行平滑处理。
- 【启用切片】：设置是否启用切片功能。在勾选该复选框后，即可设置【切片起始位置】参数和【切片结束为止】参数。在创建切片后，如果取消勾选该复选框，则会重新显示完整的胶囊。
- 【切片起始位置】和【切片结束位置】：设置从胶囊局部坐标的 X 轴的零点开始围绕胶囊局部坐标的 Z 轴的度数，如果该值为正数，则按逆时针方向移动切片位置；如果该值为负数，则按顺时针方向移动切片位置。在切片起始位置与切片结束位置重合时，会重新显示整个胶囊。
- 【生成贴图坐标】：生成将贴图材质应用于胶囊的坐标。默认勾选该复选框。
- 【真实世界贴图比例】：控制应用于该对象的纹理贴图材质所使用的缩放方法。缩放值由位于应用的纹理贴图材质的【坐标】卷展栏中的【使用真实世界比例】的相关参数控制。默认不勾选该复选框。

4．棱柱

使用【棱柱】工具可以创建三棱柱，如图 2-53 所示。【棱柱】工具的【参数】卷展栏如图 2-54 所示，其各项参数的功能如下。

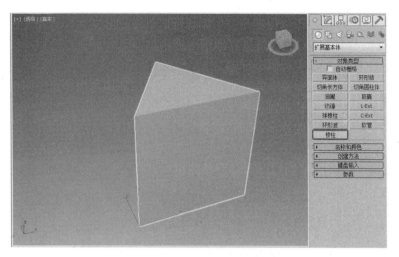

图 2-53　【棱柱】工具　　　　　　　　　图 2-54　【棱柱】工具的
【参数】卷展栏

- 【侧面 1 长度】、【侧面 2 长度】和【侧面 3 长度】：分别用于设置底面三角形三条边的长度。
- 【高度】：设置三棱柱的高度。
- 【侧面 1 分段】、【侧面 2 分段】和【侧面 3 分段】：分别用于设置三棱柱三个侧面划分的片段数。
- 【生成贴图坐标】：生成将贴图材质应用于三棱柱的坐标。默认勾选该复选框。

5. 软管

使用【软管】工具可以创建类似软管的几何体，从而制作洗衣机排水管、花洒软管等用品，如图 2-55 所示。【软管】工具的【软管参数】卷展栏如图 2-56 所示，其各项参数的功能如下。

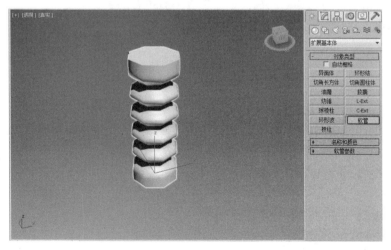

图 2-55　【软管】工具　　　　　　　　　图 2-56　【软管】工具的
【软管参数】卷展栏

1）【端点方法】选区。

- 【自由软管】：选择该单选按钮，会将软管作为一个单独的对象，不与其他对象绑定。
- 【绑定到对象轴】：选择该单选按钮，可以激活【绑定对象】选区中的参数。

2）【绑定对象】选区。

通过设置该选区中的参数可以将软管与其他对象绑定，并且设置软管与绑定对象之间的张力。

① 对于【顶部】绑定对象。

- 【顶部】：显示【顶部】绑定对象的名称。
- 【拾取顶部对象】：单击该按钮，然后选择【顶部】绑定对象。
- 【张力】：软管在靠近【底部】绑定对象时，设置【顶部】对象附近的软管曲线的张力。如果减小该值，则软管在【顶部】绑定对象附近的部分会产生弯曲；如果增大该值，则软管在远离【顶部】绑定对象的部分会产生弯曲。默认值为 100.0。

② 对于【底部】绑定对象。

- 【底部】：显示【底部】绑定对象的名称。
- 【拾取底部对象】：单击该按钮，然后选择【底部】绑定对象。
- 【张力】：软管在靠近【顶部】绑定对象时，设置【底部】对象附近的软管曲线的张力。如果减小该值，则软管在【底部】绑定对象附近的部分会产生弯曲；如果增大该值，则软管在远离【底部】绑定对象的部分会产生弯曲。默认值为 100.0。

3）【自由软管参数】选区。

【高度】：设置自由软管的高度。只有在【端点方法】选区中选择【自由软管】单选按钮时才起作用。

4）【公用软管参数】选区。

- 【分段】：设置在软管高度上划分的片段数。该值越高，软管在变弯曲时越平滑。
- 【启用柔体截面】：如果勾选该复选框，那么可以通过设置下面 4 个参数的值调整软管中间的伸缩剖面；如果不勾选该复选框，那么软管所有位置的直径会保持统一。
  - ➤ 【起始位置】：设置伸缩剖面起始位置到软管顶端的距离。用软管长度的百分比表示。
  - ➤ 【结束位置】：设置伸缩剖面结束位置到软管末端的距离。用软管长度的百分比表示。
  - ➤ 【周期数】：设置伸缩剖面的褶皱数量。
  - ➤ 【直径】：设置软管伸缩剖面的直径百分比。当该值为负数时，伸缩剖面的直径小于软管直径；当该值为正数时，伸缩剖面的直径大于软管直径。取值范围为 −50%～500%，默认值为−20%。

5）【平滑】选区。

- 【全部】：对整个软管进行平滑处理。
- 【侧面】：沿软管的轴向进行平滑处理。
- 【无】：不进行平滑处理。
- 【分段】：仅对软管的内截面进行平滑处理。

6）【可渲染】：设置是否可以对软管进行渲染。

7）【生成贴图坐标】：生成将贴图材质应用于软管的坐标。默认勾选该复选框。

8）【软管形状】选区。

- 【圆形软管】：设置软管的横截面为圆形。
  - ➤ 【直径】：设置软管最大横截面的直径。
  - ➤ 【边数】：设置软管横截面的边数。
- 【长方形软管】：设置软管的横截面为矩形。
  - ➤ 【宽度】：设置软管最大横截面的宽度。
  - ➤ 【深度】：设置软管最大横截面的高度。
  - ➤ 【圆角】：设置圆角大小。
  - ➤ 【圆角分段】：设置圆角划分的片段数。
  - ➤ 【旋转】：设置软管沿轴旋转的角度。
- 【D 截面软管】：设置软管的横截面为 D 字形。
  - ➤ 【宽度】：设置软管最大横截面的宽度。
  - ➤ 【深度】：设置软管最大横截面的高度。
  - ➤ 【圆形侧面】：设置在圆周上划分的片段数。
  - ➤ 【圆角】：设置圆角大小。
  - ➤ 【圆角分段】：设置圆角划分的片段数。
  - ➤ 【旋转】：设置软管沿轴旋转的角度。

6．异面体

异面体是用基础数学原则定义的扩展几何体。使用【异面体】工具可以创建四面体、八面体、十二面体，以及两种星形，如图 2-57 所示。

图 2-57　创建各种异面体

【参数】卷展栏中各项参数的功能如下。

1）【系列】选区：选择要创建的异面体类型。

- 【四面体】：创建一个四面体。
- 【立方体/八面体】：创建一个立方体或八面体。
- 【十二面体/二十面体】：创建一个十二面体或二十面体。
- 【星形 1】和【星形 2】：创建两个不同的类似星形的异面体。

2）【系列参数】选区：【P】和【Q】是控制异面体的点与面进行相互转换的两个关联参数，它们的取值范围都是 0.0～1.0。如果其中一个参数的值为 1.0，那么另一个参数的值为 0.0。它们分别代表所有的顶点和所有的面。

3）【轴向比率】选区：异面体是由三角形、矩形和五边形这 3 种不同类型的面拼接而成的，【P】、【Q】和【R】分别用于调整它们各自的比例。单击【重置】按钮，可以将【P】、【Q】和【R】的值恢复为默认值。

4）【顶点】选区：用于确定异面体内部顶点的创建方法，可决定异面体的内部结构。

- 【基点】：超过最小值的面不再进行细划分。
- 【中心】：在面的中心位置添加一个顶点，对中心点到面的各个顶点所形成的边进行细划分。
- 【中心和边】：在面的中心位置添加一个顶点，对中心点到面的各个顶点和边中心所形成的边进行细划分。使用此方式比使用【中心】方式多产生一倍的面。

5）【半径】：通过设置该值调整异面体的大小。

6）【生成贴图坐标】：生成将贴图材质应用于异面体的坐标。默认勾选该复选框。

7．环形结

使用【环形结】工具可以创建环形结。【环形结】工具的【参数】卷展栏如图 2-58 所示，其各项参数的功能如下。

图 2-58　【环形结】工具的【参数】卷展栏

1）【基础曲线】选区：提供影响基础曲线的参数。

- 【结】：如果选择该单选按钮，那么环形结会基于其他参数对自身进行交织。不同参数设置的结曲线形成的环形结如图 2-59 所示。

- 【圆】：如果选择该单选按钮，那么环形结的基础曲线是圆形。如果使用【偏心率】和【扭曲】的默认值，则会创建一个标准环形。不同参数设置的圆曲线形成的环形结如图2-60所示。

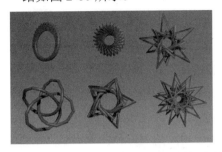

图2-59　不同参数设置的结曲线形成的环形结　　图2-60　不同参数设置的圆曲线形成的环形结

- 【半径】：设置曲线的半径。
- 【分段】：设置在曲线路径上划分的片段数，最小值为4。
- 【P】和【Q】：用于设置曲线的缠绕参数。只有在选择【结】单选按钮的情况下，这两个参数才会被激活。【P】表示计算环形结绕垂直弯曲的数学系数，最大值为25.0，此时的环形结类似于紧绕的线轴；【Q】表示计算环形结绕水平轴弯曲的数学系数，最大值为25.0。如果【P】和【Q】的值相同，那么环形结会变为一个简单的圆环，如图2-61所示。

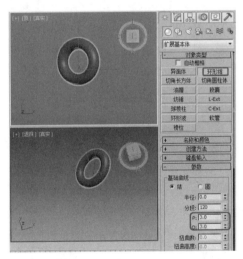

图2-61　简单的圆环

- 【扭曲数】：设置在曲线上的点数，即弯曲数量。只有在选择【圆】单选按钮的情况下，该参数才会被激活。
- 【扭曲高度】：设置弯曲的高度。只有在选择【圆】单选按钮的情况下，该参数才会被激活。

2）【横截面】选区：提供影响环形结横截面的参数。

- 【半径】：设置横截面的半径。
- 【边数】：设置横截面的边数，该值越大，横截面越平滑。

- 【偏心率】：设置横截面主轴与副轴的比率。只有在【块】的值大于 0 时才能看到效果。
- 【扭曲】：设置横截面围绕基础曲线扭曲的次数。
- 【块】：设置环形结中块的数量。只有当【块高度】的值不为 0 时才能看到效果。
- 【块高度】：设置块的高度。
- 【块偏移】：设置块沿路径移动的偏移量。

3）【平滑】选区：提供用于改变环形结平滑显示或渲染的参数。这种平滑不能移动或细分几何体，只能添加平滑的相关设置信息。

- 【全部】：对整个环形结进行平滑处理。
- 【侧面】：只对环形结沿纵向路径方向的面进行平滑处理。
- 【无】：不对环形结进行平滑处理。

4）【贴图坐标】选区：提供指定和调整贴图坐标的方法。

- 【生成贴图坐标】：生成将贴图材质应用于环形结的坐标。默认勾选该复选框。
- 【偏移 U/V】：沿 *U* 向和 *V* 向偏移贴图坐标。
- 【平铺 U/V】：沿 *U* 向和 *V* 向平铺贴图坐标。

8．环形波

使用【环形波】工具可以创建内部边和外部边都不规则的环形波，如图 2-62 所示。

（1）在命令面板中选择【创建】|【几何体】|【扩展基本体】|【环形波】工具，在视图中按住鼠标左键并拖动鼠标，设置环形波的外半径。

（2）释放鼠标左键，然后向环形中心移动鼠标，用于设置环形波的内半径。

（3）最后单击鼠标左键，完成环形波的创建。

【环形波】工具的【参数】卷展栏如图 2-63 所示，其各项参数的功能如下。

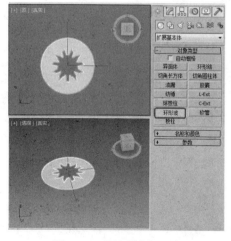

图 2-62　【环形波】工具

图 2-63　【环形波】工具的【参数】卷展栏

1）【环形波大小】选区：用于设置环形波的基本参数。

- 【半径】：设置环形波的外半径。
- 【径向分段】：沿半径方向设置内外曲面之间划分的片段数。

- 【环形宽度】：设置环形波的宽度，从外半径向内测量。
- 【边数】：内、外和末端（封口）曲面沿圆周方向划分的片段数。
- 【高度】：沿主轴设置环形波的高度。
- 【高度分段】：在高度上划分的片段数。

2）【环形波计时】选区：在环形波从零增加到其最大尺寸时，需要使用这些环形波动画设置参数。

- 【无增长】：在【开始时间】处出现，在【结束时间】处消失。
- 【增长并保持】：设置单个增长周期。环形波在【开始时间】处开始增长，在【增长时间】处增长到最大尺寸并保持最大尺寸不变。
- 【循环增长】：环形波从【开始时间】处到【增长时间】处循环增长，在动画期间，环形波会从零增长到最大尺寸若干次。
- 【开始时间】、【增长时间】和【结束时间】：分别用于设置环形波增长的开始时间、增长时间和结束时间。

3）【外边波折】选区：用于设置环形波外部边的形状。

- 【启用】：启用外部边上的波峰。如果勾选该复选框，那么该选区中其他参数会被激活。默认不勾选该复选框。

①【主周期数】的相关参数。

- 【主周期数】：设置围绕环形波外边缘运动的外波纹数量。
- 【宽度光通量】：设置主波的大小，使用调整宽度的百分比表示。
- 【爬行时间】：设置外波纹围绕环形波外边缘运动所需的帧数。

②【次周期数】的相关参数。

- 【次周期数】：设置对外波纹之间随机尺寸的内波纹数量。
- 【宽度光通量】：设置小波的平均大小，使用调整宽度的百分比表示。
- 【爬行时间】：设置内波纹运动所需的帧数。

4）【内边波折】选区：用于设置环形波内部边的形状。

- 【启用】：启用内部边上的波峰。如果勾选该复选框，那么该选区中其他参数会被激活。默认不勾选该复选框。
- 【主周期数】：设置围绕内边的主波数量。
- 【宽度光通量】：设置主波的大小，使用调整宽度的百分比表示。
- 【爬行时间】：设置每个主波绕环形波内周长移动一周所需的帧数。
- 【次周期数】：在每个主周期中设置随机尺寸次波的数量。
- 【宽度光通量】：设置小波的平均大小，使用调整宽度的百分比表示。
- 【爬行时间】：设置每个次波绕其主波移动一周所需的帧数。

5）【曲面参数】选区。

- 【纹理坐标】：设置将贴图材质应用于对象时所需的坐标。默认勾选该复选框。
- 【平滑】：通过将所有多边形设置为平滑组，将平滑应用到对象上。默认勾选该复选框。

9．油罐

使用【油罐】工具可以创建带有凸面封口的圆柱体，如图 2-64 所示。

（1）在命令面板中选择【创建】|【几何体】|【扩展基本体】|【油罐】工具，在视图中按住鼠标左键并拖动鼠标，在确定油罐底部的半径后释放鼠标左键。

（2）垂直移动鼠标，在确定油罐的高度后单击鼠标左键。

（3）对角移动鼠标，在确定凸面封口的高度（向左上方移动可增加高度；向右下方移动可减小高度）后再次单击鼠标左键，完成油罐的创建。

【油罐】工具的【参数】卷展栏如图 2-65 所示，其各项参数的功能如下。

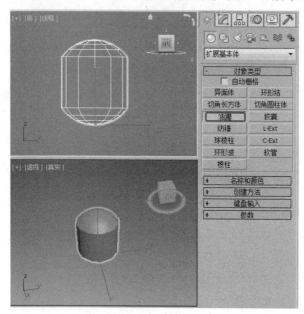

图 2-64　【油罐】工具　　　　　　　图 2-65　【油罐】工具的【参数】卷展栏

- 【半径】：设置油罐横截面的半径。
- 【高度】：设置油罐的高度。如果该值为负数，则会在构造平面下方创建油罐。
- 【封口高度】：设置凸面封口的高度。
- 【总体】和【中心】：如果选择【总体】单选按钮，那么【高度】参数表示油罐的总体高度；如果选择【中心】单选按钮，那么【高度】参数表示油罐中间部分的圆柱体的高度，不包括凸面封口的高度。
- 【混合】：如果该值大于 0，则会在封口的边缘创建圆角。
- 【边数】：设置油罐横截面的边数。
- 【高度分段】：设置油罐的圆柱体部分划分的片段数。
- 【平滑】：设置是否对油罐表面进行平滑处理。
- 【启用切片】：设置是否启用切片功能。默认不勾选该复选框。在创建切片后，如果取消勾选该复选框，则会重新显示完整的油罐。
- 【切片起始位置】和【切片结束位置】：设置从油罐局部坐标的 X 轴的原点开始围绕油罐局部坐标的 Z 轴的度数。如果该值为正数，则按逆时针方向移动切片位置；如果该值为负数，则按顺时针方向移动切片位置。在切片起始位置与切片结束位置重合时，会重新显示完整的油罐。

- 【生成贴图坐标】：生成将贴图材质应用于油罐的坐标。默认勾选该复选框。
- 【真实世界贴图大小】：控制应用于该对象的纹理贴图材质所使用的缩放方法。缩放
  值由位于应用的纹理贴图材质的【坐标】卷展栏中的【使用真实世界比例】的相关
  参数控制。默认不勾选该复选框。

10. 纺锤

使用【纺锤】工具可以创建类似纺锤的几何体，如图 2-66 所示。纺锤由两个圆锥体和一个圆柱体组成，并且两个圆锥体的底面半径与圆柱体的底面半径相等。

【纺锤】工具的【参数】卷展栏如图 2-67 所示，其各项参数的功能如下。

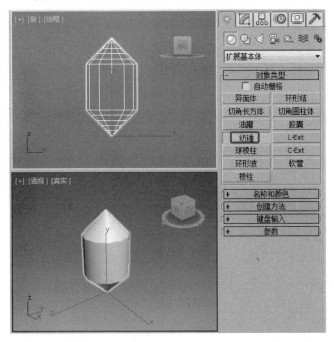
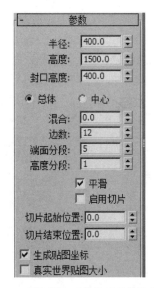

图 2-66　【纺锤】工具　　　　　　　　　图 2-67　【纺缍】工具的【参数】卷展栏

- 【半径】：设置纺锤的半径。
- 【高度】：设置纺锤的高度。如果该值为负数，则会在构造平面下方创建纺锤。
- 【封口高度】：设置圆锥体封口的高度。最小值为 0.1；最大值为【高度】参数绝对值的一半。
- 【总体】和【中心】：如果选择【总体】单选按钮，那么【高度】参数表示纺锤的总体高度；如果选择【中心】单选按钮，那么【高度】参数表示纺锤中间部分的圆柱体的高度，不包括圆锥体封口的高度。
- 【混合】：如果该值大于 0，则会在纺锤主体与封口的会合处创建圆角。
- 【边数】：设置纺锤横截面的边数。
- 【端面分段】：设置纺锤顶部和底部的圆锥体部分沿中心轴划分的片段数。
- 【高度分段】：设置纺锤的圆柱体部分沿中心轴划分的片段数。
- 【平滑】：设置是否对纺锤表面进行平滑处理。
- 【启用切片】：设置是否启用切片功能。默认不勾选该复选框。在创建切片后，如果

取消勾选该复选框,则会重新显示完整的纺锤。

- 【切片起始位置】和【切片结束位置】:设置从纺锤局部坐标的 X 轴的零点开始围绕纺锤局部坐标的 Z 轴的度数。如果该值为正数,则按逆时针方向移动切片位置;如果该值为负数,则按顺时针方向移动切片位置。在切片起始位置与切片结束位置重合时,会重新显示完整的纺锤。
- 【生成贴图坐标】:生成将贴图材质应用于纺锤的坐标。默认勾选该复选框。
- 【真实世界贴图大小】:控制应用于该对象的纹理贴图材质所使用的缩放方法。缩放值由位于应用的纹理贴图材质的【坐标】卷展栏中的【使用真实世界比例】的相关参数控制。默认不勾选该复选框。

11. 球棱柱

使用【球棱柱】工具可以创建挤出的规则面多边形,如图 2-68 所示。

(1)在命令面板中选择【创建】|【几何体】|【扩展基本体】|【球棱柱】工具,在视图中创建一个球棱柱。

(2)切换到【修改】命令面板,在【参数】卷展栏中,将【边数】的值设置为 5,将【半径】的值设置为 500.0,将【圆角】的值设置为 24.0,将【高度】的值设置为 1000.0,如图 2-69 所示。

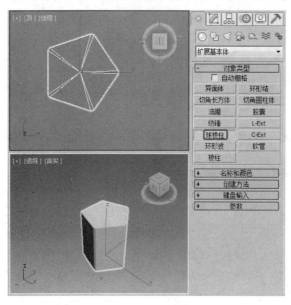

图 2-68　【球棱柱】工具　　　　　　　图 2-69　【球棱柱】工具的【参数】卷展栏

【球棱柱】工具的【参数】卷展栏中各项参数的功能如下。

- 【边数】:设置球棱柱底面的边数。
- 【半径】:设置球棱柱顶面与底面内接圆的半径。
- 【圆角】:设置球棱柱周边圆角的大小。
- 【高度】:设置球棱柱的高度。如果该值为负数,则会在构造平面下方创建球棱柱。
- 【侧面分段】:设置球棱柱侧面沿底面边划分的片段数。
- 【高度分段】:设置沿球棱柱的中心轴划分的片段数。

- 【圆角分段】：设置边圆角的分段数。提高该值可以生成圆角，而不是切角。
- 【平滑】：设置是否对球棱柱表面进行平滑处理。
- 【生成贴图坐标】：生成将贴图材质应用于球棱柱的坐标。默认勾选该复选框。
- 【真实世界贴图大小】：控制应用于该对象的纹理贴图材质所使用的缩放方法。缩放值由位于应用的纹理贴图材质的【坐标】卷展栏中的【使用真实世界比例】的相关参数控制。默认不勾选该复选框。

12．L-Ext

使用【L-Ext】工具可以创建挤出的 L 形几何体，如图 2-70 所示。

（1）在命令面板中选择【创建】|【几何体】|【扩展基本体】|【L-Ext】工具，按住鼠标左键并拖动鼠标可定义 L 形几何体的 L 形底面（按【Ctrl】键可约束 L 形底面的两条边等长）。

（2）释放鼠标左键并垂直移动鼠标可定义 L 形几何体挤出的高度。

（3）单击鼠标左键并垂直移动鼠标可定义 L 形几何体挤出墙体的厚度或宽度。

（4）单击鼠标左键完成 L 形几何体的创建。

【L-Ext】工具的【参数】卷展栏如图 2-71 所示，其各项参数的功能如下。

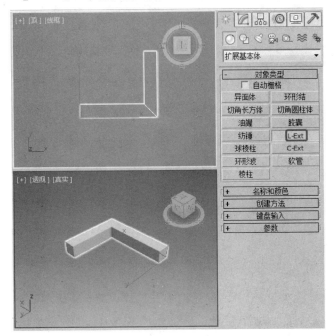

图 2-70　【L-Ext】工具

图 2-71　【L-Ext】工具的【参数】卷展栏

- 【侧面长度】和【前面长度】：分别用于设置 L 形几何体侧面和前面的长度。
- 【侧面宽度】和【前面宽度】：分别用于设置 L 形几何体侧面和前面的宽度。
- 【高度】：用于设置 L 形几何体的高度。
- 【侧面分段】和【前面分段】：分别用于设置 L 形几何体侧面和前面的分段数。
- 【宽度分段】和【高度分段】：分别用于设置 L 形几何体宽度和高度的分段数。

13. C-Ext

使用【C-Ext】工具可以创建挤出的 C 形几何体，如图 2-72 所示。

（1）在命令面板中选择【创建】|【几何体】|【扩展基本体】|【C-Ext】工具，按住鼠标左键并拖动鼠标可定义 C 形几何体的 C 形底面（按【Ctrl】键可约束 C 形底面的三条边等长）。

（2）释放鼠标左键并垂直移动鼠标可定义 C 形几何体挤出的高度。

（3）单击鼠标左键并垂直移动鼠标可定义 C 形几何体挤出墙体的厚度或宽度。

（4）单击鼠标左键完成 C 形几何体的创建。

【C-Ext】工具的【参数】卷展栏如图 2-73 所示，其各项参数的功能如下。

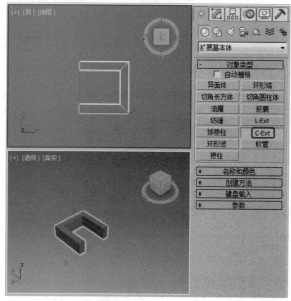

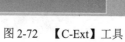

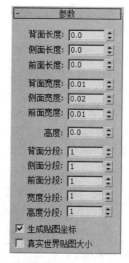

图 2-72　【C-Ext】工具　　　　　　　图 2-73　【C-Ext】工具的【参数】卷展栏

- 【背面长度】、【侧面长度】和【前面长度】：分别用于设置 C 形几何体三个侧面的长度。
- 【背面宽度】、【侧面宽度】和【前面宽度】：分别用于设置 C 形几何体三个侧面的宽度。
- 【高度】：用于设置 C 形几何体的高度。
- 【背面分段】、【侧面分段】和【前面分段】：分别用于设置 C 形几何体侧面的分段数。
- 【宽度分段】和【高度分段】：分别用于设置 C 形几何体宽度和高度的分段数。

2.3　上机实战——【排球】模型

本案例主要介绍如何制作【排球】模型。首先使用【长方体】工具创建一个长方体，为其添加【编辑网格】修改器，设置 ID，将长方体炸开；然后为其添加【网格平滑】和【球形化】修改器，对长方体进行平滑及球形化处理；再为其添加【面挤出】和【网格平滑】修改器，对长方体进行挤压、平滑处理，从而得到【排球】模型；最后为【排球】模型添加

【多维/子对象】材质。本案例所需的素材文件如表 2-3 所示，完成后的效果如图 2-74 所示。

表 2-3　本案例所需的素材文件

案例文件	CDROM|Scenes|Cha02|制作排球.max
	CDROM|Scenes|Cha02|制作排球 OK.max
贴图文件	CDROM|Map
视频文件	视频教学|Cha02|【排球】模型.avi

图 2-74　【排球】模型效果

（1）打开【CDROM|Scenes|Cha02|制作排球.max】文件，在命令面板中选择【创建】|【几何体】|【标准基本体】|【长方体】工具，在【前】视图中创建一个长方体，将它重命名为【排球】，在【参数】卷展栏中将【长度】、【宽度】、【高度】、【长度分段】、【宽度分段】和【高度分段】的值分别设置为 150.0、150.0、150.0、3、3 和 3，如图 2-75 所示。

（2）切换到【修改】命令面板，在【修改器列表】下拉列表中选择【编辑网格】选项，添加【编辑网格】修改器，将当前选择集定义为【多边形】，然后在长方体的 6 个面中选择多边形，在【曲面属性】卷展栏中，将【材质】选区中的【设置 ID】的值设置为 1，如图 2-76 所示。

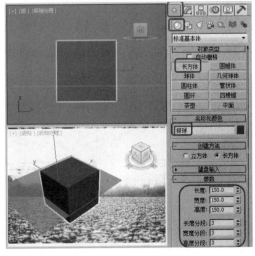

图 2-75　创建长方体

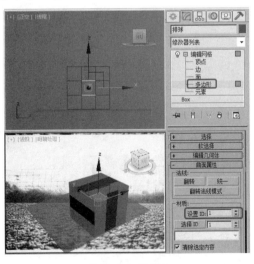

图 2-76　设置 ID

> **！ 提示：** 在给对象设置 ID 时，可以将对象分开进行编辑，方便以后对其设置材质，一般在设置【多维/子对象】材质时需要事先给对象设置相应的 ID。

（3）在菜单栏中选择【编辑】|【反选】命令，在【曲面属性】卷展栏中，将【材质】选区中的【设置 ID】的值设置为 2，然后再次在菜单栏中选择【编辑】|【反选】命令，在【编辑几何体】卷展栏中单击【炸开】按钮，弹出【炸开】对话框，将【对象名】设置为【排球】，单击【确定】按钮，如图 2-77 所示。

（4）退出当前选择集，然后选择【排球】对象，在【修改器列表】下拉列表中选择【网格平滑】选项和【球形化】选项，添加【网格平滑】修改器和【球形化】修改器，效果如图 2-78 所示。

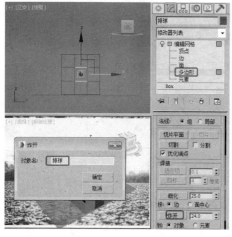

图 2-77　【炸开】对话框

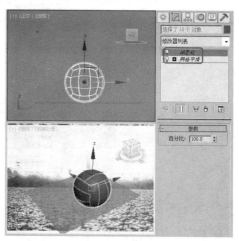

图 2-78　给【排球】对象添加【网格平滑】修改器和【球形化】修改器

（5）给【排球】对象添加【编辑网格】修改器，将当前选择集定义为【多边形】，按【Ctrl+A】组合键选中所有多边形，如图 2-79 所示。

（6）在【修改器列表】下拉列表中选择【面挤出】选项，添加【面挤出】修改器，在【参数】卷展栏中将【数量】和【比例】的值设置为 1 和 99，如图 2-80 所示。

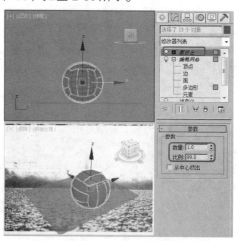

图 2-80　设置【面挤出】修改器的参数

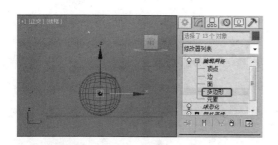

图 2-79　选中所有多边形

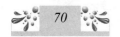

知识链接

使用【面挤出】修改器可以将选中的面集合积压成型，使其从原对象表面长出或陷入。

【数量】：设置挤出的数量，当该值为负数时，表现为凹陷效果。

【比例】：对挤出的面进行尺寸缩放操作。

（7）在【修改器列表】下拉列表中选择【网格平滑】选项，添加【网格平滑】修改器，在【细分方法】卷展栏中将【细分方法】设置为【四边形输出】，在【细分量】卷展栏中将【迭代次数】的值设置为2，如图2-81所示。

（8）按【M】快捷键打开【材质编辑器】窗口，选择一个空白材质球，将其重命名为【排球】，单击【材质类型】按钮，在弹出的【材质/贴图浏览器】对话框中选择【材质】|【标准】|【多维/子对象】选项，单击【确定】按钮，如图2-82所示。

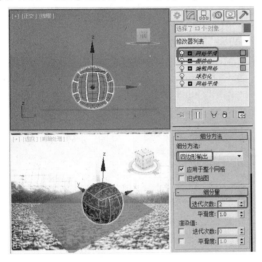

图2-81　设置【网格平滑】修改器中的参数　　　图2-82　选择【多维/子对象】选项

（9）进入【多维/子对象】材质界面，保持默认的参数设置，在【多维/子对象基本参数】卷展栏中单击【设置数量】按钮，弹出【设置材质数量】对话框，在【材质数量】文本框中输入【2】，单击【确定】按钮，单击【ID】为1的材质右侧的【子材质】按钮，进入子材质设置界面，将其重命名为【红】，将【环境光】的RGB值设置为222、0、2，将【高光级别】的值设置为75，将【光泽度】的值设置为15，然后单击【转到父对象】按钮，单击【ID】为2的材质右侧的【子材质】按钮，在弹出的【材质/贴图浏览器】对话框中选择【材质】|【标准】|【标准】选项，单击【确定】按钮，进入子材质设置界面，将其重命名为【黄】，将【环境光】的RGB值设置为251、253、0，将【高光级别】的值设置为75，将【光泽度】的值设置为15，然后单击【转到父对象】按钮，确定【排球】对象处于被选中状态，然后单击【将材质指定给选定对象】按钮，如图2-83所示。

（10）关闭【材质编辑器】窗口，按【F10】快捷键，打开【渲染设置】窗口，选择【公用】选项卡，在【公用参数】卷展栏中单击【渲染输出】选区中的【文件】按钮，在弹出的【渲染输出文件】对话框中设置存储路径并将其重命名，单击【保存】按钮。切换到【摄影机】视图，单击【渲染】按钮进行渲染，渲染效果如图2-84所示。

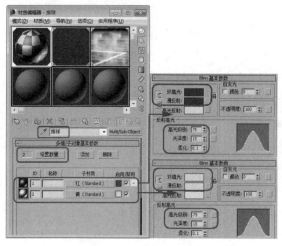

图 2-83　设置材质

图 2-84　渲染效果

习题与训练

一、填空题

1．3ds Max 2016 提供的几何体模型分为＿＿＿＿＿＿和＿＿＿＿＿＿两类。

2．列出 6 种常用的标准基本体：＿＿＿＿、＿＿＿＿、＿＿＿＿、＿＿＿＿、＿＿＿＿、＿＿＿＿。

3．如果需要使创建的球体表面更平滑，则应修改其＿＿＿＿＿＿参数

4．在＿＿＿命令面板中可以查看或修改选中对象的参数。

5．布尔操作包括＿＿＿＿＿、＿＿＿＿＿、＿＿＿＿＿、＿＿＿＿＿等。

二、简答题

1．简述在 3ds Max 2016 中创建几何体的一般步骤。

2．在创建几何体时，是否将【分段】参数的值设置得越大越好，为什么？

3．简述进行布尔操作的一般步骤。

本章导读:

基础知识
◆ 【车削】修改器
◆ 【倒角】修改器、【倒角剖面】修改器
◆ 放样对象

重点知识
◆ 【一次性水杯】模型的制作
◆ 【休闲躺椅】和【瓶盖】模型的制作

提高知识
◆ 【顶点】选择集
◆ 【分段】选择集
◆ 【样条线】选择集

　　本章主要介绍二维模型的制作方法,并且重点讲解一些日常生活中常用用具的制作方法。通过对本章内容的学习,读者可以对二维模型的制作方法及修改器的应用有更深的了解。

3.1 任务 5:【一次性水杯】模型——添加【编辑样条线】和【车削】修改器

本案例主要介绍【一次性水杯】模型的制作方法。首先创建【一次性水杯】模型的截面图形,再为其添加【车削】修改器,完成【一次性水杯】模型的制作,然后复制【一次性水杯】模型并调整其位置,使用【长方体】工具创建地面,并且为场景中的模型添加材质,最后添加摄影机和灯光。本案例所需的素材文件如表 3-1 所示,渲染后的效果如图 3-1 所示。

表 3-1 本案例所需的素材文件

案例文件	CDROM|Scenes|Cha03|一次性水杯 OK.max
贴图文件	CDROM|Map
视频文件	视频教学|Cha03|【一次性水杯】模型.avi

图 3-1 【一次性水杯】模型的渲染效果

3.1.1 任务实施

(1)在命令面板中选择【创建】|【图形】|【样条线】|【线】工具,在场景中创建【一次性水杯】模型的截面图形(闭合的图形),切换到【修改】命令面板,在【插值】卷展栏中,将【步数】的值设置为 40,在【修改器列表】下拉列表中选择【编辑样条线】选项,添加【编辑样条线】修改器,如图 3-2 所示。

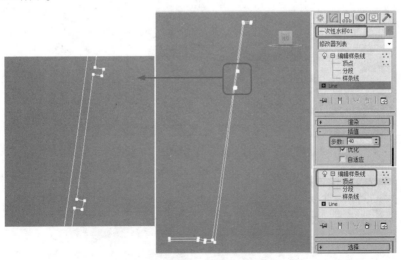

图 3-2 创建【一次性水杯】模型的截面图形并添加【编辑样条线】修改器

（2）在【修改器列表】下拉列表中选择【车削】选项，添加【车削】修改器，在【参数】卷展栏中，设置【度数】的值为360.0，勾选【焊接内核】复选框，设置【分段】的值为55，在【方向】选区中单击【Y】按钮，在【对齐】选区中单击【最小】按钮，如图3-3所示。

图3-3　添加【车削】修改器

> ！ 提示：在创建车削模型时，【分段】参数的值越高，车削出的模型越平滑。

（3）对【一次性水杯01】对象进行复制，将复制对象重命名为【一次性水杯02】并进行旋转，如图3-4所示。

（4）在命令面板中选择【创建】|【几何体】|【标准基本体】|【长方体】工具，在【顶】视图中创建一个长方体，将其重命名为【地面】，在【参数】卷展栏中将【长度】、【宽度】和【高度】的值分别设置为1500.0、1500.0和0.0，然后在其他视图中调整长方体的位置，如图3-5所示。

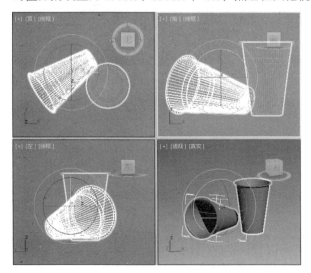

图3-4　复制并旋转

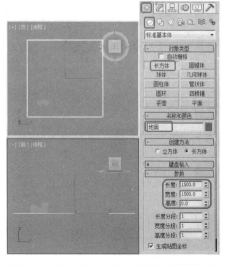

图3-5　创建【地面】对象并调整其位置

（5）按【M】快捷键打开【材质编辑器】窗口，单击【获取材质】按钮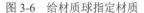，弹出【材质/贴图浏览器】对话框，单击【材质/贴图浏览器选项】按钮▼，在弹出的快捷菜单中选择【打开材质库】命令，在弹出的【导入材质库】对话框中选择配套资源中的【CDROM|Map—一次性水杯材质.mat】文件，单击【打开】按钮，将打开的材质分别指定给【材质编辑器】窗口中的2个材质球，如图3-6所示。

（6）按【H】快捷键，在弹出的【从场景选择】对话框中选择【一次性水杯01】对象和【一次性水杯02】对象，单击【确定】按钮，在【材质编辑器】窗口中选择【一次性水杯材质】材质球，单击【将材质指定给选定的对象】按钮，将该材质指定给场景中选中的对象；按【H】快捷键，在弹出【从场景选择】对话框中选择【地面】对象，单击【确定】按钮，在【材质编辑器】窗口中选择【桌布】材质球，单击【将材质指定给选定的对象】按钮，将该材质指定给场景中选中的对象，如图3-7所示。

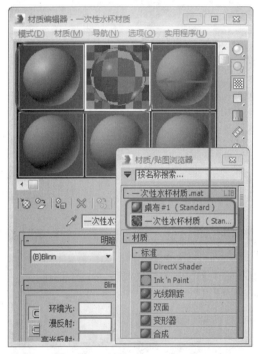

图3-6　给材质球指定材质

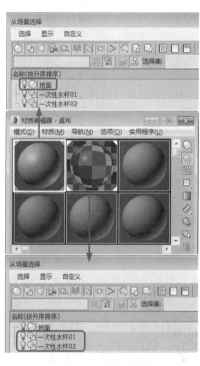

图3-7　给对象指定材质

> ！提示：在【材质编辑器】窗口中单击【视口中显示明暗处理材质】按钮，能够在视图中预览添加材质后的效果。

（7）在命令面板中选择【创建】|【摄影机】|【标准】|【目标】工具，在【顶】视图中创建一架目标摄影机，在【参数】卷展栏中设置【镜头】的值为316.99mm，设置【视野】的值为6.5度。在【透视】视图中按【C】快捷键，将当前视图转换为【摄影机】视图，最后在场景中调整目标摄影机的位置，如图3-8所示。

（8）切换到【摄影机】视图，按【Shift+F】组合键为该视图添加安全框，按【F10】快捷键，打开【渲染设置】窗口，展开【公用参数】卷展栏，在【输出大小】选区中将【宽度】和【高度】的值分别设置为1280和728，如图3-9所示。

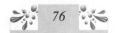

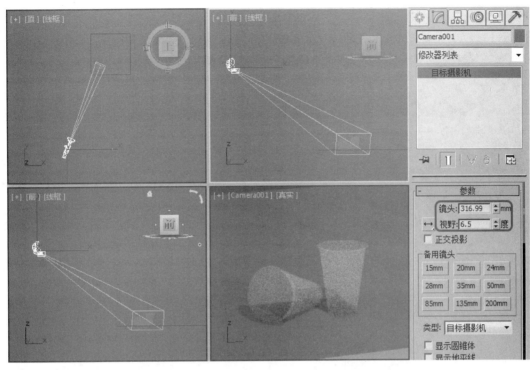

图 3-8　创建目标摄影机并调整其位置

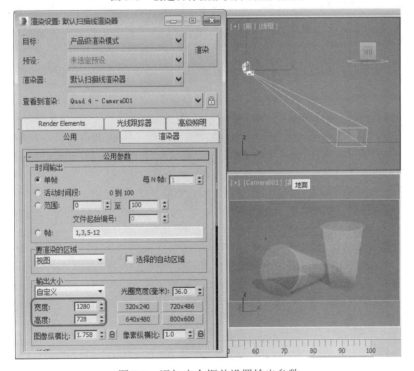

图 3-9　添加安全框并设置输出参数

（9）在命令面板中选择【创建】|【灯光】|【标准】|【目标聚光灯】工具，在【顶】视图中创建一盏目标聚光灯，在【常规参数】卷展栏中勾选【启用】复选框，在【聚光灯参数】卷展栏中

将【聚光区/光束】和【衰减区/区域】的值分别设置为 40.0 和 75.0，在【阴影参数】卷展栏中将【颜色】的 RGB 值设置为 168、168、168，最后在场景中调整目标聚光灯的位置，如图 3-10 所示。

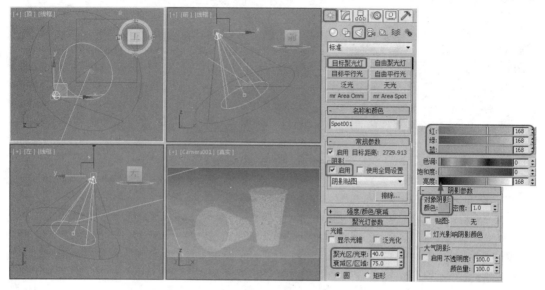

图 3-10　创建目标聚光灯并调整其位置

（10）在命令面板中选择【创建】|【灯光】|【标准】|【泛光灯】工具，在【顶】视图中创建一盏泛光灯，在【常规参数】卷展栏中单击【排除】按钮，弹出【排除/包含】对话框，选择【排除】单选按钮和【二者兼有】单选按钮，在左边的【场景对象】列表框中选择【地面】选项，单击 >> 按钮，将其添加到右边的列表框中，即可使【地面】对象不受该泛光灯的影响，在【强度/颜色/衰减】卷展栏中将【倍增】的值设置为 0.8，在场景中调整该泛光灯的位置，如图 3-11 所示。

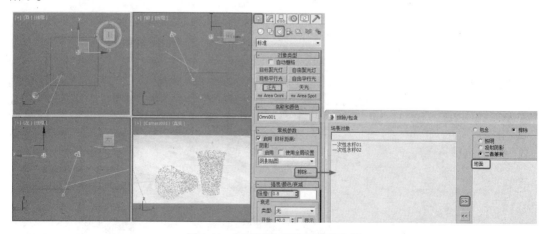

图 3-11　创建泛光灯并调整其位置

（11）对上一步创建的泛光灯进行复制，并且调整复制得到的泛光灯的位置，如图 3-12 所示。在设置完成后按【F9】快捷键进行渲染，并且保存场景文件。

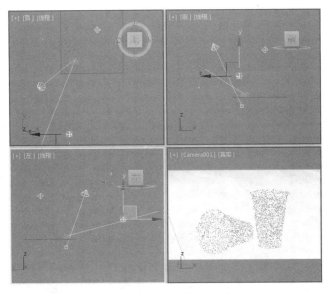

图 3-12　复制泛光灯并调整其位置

3.1.2　【顶点】选择集

在对二维图形进行编辑操作时，经常需要对【顶点】选择集进行修改，如图 3-13 所示为所选圆环的所有顶点。

将当前选择集定义为【顶点】，展开【选择】卷展栏，该卷展栏中的参数主要用于控制选择对象的过程，如图 3-14 所示。

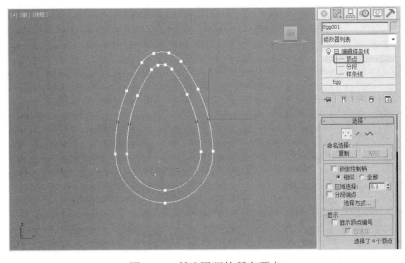

图 3-13　所选圆环的所有顶点　　　　　　　　图 3-14　【选择】卷展栏

- ⋮、✓ 和 ∧：用于切换 3 种选择集。
- 【锁定控制柄】：在勾选该复选框后，如果选择【相似】单选按钮，那么会锁定相同方向的控制手柄；如果选择【全部】单选按钮，那么会锁定所有控制手柄。
- 【区域选择】：用于确定选择区域的范围，在选择顶点时可以选中单击处一定范围内的顶点。

- 【显示】选区：如果勾选【显示顶点编号】复选框，则会显示顶点编号，如果在此基础上勾选【仅选定】复选框，则会只显示选中的顶点编号。

将当前选择集定义为【顶点】，在选中一个顶点后，可以看到被选中的顶点有两个控制手柄，在选中的顶点上右击，在弹出的快捷菜单中可以看到有 4 种类型的顶点：【Bezier 角点】、【Bezier】、【角点】和【平滑】。

- 【平滑】顶点：平滑连续曲线的不可调整的顶点。【平滑】顶点处的曲率是由相邻顶点的间距决定的，如图 3-15 所示。
- 【角点】顶点：锐角转角的不可调整的顶点，如图 3-16 所示。

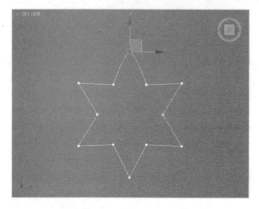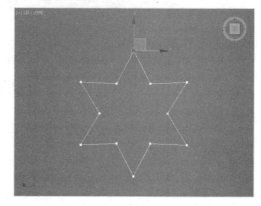

图 3-15　【平滑】顶点　　　　　　　　　图 3-16　【角点】顶点

- 【Bezier】顶点：带有锁定连续切线控制柄的不可调整的顶点，用于创建平滑曲线。【Bezier】顶点处的曲线曲率由切线控制柄的方向和量级确定，如图 3-17 所示。
- 【Bezier 角点】顶点：带有不连续切线控制柄的不可调整的顶点，用于创建锐角转角。【Bezier 角点】顶点处的曲线曲率由切线控制柄的方向和量级确定，如图 3-18 所示。

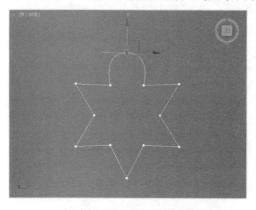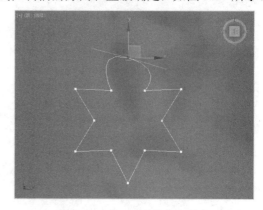

图 3-17　【Bezier】顶点　　　　　　　　　图 3-18　【Bezier 角点】顶点

将选择集定义为【顶点】，展开【几何体】卷展栏，如图 3-19 所示，其中比较常用的工具如下。

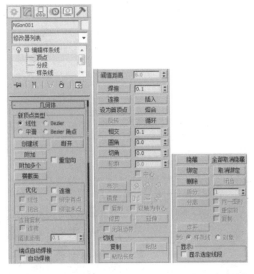

图 3-19   【顶点】选择集的【几何体】卷展栏

- 【优化】：允许为图形添加顶点，而不更改图形的原始形状，有利于修改图形。原始图形与使用【优化】工具增加顶点的效果如图 3-20 所示。

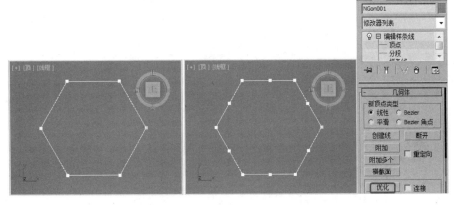

图 3-20   原始图形与使用【优化】工具增加顶点后的效果

- 【断开】：使顶点断开，将闭合的图形变为开放图形，如图 3-21 所示。

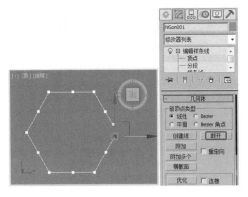

图 3-21   断开顶点

- 【插入】：与【优化】工具相似，都可以添加顶点，不同的是，使用【优化】工具可以在保持原图形不变的基础上添加顶点，而使用【插入】工具可以一边添加顶点一边改变原图形的形状。
- 【设置首顶点】：将所选的顶点设置为第一个顶点。
- 【焊接】：将两个断点合并为一个点，通常在对样条线使用了【修剪】工具后，必须将顶点全部选中，并且对顶点进行焊接操作。
- 【圆角】和【切角】：允许对选中的顶点进行圆角或切角操作，并且增加新的控制点。如图 3-22 所示。

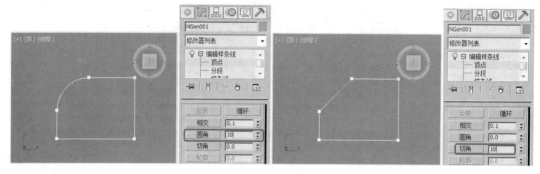

图 3-22　使用【圆角】工具的效果与使用【切角】工具的效果

3.1.3　【分段】选择集

分段是指连接两个点之间的线段，用户对线段进行变换操作相当于对线段两端的点进行变换操作。选中的分段如图 3-23 所示。

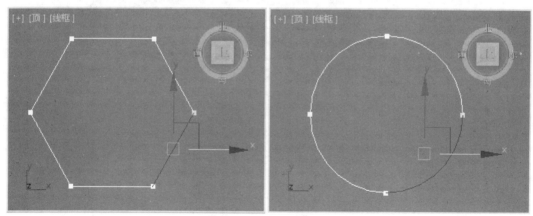

图 3-23　选中的分段

将选择集定义为【分段】，展开【几何体】卷展栏，如图 3-24 所示，其中比较常用的工具如下。

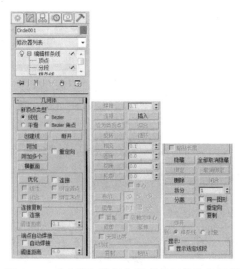

图3-24 【分段】选择集的【几何体】卷展栏

- 【断开】：将选中的线段断开，类似于顶点的断开。
- 【隐藏】：将选中的线段隐藏。
- 【全部取消隐藏】：显示所有隐藏的线段。
- 【删除】：将选中的线段删除。
- 【拆分】：将线段拆分为多段。

3.1.4 【样条线】选择集

相连接的线段为一条样条线。将选择集定义为【样条线】，展开【几何体】卷展栏，如图3-25所示，其中比较常用的工具如下。

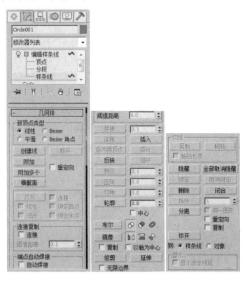

图3-25 【样条线】选择集的【几何体】卷展栏

- 【轮廓】：制作样条线的副本，所有侧边上的距离偏移量由其右侧的【轮廓】的值指定。选中一条或多条样条线，然后在【轮廓】数值框中输入适当的值，即可形成该样条线的轮廓；或者单击【轮廓】按钮，然后选中要生成轮廓的样条线，按住鼠标左键并拖动鼠标，即可形成该样条线的轮廓。如果样条线是开口的，那么该样条线与其轮廓会形成一条闭合的样条线。

- 【布尔】：布尔运算包括【并集】、【差集】和【相交】共 3 种。在对二维图形进行布尔运算前，需要使用【附加】工具将需要进行布尔运算的二维图形合并。
- 【镜像】：将选中的样条线进行镜像操作，与工具栏中的【镜像】工具 类似，包括【水平镜像】、【垂直镜像】和【双向镜像】共 3 种镜像方式。
- 【反转】：将样条线顶点的编号前后对调。

3.1.5 【车削】修改器

【车削】修改器可以通过旋转二维图形生成三维造型，如图 3-26 所示。

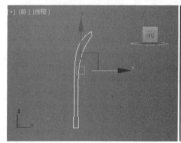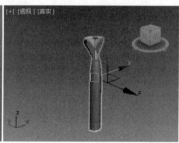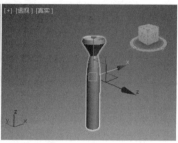

图 3-26　【车削】修改器的效果

【轴】：将当前选择集定义为【轴】，可以在视图中调整旋转轴的位置。

【车削】修改器的【参数】卷展栏如图 3-27 所示，其各项参数的功能如下。在修改器堆栈中，将【车削】修改器展开，将选择集定义为【轴】，可以调整车削效果，如图 3-28 所示。

图 3-27　【车削】修改器的【参数】卷展栏　　　　　　图　3-28 轴

- 【度数】：设置旋转的角度。
- 【焊接内核】：将旋转轴的顶点焊接起来，从而简化网格。如果要创建一个变形对象，则不勾选该复选框。

- 【翻转法线】：将模型表面的法线方向反过来。
- 【分段】：设置旋转圆周上划分的片段数，该值越高，模型越平滑。
- 【封口】选区。
  - ➤ 【封口始端】：在顶端加面覆盖。
  - ➤ 【封口末端】：在底端加面覆盖。
  - ➤ 【变形】：不对面进行精简计算，可以用于制作变形动画。
  - ➤ 【栅格】：对面进行精简计算，不可以用于制作变形动画。
- 【方向】选区：用于设置旋转轴。
- 【对齐】选区。
  - ➤ 【最小】：将曲线内边界与旋转轴对齐。
  - ➤ 【中心】：将曲线中心与旋转轴对齐。
  - ➤ 【最大】：将曲线外边界与旋转轴对齐。
- 【输出】选区。
  - ➤ 【面片】：将旋转成型的对象转化为面片对象。
  - ➤ 【网格】：将旋转成型的对象转化为网格对象。
  - ➤ 【NURBS】：将旋转成型的对象转化为 NURBS 曲面对象。
- 【生成贴图坐标】：将贴图坐标应用于车削对象。
- 【真实世界贴图大小】：控制应用于该对象的纹理贴图材质所使用的缩放方法。
- 【生成材质 ID】：为模型指定特殊的材质 ID，将始端封口和末端封口的材质 ID 分别指定为 ID1 和 ID2，将侧面的材质 ID 指定为 ID3。
- 【使用图形 ID】：将材质 ID 指定给挤出对象的样条线子对象，或者指定给 NURBS 挤出对象的曲线子对象。
- 【平滑】：如果勾选该复选框，则会自动对挤出对象表面进行平滑处理，否则会产生硬边。勾选与不勾选【平滑】复选框的效果对比如图 3-29 所示。

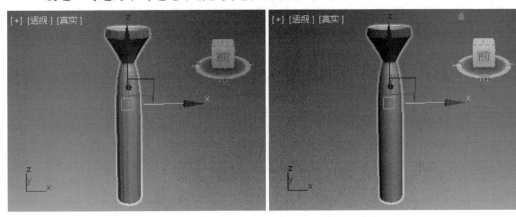

图 3-29　勾选与不勾选【平滑】复选框的效果对比

使用【车削】修改器的操作步骤如下。

（1）在命令面板中选择【创建】|【图形】|【样条线】|【线】工具，在【顶】视图中创建一条样条线。切换到【修改】命令面板，在【修改器列表】下拉列表中选择【编辑样条线】选项，

添加【编辑样条线】修改器，对创建的样条线进行修改，如图 3-30 所示。

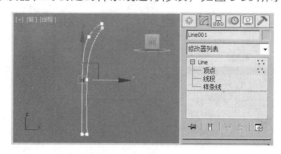

图 3-30　创建并修改样条线

（2）在【修改器列表】下拉列表中选择【车削】选项，添加【车削】修改器，如图 3-31 所示。

（3）在【参数】卷展栏中，在【对齐】选区中单击【最大】按钮，如图 3-32 所示。

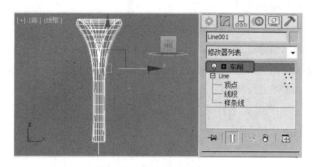

图 3-31　添加【车削】修改器

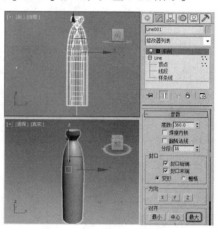

图 3-32　【车削】修改器的参数设置及效果

3.2　任务 6：金属文字——添加【倒角】修改器

本案例主要介绍如何制作金属文字。首先使用【文本】工具创建文本对象，然后为文本对象添加【倒角】修改器，最后为文本对象添加摄影机及灯光。本案例所需的素材文件如表 3-2 所示，完成后的效果如图 3-33 所示。

表 3-2　本案例所需的素材文件

案例文件	CDROM\Scenes\Cha03\金属文字 OK.max
贴图文件	CDROM\Map
视频文件	视频教学\Cha03\金属文字.avi

图 3-33　金属文字效果

3.2.1 任务实施

（1）启动3ds Max 2016，按【G】快捷键取消网格显示，在命令面板中选择【创建】|【图形】|【样条线】|【文本】工具，在【参数】卷展栏中，将【字体】设置为【方正综艺简体】，将【大小】的值设置为75.0，在【文本】文本框中输入【南苑丽都】，然后在【顶】视图中创建文本对象，如图3-34所示。

（2）确定文本对象处于被选中状态，切换到【修改】命令面板，在【修改器列表】下拉列表中选择【倒角】选项，为文本对象添加【倒角】修改器，在【参数】卷展栏中勾选【避免线相交】复选框，在【倒角值】卷展栏中将【级别1】的【高度】值设置为13.0，勾选【级别2】复选框，将【高度】的值设置为1.0，将【轮廓】的值设置为-1.0，如图3-35所示。

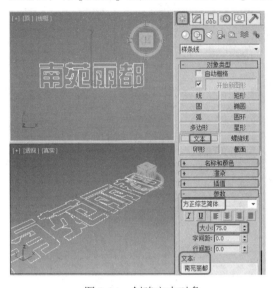

图3-34　创建文本对象　　　　　　图3-35　添加【倒角】修改器并设置其参数

（3）按【M】快捷键打开【材质编辑器】窗口，选择一个空白材质球，将其重命名为【金属】，然后将明暗器类型设置为【金属】，在【金属基本参数】卷展栏中，将【环境光】的RGB值设置为209、205、187，在【反射高光】选区中，将【高光级别】和【光泽度】的值分别设置为102和74，如图3-36所示。

（4）展开【贴图】卷展栏，单击【反射】通道的【贴图类型】按钮，在弹出的【材质/贴图浏览器】对话框中选择【材质】|【标准】|【光线跟踪】选项，进入【材质编辑器】窗口的【光线跟踪】材质设置界面，保持默认的参数设置，单击【转到父对象】按钮，如图3-37所示。

（5）确定文本对象处于被选中状态，单击【将材质指定给选定对象】按钮和【在视口中显示标准贴图】按钮，将【金属】材质指定给文本对象，关闭【材质编辑器】窗口。指定材质后的文本对象如图3-38所示。

（6）在命令面板中选择【创建】|【摄影机】|【标准】|【目标】工具，在【顶】视图中创建一架目标摄影机，切换到【透视】视图，按【C】快捷键将该视图转换为【摄影机】视图，然后使用【移动】工具在其他视图中调整目标摄影机的位置，如图3-39所示。

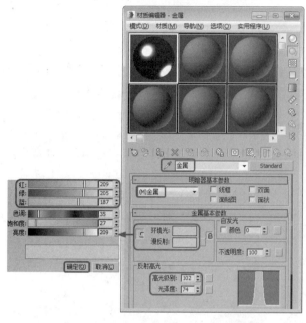

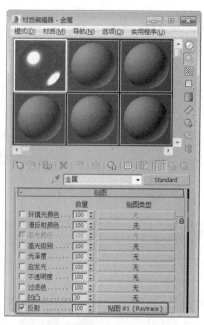

图 3-36　设置【环境光】和【反射高光】　　　　　　图 3-37　设置【反射】贴图

图 3-38　指定材质后的文本对象　　　　　　图 3-39　创建目标摄影机并调整其位置

（7）在命令面板中选择【创建】|【几何体】|【标准基本体】|【平面】工具，在【顶】视图中创建一个平面，在【参数】卷展栏中，将【长度】和【宽度】的值都设置为 600.0，然后将其调整至合适的位置，如图 3-40 所示。

（8）按【M】快捷键打开【材质编辑器】窗口，选择一个空白材质球，在【Blinn 基本参数】卷展栏中，将【环境光】的 RGB 值设置为 208、208、200，单击【将材质指定给选定对象】按钮 和【在视口中显示标准贴图】按钮 ，如图 3-41 所示。

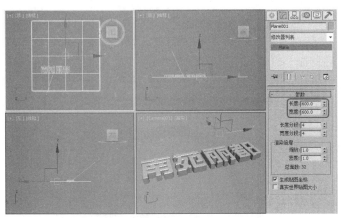

图 3-40　创建平面并调整其位置　　　　　　图 3-41　设置材质

！ 提示：将明暗器类型设置为【Blinn】，材质高光点周围的光晕是旋转混合的，背光处的反光点形状为圆形，并且清晰可见。

【环境光】：用于控制对象表面阴影区的颜色。

【环境光】和【漫反射】的左侧有一个【锁定】按钮，用于锁定【环境光】和【漫反射】，目的是使被锁定的两个区域颜色保持一致，在调节一个参数时，另一个参数也会随之发生变化。

（9）关闭【材质编辑器】窗口。在命令面板中选择【创建】|【灯光】|【标准】|【泛光】工具，在【前】视图中创建一盏泛光灯，如图 3-42 所示。

（10）切换到【修改】命令面板，在【阴影参数】卷展栏中，将【密度】的值设置为 0.5，按【Enter】键确认，如图 3-43 所示。

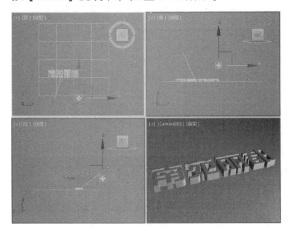

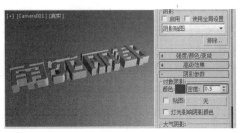

图 3-42　创建泛光灯　　　　　　　　　图 3-43　设置【密度】参数

📚 知识链接

泛光灯可以向四周发散光线，从而照亮场景，它的优点是易于创建和调节，不用考虑是否有对象在范围外而不被照射；缺点是不能创建太多，否则显得无层次感。泛光灯可以将【辅助照明】添加到场景中。

泛光灯可以投射阴影和投影，1 盏投射阴影的泛光灯的效果等同于 6 盏聚光灯的效果，因此泛光灯通常用于模拟灯泡、台灯等点光源对象。

（11）在【顶】视图中再创建一盏泛光灯，切换到【修改】命令面板，在【常规参数】卷展栏中，勾选【阴影】选区中的【启用】复选框；在【强度/颜色/衰减】卷展栏中，将【倍增】的值设置置为 0.03；在【阴影参数】卷展栏中，将【密度】的值设置为 2.0，如图 3-44 所示。

图 3-44　创建泛光灯并设置其参数

! 提示：【阴影】选区中的【启用】复选框主要用于启用和禁用灯光。如果勾选【阴影】选区中的【启用】复选框，则使用该灯光进行着色和渲染，从而照亮场景。如果取消勾选【阴影】选区中的【启用】复选框，则不使用该灯光进行着色或渲染。默认勾选该复选框。

【倍增】的值主要用于设置灯光亮度增强的倍数，最小值为 0.0。例如，将该值设置为 2.0，表示灯光亮度增强两倍。在使用这个参数提高场景亮度时，可能会引起颜色过亮，还可能产生视频输出中不可用的颜色，所以除非制作特定案例或特殊效果，一般将该值设置为 1.0。

（12）使用同样的方法创建其他泛光灯，并且在视图中调整其位置，如图 3-45 所示。

（13）在调整完成后，按【F9】快捷键对【摄影机】视图进行渲染，渲染效果如图 3-46 所示。

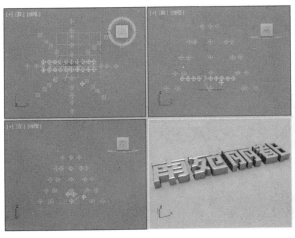

图 3-45　创建其他泛光灯并调整其位置　　　　图 3-46　渲染效果

3.2.2 【倒角】修改器

使用【倒角】修改器可以将二维图形挤出，从而形成几何体，同时在边界上加入直角或圆形的倒角，如图 3-47 所示，一般用于制作立体文字和标志。

【倒角】修改器的【参数】卷展栏如图 3-48 所示。【封口】与【封口类型】选区中的参数与前面介绍的【车削】修改器中的相关参数含义相同，这里不再详细介绍，其他各项参数的功能如下。

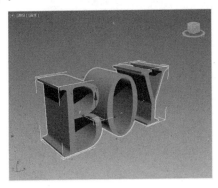

图 3-47　【倒角】修改器的效果　　　　图 3-48　【参数】卷展栏

- 【曲面】选区：用于控制侧面的曲率、平滑度及贴图坐标。
  - ➢ 【线性侧面】：如果选择该单选按钮，那么级别之间会沿着一条直线进行分段插值。
  - ➢ 【曲线侧面】：如果选择该单选按钮，那么级别之间会沿着一条 Bezier 曲线进行分段插值。
  - ➢ 【分段】：设置倒角内部划分的片段数。选择【线性侧面】单选按钮，设置不同的【分段】值的效果对比如图 3-49 所示，上面的【分段】值为 1，下面的【分段】值为 3；选择【曲线侧面】单选按钮，设置不同的【分段】值的效果对比如图 3-50 所示，上面的【分段】值为 1，下面的【分段】值为 3。多片段划分主要用于制作弧形倒角效果，如图 3-51 所示，右侧为弧形倒角效果。

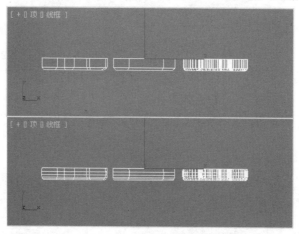

图 3-49 选择【线性侧面】单选按钮，设置不同的【分段】值的效果对比

图 3-50 选择【曲线侧面】单选按钮，设置不同的【分段】值的效果对比

图 3-51 弧形多片段的圆倒角效果

> ➤ 【级间平滑】：控制是否将平滑组应用于倒角对象侧面。如果勾选该复选框，则会对侧面应用平滑组，使侧面显示为弧状；如果取消勾选该复选框，则不会对侧面应用平滑组，使侧面显示为平面倒角。倒角对象顶面会应用与侧面不同的平滑组。
> ➤ 【生成贴图坐标】：勾选该复选框，会将贴图坐标应用于倒角对象。
> ➤ 【真实世界贴图大小】：控制应用于该对象的纹理贴图材质所使用的缩放方法。
- 【相交】选区：在制作倒角时，有时尖锐的折角会产生突出变形，该选区中的参数可以提供处理这种问题的方法。
  > ➤ 【避免线相交】：勾选该复选框，可以防止尖锐折角产生的突出变形，如图 3-52 所示（左侧为不勾选该复选框的效果，右侧为勾选该复选框的效果）。
  > ➤ 【分离】：设置两个边界线之间保持的距离间隔，用于防止越界交叉。

【倒角】修改器的【倒角值】卷展栏如图 3-53 所示。在该卷展栏中，可以设置【级别1】、【级别2】和【级别3】选区中的【高度】和【轮廓】的值。

图 3-52 勾选【避免线相交】复选框前后的效果对比　　　图 3-53 【倒角值】卷展栏

> ！ 提示：勾选【避免线相交】复选框会增加系统的运算时间，可能会等待很久，而且以后在改动其他倒角参数时也会变得迟钝，所以尽量避免使用这个功能。如果遇到线相交的情况，那么最好对曲线图形手动进行修改，将转折过于尖锐的地方调整圆滑。

3.2.3 【倒角剖面】修改器

【倒角剖面】修改器可以使用另一条图形路径作为倒角剖面路径，从而挤出一个几何体。使用【倒角剖面】修改器制作模型的操作如下。

（1）创建一个需要进行倒角操作的图形（通常在【前】视图中进行操作）。

（2）在【顶】视图中创建一个图形，作为倒角剖面路径。

（3）选中需要进行倒角操作的图形并给其添加【倒角剖面】修改器。

（4）单击【倒角剖面】修改器中的【拾取剖面】按钮，然后单击倒角剖面路径，即可生成相应的模型，如图 3-54 所示。

【倒角剖面】修改器的【参数】卷展栏如图 3-55 所示。

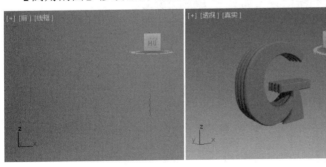

图 3-54 使用【倒角剖面】修改器制作的模型　　　图 3-55 【参数】卷展栏

- 【倒角剖面】选区。
  - ➤ 【拾取剖面】：单击该按钮，然后选中一个图形或 NURBS 曲线，即可将其作为倒角剖面路径。
  - ➤ 【生成贴图坐标】：勾选该复选框，可以将贴图坐标应用于倒角对象。
  - ➤ 【真实世界贴图大小】：控制应用于该对象的纹理贴图材质所使用的缩放方法。

- 【封口】选区。
  - ➢ 【始端】：对挤出几何体的底部进行封口。
  - ➢ 【末端】：对挤出几何体的顶部进行封口。
- 【封口类型】选区。
  - ➢ 【变形】：选择一种确定性的封口方法，它可以为对象间的变形提供相等数量的顶点。
  - ➢ 【栅格】：创建更适合封口变形的栅格封口。
- 【相交】选区。
  - ➢ 【避免线相交】：勾选该复选框，可以防止尖锐折角产生的突出变形。
  - ➢ 【分离】：设置侧面为防止相交而分开的距离。

3.3 任务7：【休闲躺椅】模型——创建放样复合对象

休闲躺椅是我们享受闲暇时光时必不可少的工具之一，这种椅子并不像餐椅和办公椅那样正式，它有一些个性，能够带给我们视觉和身体的双重舒适感。本案例主要介绍制作【休闲躺椅】模型的方法。本案例所需的素材文件如表3-3所示，完成后的效果如图3-56所示。

表3-3 本案例所需的素材文件

案例文件	CDROM|Scenes|Cha03|休闲躺椅模型 OK.max
贴图文件	CDROM|Map
视频文件	视频教学|Cha03|【休闲躺椅】模型.avi

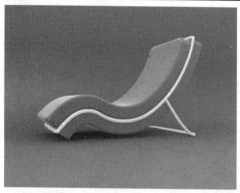

图3-56 【休闲躺椅】模型的效果

3.3.1 任务实施

（1）在命令面板中选择【创建】|【图形】|【样条线】|【线】工具，在【左】视图中创建一条样条线，如图3-57所示。

（2）切换到【修改】命令面板，将创建的样条线重命名为【路径01】，将当前选择集定义为【顶点】，然后在【左】视图中调整其位置，如图3-58所示。

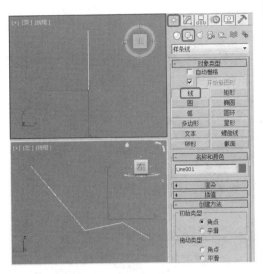

图 3-57　创建样条线

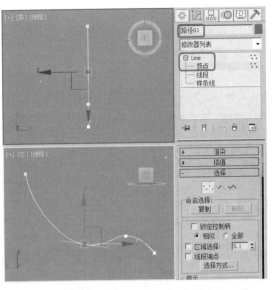

图 3-58　将创建的样条线重命名为【路径01】
并调整其位置

> ！ 提示：在选中顶点后右击，在弹出的快捷菜单中可以更改顶点类型。顶点类型包
> 括【Bezier角点】、【Bezier】、【角点】和【平滑】共4种。

（3）退出当前选择集。在命令面板中选择【创建】|【图形】|【样条线】|【矩形】工具，在
【顶】视图中创建一个矩形，切换到【修改】命令面板，将其重命名为【截面图形】，在【参数】
卷展栏中，将【长度】的值设置为550.0，将【宽度】的值设置为100.0，将【角半径】的值设
置为20.0，如图3-59所示。

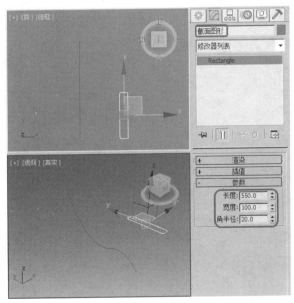

图 3-59　创建【截面图形】对象并设置其参数

（4）在场景中选中【路径 01】对象，然后在命令面板中选择【创建】|【几何体】|【复合对象】|【放样】命令，在【创建方法】卷展栏中单击【获取图形】按钮，然后在场景中拾取【截面图形】对象，生成【路径 01】对象的放样模型，如图 3-60 所示。

（5）切换到【修改】命令面板，将【路径 01】对象的放样模型重命名为【躺椅垫 01】，在【蒙皮参数】卷展栏中将【图形步数】和【路径步数】的值都设置为 10，如图 3-61 所示。

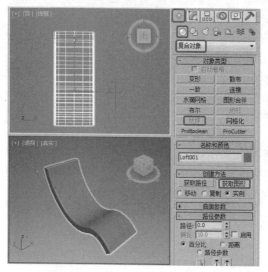

图 3-60　【路径 01】对象的放样模型　　　　图 3-61　设置【蒙皮参数】卷展栏中的参数

（6）继续使用【线】工具在【左】视图中创建【路径 02】对象，并且调整其顶点的位置，如图 3-62 所示。

（7）退出当前选择集，确认【路径 02】对象处于被选中状态，在命令面板中选择【创建】|【几何体】|【复合对象】|【放样】命令，在【创建方法】卷展栏中单击【获取图形】按钮，然后在场景中拾取【截面图形】对象，生成【路径 02】对象的放样模型，如图 3-63 所示。

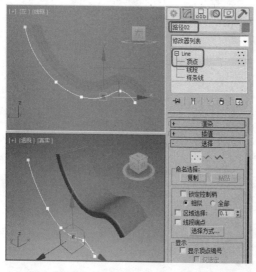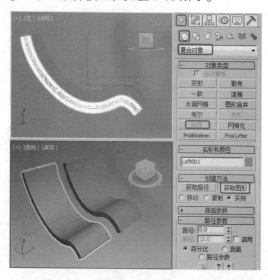

图 3-62　创建【路径 2】对象并调整其位置　　　　图 3-63　【路径 02】对象的放样模型

（8）选中【路径02】对象的放样模型，将其重命名为【躺椅垫02】，在工具栏中单击【对齐】按钮，然后在【顶】视图中拾取【躺椅垫01】对象，在弹出的对话框中只勾选【X位置】复选框，在【当前对象】和【目标对象】选区中选择【中心】单选按钮，单击【确定】按钮，如图3-64所示。

（9）然后在【左】视图中调整【路径02】和【躺椅垫02】对象的位置，如图3-65所示。

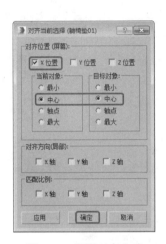

图3-64　设置对齐方式

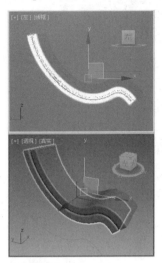

图3-65　调整对象位置

（10）选中【路径02】对象，切换到【修改】命令面板，将当前选择集定义为【顶点】，在【左】视图中调整【路径02】对象的位置，效果如图3-66所示。

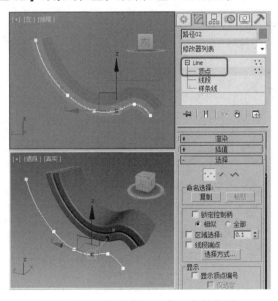

图3-66　调整【路径02】对象的位置

（11）退出当前选择集，使用【线】工具在视图中创建【支架01】对象，并且调整其顶点的位置，如图3-67所示。

（12）退出当前选择集，在【顶】视图中选中【支架01】对象，在工具栏中单击【镜像】按

钮 ，弹出【镜像：屏幕 坐标】对话框，在【镜像轴】选区中选择【X】单选按钮，将【偏移】的值设置为 270.0，在【克隆当前选择】选区中选择【复制】单选按钮，然后单击【确定】按钮，如图 3-68 所示。

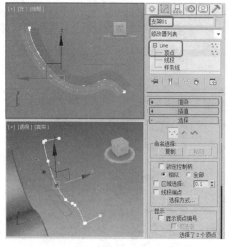

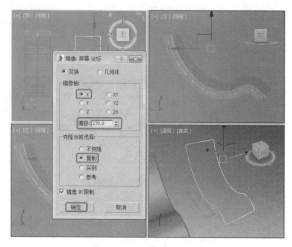

图 3-67　创建【支架 01】对象并调整其位置　　　　图 3-68　镜像复制【支架 01】对象

（13）再次选中【支架 01】对象，切换到【修改】命令面板，在【几何体】卷展栏中单击激活【附加】按钮，然后在视图中拾取镜像复制得到的【支架 002】对象，如图 3-69 所示。

（14）再次单击取消激活【附加】按钮，确认【支架 01】对象处于被选中状态，在【渲染】卷展栏中勾选【在渲染中启用】和【在视口中启用】复选框，将【厚度】的值设置为 25.0，并且在视图中调整其位置，如图 3-70 所示。

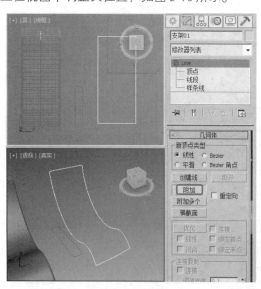

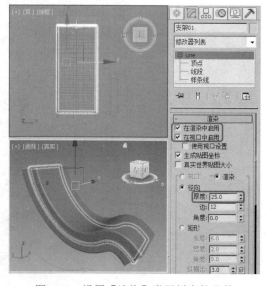

图 3-69　附加对象　　　　　　　　　　图 3-70　设置【渲染】卷展栏中的参数

（15）继续使用【线】工具在场景中创建【支架 02】对象，并且在【渲染】卷展栏中勾选【在渲染中启用】和【在视口中启用】复选框，将【厚度】的值设置为 25.0，如图 3-71 所示。

（16）然后在场景中调整【支架 02】对象的位置，如图 3-72 所示。

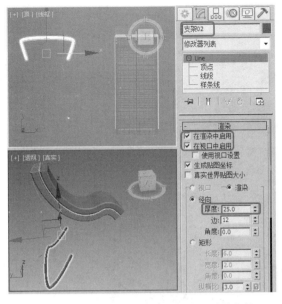

图 3-71　创建【支架 02】对象并设置其参数

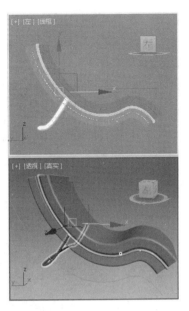

图 3-72　调整【支架 02】对象的位置

（17）在场景中选中【躺椅垫 01】和【躺椅垫 02】对象，切换到【修改】命令面板，在【修改器列表】下拉列表中选择【网格平滑】选项，添加【网格平滑】修改器，如图 3-73 所示。

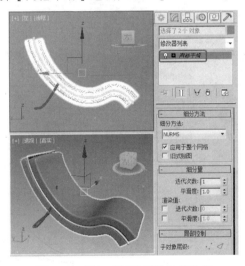

图 3-73　添加【网格平滑】修改器

（18）按【M】快捷键打开【材质编辑器】窗口，选择一个空白材质球，在【Blinn 基本参数】卷展栏中，将【自发光】的值设置为 50，在【贴图】卷展栏中单击【漫反射颜色】通道的【贴图类型】按钮，在弹出的【材质/贴图浏览器】对话框中选择【贴图】|【标准】|【衰减】选项，单击【确定】按钮，如图 3-74 所示。

（19）在【衰减参数】卷展栏中设置【前】色块的 RGB 值为 251、70、130，在【混合曲线】卷展栏中单击【添加点】按钮，在曲线上添加点，并且使用【移动】工具调整曲线，如图 3-75 所示。在设置完成后，单击【转到父对象】按钮和【将材质指定给选定对象】按钮，将该材质指定给【躺椅垫 01】和【躺椅垫 02】对象。

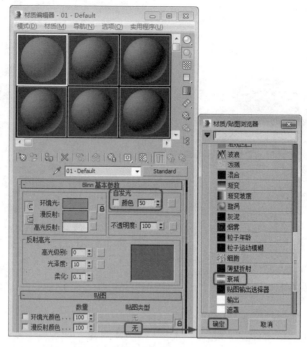

图 3-74　选择【衰减】选项

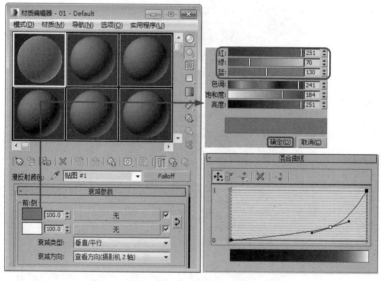

图 3-75　设置【衰减参数】和【混合曲线】卷展栏中的参数

（20）在场景中选中【支架 01】和【支架 02】对象，在【材质编辑器】窗口中选择一个空白材质球，在【明暗器基本参数】卷展栏中将明暗器类型设置为【金属】，在【金属基本参数】卷展栏中，将【环境光】和【漫反射】的 RGB 值都设置为 180、180、180，将【自发光】的值设置为 20，在【反射高光】选区中将【高光级别】的值设置为 15，如图 3-76 所示。

（21）在【贴图】卷展栏中，单击【反射】通道的【贴图类型】按钮，在弹出的【材质/贴图浏览器】对话框中选择【贴图】|【标准】|【位图】选项，在弹出的【选择位图图像文件】对话框中打开配套资源中的【CDROM|Map| Metal01.jpg】贴图文件，在【坐标】卷展栏中保持默认

的参数设置，如图 3-77 所示。然后单击【转到父对象】按钮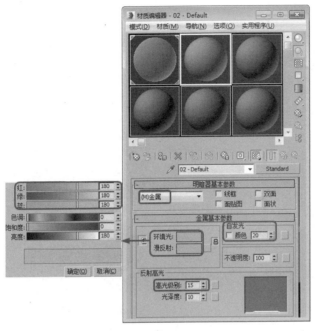和【将材质指定给选定对象】按钮，将该材质指定给选中的对象。

图 3-76　设置【金属基本参数】卷展栏中的参数

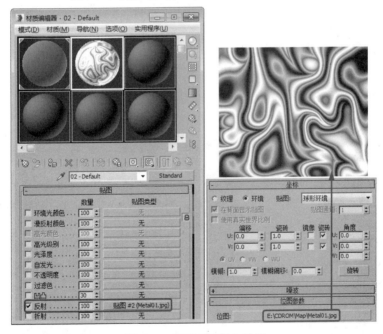

图 3-77　设置【反射】贴图

（22）在命令面板中选择【创建】|【图形】|【样条线】|【线】工具，在【前】视图中创建一条样条线，切换到【修改】命令面板，将该样条线重命名为【背景】，并且单击右侧的色块，在弹出的对话框中选择如图 3-78 所示的颜色。

（23）在【修改器列表】下拉列表中选择【挤出】选项，添加【挤出】修改器，在【参数】卷展栏中，将【数量】的值设置为 6000.0，并且在其他视图中调整【背景】对象的位置，如图 3-79 所示。

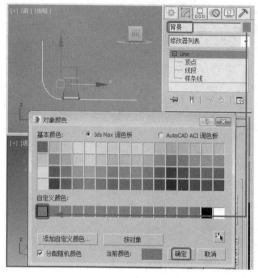
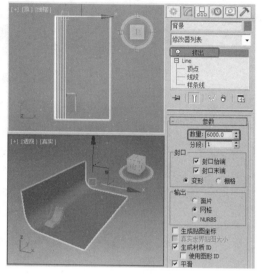

图 3-78　创建【背景】对象　　　　图 3-79　添加【挤出】修改器并调整【背景】对象的位置

（24）确认【背景】对象处于被选中状态，在【修改器列表】下拉列表中选择【壳】选项，添加【壳】修改器，如图 3-80 所示。

（25）在命令面板中选择【创建】|【摄影机】|【标准】|【目标】工具，在【参数】卷展栏中，将【镜头】的值设置为 40.0mm，在【顶】视图中创建一架目标摄影机，切换到【透视】视图，按【C】快捷键将该视图转换为【摄影机】视图，然后在其他视图中调整目标摄影机的位置，如图 3-81 所示。

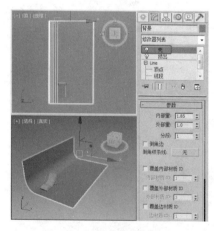
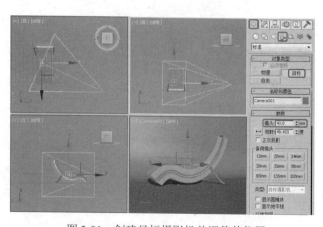

图 3-80　添加【壳】修改器　　　　图 3-81　创建目标摄影机并调整其位置

（26）在命令面板中选择【创建】|【灯光】|【标准】|【泛光】工具，在【强度/颜色/衰减】卷展栏中，将【倍增】的值设置为 0.3，在【顶】视图中创建一盏泛光灯，并且在其他视图中调

整其位置，如图 3-82 所示。

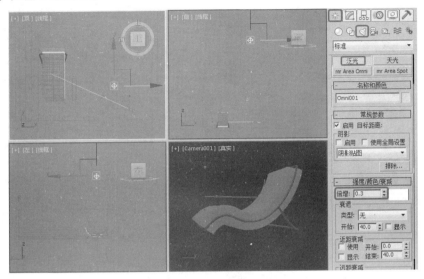

图 3-82　创建泛光灯并调整其位置

（27）在命令面板中选择【创建】|【灯光】|【标准】|【天光】工具，在【顶】视图中创建一盏天光灯，展开【天光参数】卷展栏，在【渲染】选区中勾选【投射阴影】复选框，如图 3-83 所示。

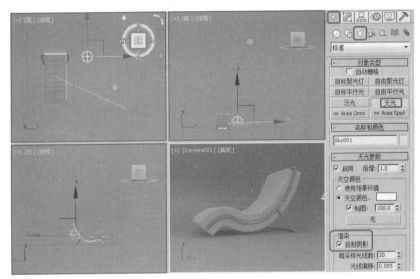

图 3-83　创建天光灯

（28）按【F10】快捷键打开【渲染设置】窗口，选择【高级照明】选项卡，在【选择高级照明】卷展栏的下拉列表中选择【光跟踪器】选项，在【参数】卷展栏中保持默认的参数设置，如图 3-84 所示。

（29）切换到【摄影机】视图，按【Shift+F】组合键显示安全框，选择【公用】选项卡，展开【公用参数】卷展栏，在【输出大小】选区中单击【800×600】按钮，然后单击【渲染】按钮对【摄影机】视图进行渲染，如图 3-85 所示。在渲染完成后将场景文件保存即可。

图 3-84　设置【高级照明】选项卡中的参数　　　图 3-85　设置输出大小并进行渲染

3.3.2　放样截面图形与放样路径的创建

放样建模对放样路径的限制只有一个：放样路径只能有一条样条线。

放样建模对放样截面图形的限制有两个：

- 放样路径上的所有图形必须包含相同数目的样条线。
- 放样路径上的所有图形必须有相同的嵌套顺序。

下面创建一个特殊的多截面放样对象。

（1）在命令面板中选择【创建】|【图形】|【样条线】|【圆】工具，在【顶】视图中创建一个圆形，在【参数】卷展栏中，将【半径】的值设置为 70.0，如图 3-86 所示。

（2）然后在命令面板中选择【创建】|【图形】|【样条线】|【星形】工具，在【顶】视图中创建一个星形，在【参数】卷展栏中，将【半径 1】、【半径 2】和【圆角半径 1】的值分别设置为 70.0、30.0 和 22.0，如图 3-87 所示。

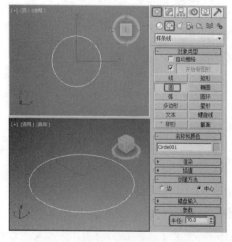

图 3-86　创建圆形

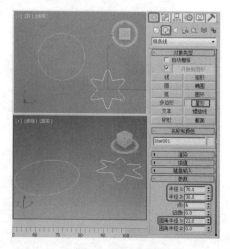

图 3-87　创建星形

（3）在命令面板中选择【创建】|【图形】|【样条线】|【线】工具，在【前】视图中创建一条线段，如图 3-88 所示。

（4）确定上一步创建的线段处于被选中状态，在命令面板中选择【创建】|【几何体】|【复合对象】|【放样】命令，在【创建方法】卷展栏中单击【获取图形】按钮，然后在视图中选中第（1）步创建的圆形，如图 3-89 所示。

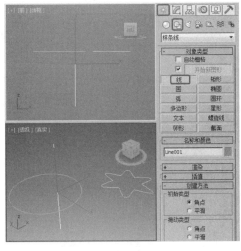

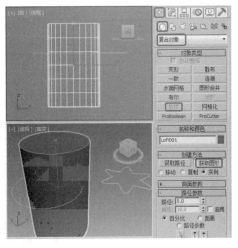

图 3-88　创建线段　　　　　　图 3-89　进行放样操作

（5）在【路径参数】卷展栏中，将【路径】的值设置为 50.0，在【创建方法】卷展栏中单击【获取图形】按钮，然后在场景中选中第（2）步创建的星形，表示在放样路径的 50%位置插入星形放样截面图形，如图 3-90 所示。

（6）在【路径参数】卷展栏中，将【路径】的值设置为 100.0%，在【创建方法】卷展栏中单击【获取图形】按钮，然后在场景中选中第（1）步创建的圆形，表示在放样路径的 100%位置插入圆形放样截面图形，如图 3-91 所示。

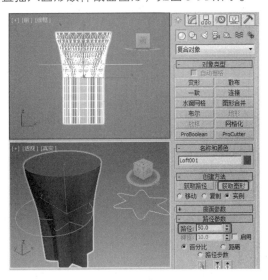
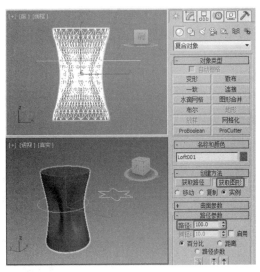

图 3-90　在放样路径的 50%位置插入
星形放样截面图形

图 3-91　在放样路径的 100%位置插入
圆形放样截面图形

3.3.3 控制放样对象的表面

在放样对象创建完成后，有时需要对其进行修改。用户可以在【修改】命令面板中定义相应的选择集，通过设置相关参数对其进行修改。

1. 编辑放样截面图形

在【修改】命令面板中，将当前选择集定义为【图形】，会出现【图形命令】卷展栏，如图 3-92 所示。

图 3-92 【图形命令】卷展栏

【图形命令】卷展栏中各项参数的功能如下。

- 【路径级别】：重新定义截面图形在放样路径上的位置。
- 【比较】：在进行放样建模时，常常需要对放样路径上的放样截面图形进行节点的对齐或位置、方向的比较操作。对于直线路径上的放样截面图形，可以在与放样路径垂直的视图（一般是在【顶】视图）中进行相关操作。

单击【比较】按钮，打开【比较】窗口。在【比较】窗口左上角有一个【获取图形】按钮，单击该按钮，然后单击放样截面图形，即可将放样截面图形拾取到【比较】窗口中，如图 3-93 所示，该窗口中的十字表示放样路径。在窗口底部有 4 个用于调整视图的工具按钮，第 1 个为【最大化显示】工具按钮，第 2 个为【平移】工具按钮，第 3 个为【放大】工具按钮，第 4 个为【局部放大】工具按钮。

图 3-93 【比较】窗口

- 【重置】和【删除】：分别用于重置和删除放样路径上处于被选中状态的放样截面图形。
- 【对齐】选区：主要用于控制放样路径上放样截面图形的对齐方式。
  - 【居中】：使被选中的放样截面图形的中心点与放样路径对齐。
  - 【默认】：使被选中的放样截面图形的轴心点与放样路径对齐。
  - 【左】：使被选中的放样截面图形的左面与放样路径对齐。
  - 【右】：使被选中的放样截面图形的右面与放样路径对齐。
  - 【顶】：使被选中的放样截面图形的顶部与放样路径对齐。
  - 【底】：使被选中的放样截面图形的底部与放样路径对齐。
- 【输出】：主要用于制作一个放样截面图形的复制品或关联复制品。可以使用【编辑样条线】等修改器对放样截面图形的复制品或关联复制品进行修改，从而影响放样对象的表面形状。对放样截面图形的复制品或关联复制品进行修改比直接对放样截面图形进行修改方便，也不会导致坐标系统混乱。

下面通过一个案例进一步讲解【比较】窗口的作用。

（1）在命令面板中选择【创建】|【图形】|【样条线】|【星形】工具，在【顶】视图中创建一个星形，切换到【修改】命令面板，在【参数】卷展栏中，将【半径1】、【半径2】、【点】、【圆角半径1】和【圆角半径2】的值分别设置为50.0、25.0、6、10.0和2.0，如图3-94所示。

（2）在【顶】视图中创建另一个星形，在【参数】卷展栏中，将【半径1】、【半径2】和【点】的值分别设置为40.0、18.0和4，如图3-95所示。

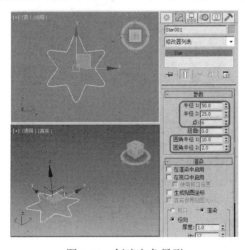

图3-94　创建六角星形

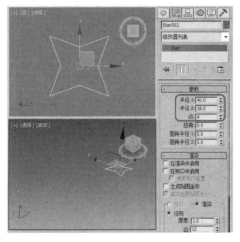

图3-95　创建四角星形

（3）在命令面板中选择【创建】|【图形】|【样条线】|【弧】工具，在【顶】视图中创建一条弧，并且调整其位置，如图3-96所示。

（4）确认上一步创建的弧处于被选中状态，然后在命令面板中选择【创建】|【几何体】|【复合对象】|【放样】命令，在【创建方法】卷展栏中单击【获取图形】按钮，然后在视图中选中六角星形，放样效果如图3-97所示。

（5）在【路径参数】卷展栏中，将【路径】的值设置为100.0%，然后在【创建方法】卷展栏中单击【获取图形】按钮，然后在视图中选中四角星形，切换到【修改】命令面板，将当前选择集定义为【图形】，在【图形命令】卷展栏中单击【比较】按钮，在打开的【比较】窗口中单击【获取图形】按钮 🎱，然后在视图中分别选中两个星形，此时可以发现两个星形的节点并未重合在一起，如图 3-98 所示。

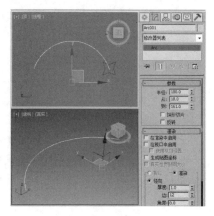

图 3-96　创建弧并调整其位置

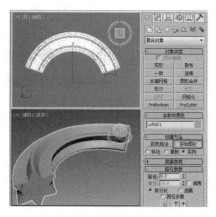

图 3-97　放样效果

（6）在视图中选中四角星形，使用【选择并移动】工具 ✛ 调整其位置，使其节点与六角星形的节点重合，效果如图 3-99 所示。

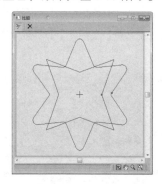

图 3-98　在【比较】窗口中观察节点

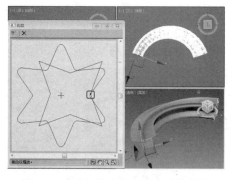

图 3-99　两个星形节点重合后的效果

2．编辑放样路径

在修改器堆栈中，我们可以看到放样对象包含【图形】和【路径】两个选择集，将当前选择集定义为【路径】，即可对放样对象的放样路径进行编辑，如图 3-100 所示。

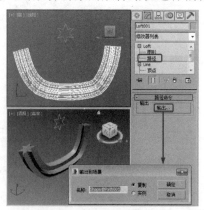

图 3-100　编辑放样路径

【路径】选择集的【路径命令】卷展栏中只有一个【输出】按钮，单击该按钮，可以对【图形】选择集中的放样路径进行复制或关联复制，然后使用样条线编辑工具对其进行编辑。

3.3.4　使用放样变形

放样对象之所以在三维建模中占有重要的位置，是因为它不仅可以将二维图形转换为有深度的三维模型，还可以在【修改】命令面板中通过设置【变形】卷展栏中的参数修改放样对象的轮廓，从而生成理想的模型。

放样对象的【变形】卷展栏中有 5 种放样变形工具，分别为【缩放】变形工具、【扭曲】变形工具、【倾斜】变形工具、【倒角】变形工具、【拟合】变形工具。单击某个放样变形工具按钮，可以打开相应的变形窗口，除【拟合变形】窗口和【倒角变形】窗口稍有不同外，其他变形工具的变形窗口基本相同，如图 3-101 所示。

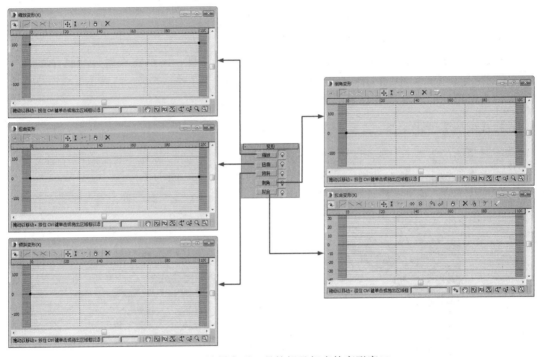

图 3-101　放样变形工具按钮及相应的变形窗口

在变形窗口的工具栏中有一系列工具按钮，它们的功能如下。

- 【均衡】按钮：单击激活该按钮，3ds Max 2016 会在放样对象表面的 X 轴和 Y 轴上均匀地应用变形效果。
- 【显示 X 轴】按钮：单击激活该按钮，会显示 X 轴的变形曲线。
- 【显示 Y 轴】按钮：单击激活该按钮，会显示 Y 轴的变形曲线。
- 【显示 XY 轴】按钮：单击激活该按钮，会显示 X 轴和 Y 轴的变形曲线。
- 【交换变形曲线】按钮：单击激活该按钮，会将 X 轴和 Y 轴的变形曲线进行交换。
- 【移动控制点】按钮：用于沿 X 轴和 Y 轴方向移动变形曲线上的控制点或控制点

上的控制手柄。

- 【缩放控制点】按钮 ：用于在路径方向上缩放控制点。
- 【插入角点】按钮 ：用于在变形曲线上插入一个【角点】控制点。
- 【插入 Bezier 点】按钮 ：用于在变形曲线上插入一个【Bezier】控制点。
- 【删除控制点】按钮 ：用于删除变形曲线上指定的控制点。
- 【重置曲线】按钮 ：单击该按钮，可以删除当前变形曲线上的所有控制点，将变形曲线恢复到没有进行变形操作前的状态。

以下是【拟合变形】窗口中特有的工具按钮。

- 【水平镜像】按钮 ：将选中的图形水平镜像。
- 【垂直镜像】按钮 ：将选中的图形垂直镜像。
- 【逆时针旋转 90 度】按钮 ：将选中的图形逆时针旋转 90 度。
- 【顺时针旋转 90 度】按钮 ：将选中的图形顺时针旋转 90 度。
- 【删除曲线】按钮 ：用于删除选中的变形曲线。
- 【获取图形】按钮 ：用于在视图中获取所需的图形。
- 【生成路径】按钮 ：单击该按钮，系统会自动适配，从而生成最终的放样对象。

【倒角变形】窗口中有 3 种倒角类型，分别为【法线】、【自适应线性】和【自适应立方】，用户可以根据实际情况进行设置。

1. 【缩放】变形工具

使用【缩放】变形工具可以沿着放样对象的 X 轴和 Y 轴方向使其剖面图形发生变化。下面使用【缩放】变形工具制作一个【窗帘】模型，如图 3-102 所示。

（1）在命令面板中选择【创建】|【图形】|【样条线】|【线】工具，在【顶】视图中创建一条曲线，作为放样截面图形，如图 3-103 所示。

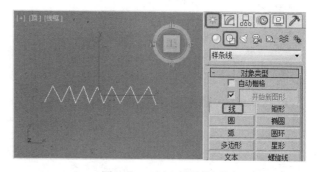

图 3-102　【窗帘】模型　　　　　　　　图 3-103　创建放样截面图形

（2）切换到【修改】命令面板，在【修改器列表】下拉列表中选择【噪波】选项，添加【噪波】修改器，参数设置如图 3-104 所示，使曲线产生一点噪波效果。

（3）在命令面板中选择【创建】|【图形】|【样条线】|【线】工具，在【前】视图中创建一条线段，作为放样路径，如图 3-105 所示。

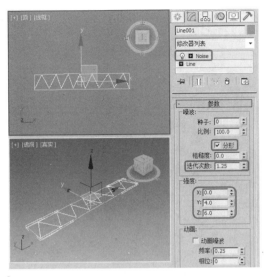

图 3-104　给放样截面图形添加【噪波】修改器　　　图 3-105　创建放样路径

（4）在命令面板中选择【创建】|【几何体】|【复合对象】|【放样】命令，在【创建方法】
卷展栏中单击【获取图形】按钮，然后在视图中选中放样截面图形，在【蒙皮参数】卷展栏中，
将【路径步数】的值设置为 10，并且勾选【翻转法线】复选框，如图 3-106 所示。

（5）在【修改】命令面板中定义当前选择集为【图形】，选中放样截面图形，在【图形命令】
卷展栏中单击【对齐】选区中的【左】按钮，使放样截面图形的左面与放样路径对齐，如图 3-107
所示。

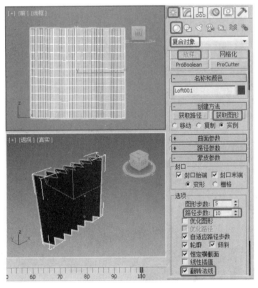

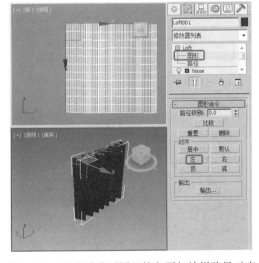

图 3-106　放样生成【窗帘】模型的基本造型　　　图 3-107　使放样截面图形的左面与放样路径对齐

（6）退出【图形】选择集，在【变形】卷展栏中单击【缩放】按钮，打开【缩放变形】窗
口，单击【均衡】按钮，对 X 轴和 Y 轴应用曲线变形效果；单击【插入角点】按钮，在垂
直标尺刻度为 40 的位置添加一个控制点，选中 3 个控制点并右击，在弹出的快捷菜单中选择

【Bezier-角点】命令，使用【移动控制点】工具 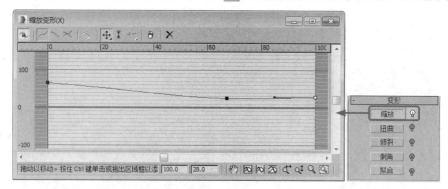 调整控制点的位置，如图 3-108 所示。

图 3-108　使用【缩放】变形工具修改【窗帘】模型

> ！提示：在调整变形曲线的控制点时，可以以水平标尺和垂直标尺的刻度为标准进行调整，但这样不会太精确。在【缩放变形】窗口底部的信息栏中有两个数值框，用于显示当前选择点（单个点）的水平位置和垂直位置，可以通过在这两个数值框中输入数值来调整控制点的位置。

2.【扭曲】变形工具

使用【扭曲】变形工具可以控制放样截面图形相对于放样路径旋转。【扭曲】变形工具的操作方法与【缩放】变形工具的操作方法基本相同。

下面通过一个简单的案例学习【扭曲】变形工具的操作方法。

（1）在命令面板中选择【创建】|【图形】|【样条线】|【星形】工具，在【顶】视图中创建一个星形，作为放样截面图形，在【参数】卷展栏中，将【半径1】、【半径2】和【圆角半径1】的值分别设置为 80.0、30.0 和 34.87，如图 3-109 所示。

（2）在命令面板中选择【创建】|【图形】|【样条线】|【线】工具，在【前】视图中创建一条线段，作为放样路径（长度可以随意设置），如图 3-110 所示。

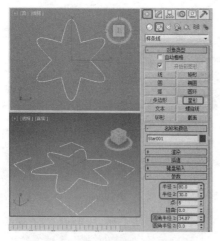

图 3-109　创建星形放样截面图形　　　　图 3-110　创建放样路径

（3）在命令面板中选择【创建】|【几何体】|【复合对象】|【放样】命令，在【创建方法】

卷展栏中单击【获取图形】按钮，然后在视图中选中星形放样截面图形，生成放样对象，如图 3-111 所示。

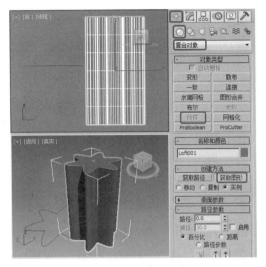

图 3-111　生成放样对象

（4）切换到【修改】命令面板，在【变形】卷展栏中单击【扭曲】按钮，打开【扭曲变形】窗口，使用【移动控制点】工具 ⊕ 向上移动右侧的控制点，可以在场景中看到放样对象产生的扭曲变形，如图 3-112 所示。

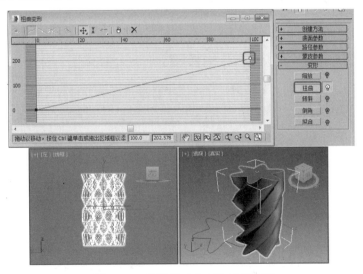

图 3-112　使放样对象产生扭曲变形

> ！提示：在【扭曲变形】窗口中，垂直方向控制放样对象的旋转程度，水平方向控制旋转效果在放样路径上应用的范围。在【蒙皮参数】卷展栏中，【路径步数】的值越大，旋转对象的边缘越平滑。

3.【倾斜】变形工具

使用【倾斜】变形工具能够使放样截面图形绕 X 轴或 Y 轴旋转，从而产生截面倾斜的效果。下面通过一个简单的案例讲解【倾斜】变形工具的操作方法。

（1）在命令面板中选择【创建】|【图形】|【样条线】|【圆】工具，在【顶】视图中创建一个圆形，作为放样截面图形。

（2）在命令面板中选择【创建】|【图形】|【样条线】|【线】工具，在【前】视图中创建一条线段，作为放样路径。

（3）在命令面板中选择【创建】|【几何体】|【复合对象】|【放样】命令，在【创建方法】卷展栏中单击【获取图形】按钮，然后在视图中选中圆形放样截面图形，生成放样对象。

（4）切换到【修改】命令面板，在【变形】卷展栏中单击【倾斜】按钮，打开【倾斜变形】窗口，在水平标尺刻度为 80 的位置插入一个控制点，然后将右侧的控制点移动到垂直标尺刻度为 20 的位置，可以看到放样对象的一端产生了倾斜变形，如图 3-113 所示。

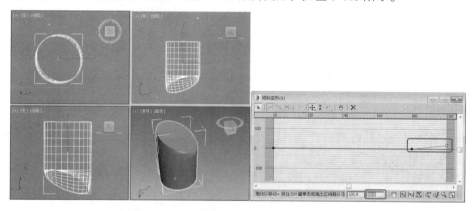

图 3-113　使放样对象产生倾斜变形

4.【倒角】变形工具

【倒角】变形工具与【缩放】变形工具都可以改变放样对象的大小。例如，将圆形放样到线段上，会生成圆柱体放样对象，使用【倒角】变形工具可以使其产生倒角变形，如图 3-114 所示。

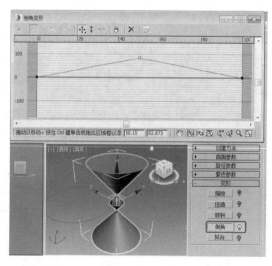

图 3-114　使放样对象产生倒角变形

5.【拟合】变形工具

【拟合】变形工具的功能非常强大。使用【拟合】变形工具绘制出对象的顶视图、侧视图和截面视图，就可以创建复杂的几何体。可以这样说，无论多么复杂的对象，只要能够绘制出它的三视图，就可以使用【拟合】变形工具将其创建出来。

【拟合】变形工具功能强大，但也有一些限制，了解这些限制能大大提高拟合变形的成功率。

下面通过一个简单的案例讲解【拟合】变形工具的操作方法。

（1）启动 3ds Max 2016，按【Ctrl+O】组合键，打开配套资源中的【CDROM|Scenes|Cha03|拟合变形.max】文件，在视图中选中【路径】对象，在命令面板中选择【创建】|【几何体】|【复合对象】|【放样】命令，在【创建方法】卷展栏中单击【获取图形】按钮，在视图中选中【截面】对象，生成放样对象，如图 3-115 所示。

（2）切换到【修改】命令面板，在【变形】卷展栏中单击【拟合】按钮，如图 3-116 所示。

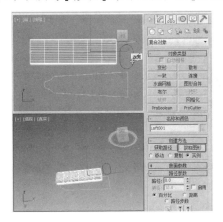

图 3-115　放样对象

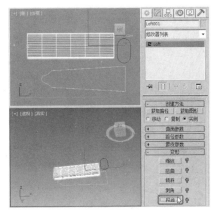

图 3-116　单击【拟合】按钮

（3）打开【拟合变形】窗口，单击【均衡】按钮，取消激活该按钮，确认【显示 X 轴】按钮处于激活状态，单击【获取图形】按钮，在视图中选中【X 轴变形】对象，如图 3-117 所示。

（4）在【拟合变形】窗口中单击激活【显示 Y 轴】按钮，在视图中选中【Y 轴变形】对象，如图 3-118 所示。

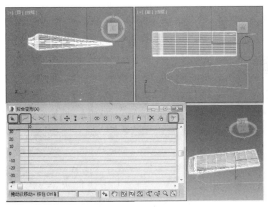

图 3-117　选中【X 轴变形】对象

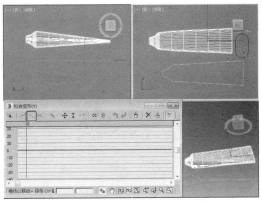

图 3-118　选中【Y 轴变形】对象

3.4 上机实战——【瓶盖】模型

本案例主要介绍【瓶盖】模型的制作方法。首先创建一个圆形和两个星形，使用【编辑样条线】修改器为其添加轮廓，将其作为放样截面图形，然后创建一条垂直的样条线，将其作为放样路径，接下来使用【放样】命令生成立体图形，使用变形工具对其进行变形操作，再为其指定材质，最后创建目标摄影机并进行渲染。本案例所需的素材文件如表 3-4 所示，完成后的效果如图 3-119 所示。

表 3-4　本案例所需的素材文件

案例文件	CDROM|Scenes|Cha03|瓶盖 OK.max
贴图文件	CDROM|Map
视频文件	视频教学|Cha03|【瓶盖】模型.avi

图 3-119　【瓶盖】模型的效果

（1）在命令面板中选择【创建】|【图形】|【样条线】|【圆】工具，在【顶】视图中创建一个圆形，将其重命名为【图形 01】，在【参数】卷展栏中，将【半径】的值设置为 60.0，如图 3-120所示。

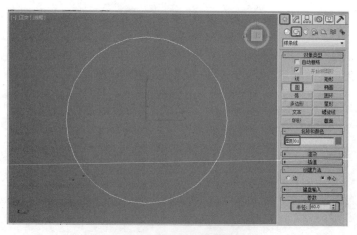

图 3-120　创建【圆形 01】对象

（2）切换到【修改】命令面板，在【修改器列表】下拉列表中选择【编辑样条线】选项，添加【编辑样条线】修改器，将当前选择集定义为【样条线】，在场景中选中【图形 01】对象，在【几何体】卷展栏中设置【轮廓】的值为 2，按【Enter】键生成轮廓，如图 3-121 所示。

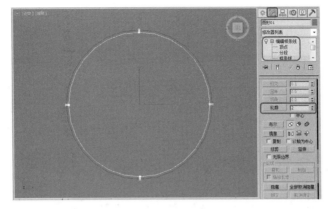

图 3-121　给【图形 01】对象添加【编辑样条线】修改器

（3）在命令面板中选择【创建】|【图形】|【样条线】|【星形】工具，在【顶】视图中创建一个星形，将其重命名为【图形 02】，在【参数】卷展栏中，将【半径 1】、【半径 2】、【点】、【圆角半径 1】和【圆角半径 2】的值分别设置为 60.0、64.0、20、4.0 和 4.0，如图 3-122 所示。

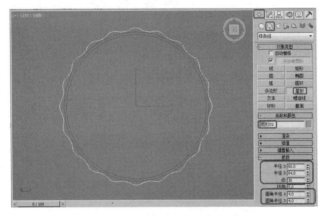

图 3-122　创建【图形 02】对象

（4）切换到【修改】命令面板，在【修改器列表】下拉列表中选择【编辑样条线】选项，添加【编辑样条线】修改器，将当前选择集定义为【样条线】，在场景中选中【图形 02】对象，在【几何体】卷展栏中设置【轮廓】的值为 1，按【Enter】键生成轮廓，如图 3-123 所示。

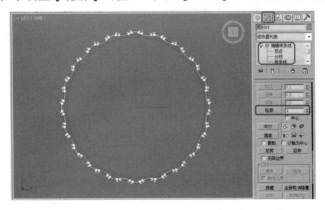

图 3-123　给【图形 02】对象添加【编辑样条线】修改器

（5）在命令面板中选择【创建】|【图形】|【样条线】|【星形】工具，在【顶】视图中创建一个星形，将其重命名为【图形03】，在【参数】卷展栏中，将【半径1】【半径2】【点】【圆角半径1】和【圆角半径2】的值分别设置为62.0、68.0、20、3.0和3.0，如图3-124所示。

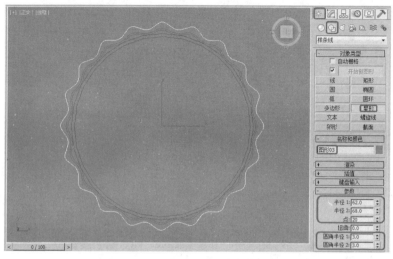

图3-124　创建【图形03】对象

（6）切换到【修改】命令面板，在【修改器列表】下拉列表中选择【编辑样条线】选项，添加【编辑样条线】修改器，将当前选择集定义为【样条线】，在场景中选中【图形03】对象，在【几何体】卷展栏中设置【轮廓】的值为1，按【Enter】键生成轮廓，如图3-125所示。

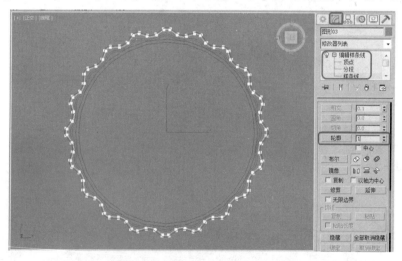

图3-125　给【图形03】对象添加【编辑样条线】修改器

（7）在命令面板中选择【创建】|【图形】|【样条线】|【线】工具，在【左】视图中从上向下创建一条垂直的样条线，作为放样路径，如图3-126所示。

（8）确定放样路径处于被选中状态，在命令面板中选择【创建】|【几何体】|【复合对象】|【放样】命令，在【路径参数】卷展栏中设置【路径】的值为48.0，在【创建方法】卷展栏中单击【获取图形】按钮，在场景中选中【图形01】对象，生成相应的放样对象，如图3-127所示。

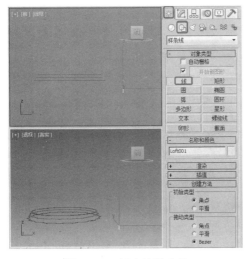

图 3-126　创建放样路径

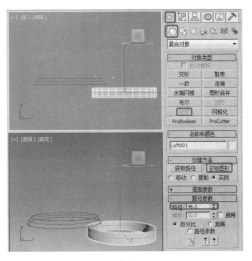

图 3-127　生成放样对象（一）

（9）在【路径参数】卷展栏中设置【路径】的值为 66.0，在【创建方法】卷展栏中单击【获取图形】按钮，在场景中选中【图形 02】对象，生成相应的放样对象，如图 3-128 所示。

（10）在【路径参数】卷展栏中设置【路径】的值为 100.0，在【创建方法】卷展栏中单击【获取图形】按钮，在场景中选中【图形 03】对象，生成相应的放样对象，如图 3-129 所示。

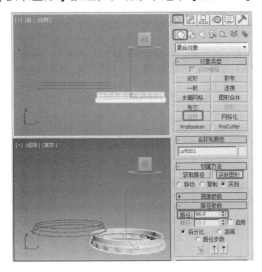

图 3-128　生成放样对象（二）

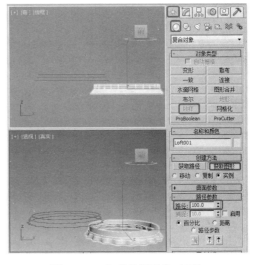

图 3-129　生成放样对象（三）

（11）确定放样路径处于被选中状态，切换到【修改】命令面板，在【变形】卷展栏中单击【缩放】按钮，打开【缩放变形】窗口，单击【插入角点】按钮，在线段上添加控制点，在下方的信息栏中设置控制点的位置信息（分别设置两个数值框中的值为 16.0、100.0），使用【移动控制点】工具调整线段左侧顶点的位置，在下方的信息栏中设置该顶点的位置信息（两个数值框中的值都为 0.0），选中线段的一个顶点并右击，在弹出的快捷菜单中选择【Bezier-角点】命令，调整各顶点的位置，如图 3-130 所示。

（12）退出当前选择集，在【修改器列表】下拉列表中选择【UVW 贴图】选项，添加【UVW贴图】修改器，展开【参数】卷展栏，在【贴图】选区中选择【平面】单选按钮，在【对齐】选区中选择【Y】单选按钮，单击【适配】按钮，如图 3-131 所示。

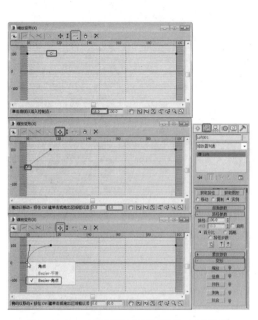

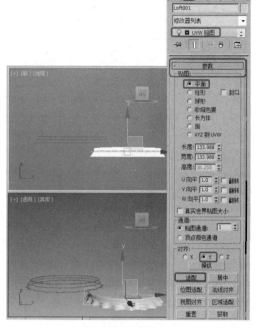

图 3-130　对放样路径进行缩放变形操作　　　　图 3-131　添加【UVW 贴图】修改器

（13）在工具栏中单击【材质编辑器】按钮，打开【材质编辑器】窗口，单击【获取材质】按钮，弹出【材质/贴图浏览器】对话框，单击【材质/贴图浏览器选项】按钮，在弹出的快捷菜单中选择【打开材质库】命令，在弹出的【导入材质库】对话框中选择配套资源中的【CDROM|Map|瓶盖贴图.mat】贴图文件，单击【打开】按钮，如图 3-132 所示。

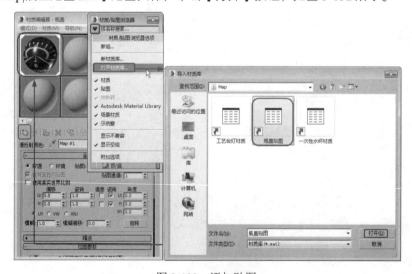

图 3-132　添加贴图

（14）确定放样路径处于被选中状态，使用【选择并移动】工具配合【Shift】键对该对象进行复制，在弹出的【克隆选项】对话框中选择【实例】单选按钮，将【副本数】的值设置为 2，

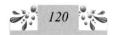

单击【确定】按钮，并且调整复制图形的位置，完成后的效果如图 3-133 所示。

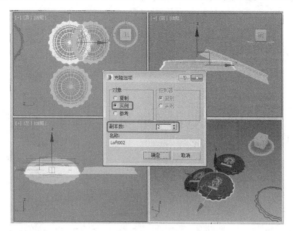

图 3-133　复制并移动图形

> ！ 提示：在指定材质后，我们发现贴图的方向不对，需要对贴图进行修改，在【参数】卷展栏中勾选【U 向平】参数后的【翻转】复选框。

（15）在命令面板中选择【创建】|【几何体】|【标准基本体】|【长方体】工具，在【顶】视图中创建一个长方体，将其重命名为【地面】，将其颜色设置为白色，在【参数】卷展栏中，将【长度】、【宽度】和【高度】的值分别设置为 700.0、600.0 和 0.0，然后在【前】视图中调整其位置，如图 3-134 所示。

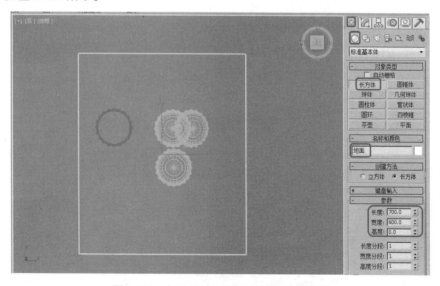

图 3-134　创建【地面】对象并调整其位置

（16）在工具栏中单击【材质编辑器】按钮，打开【材质编辑器】窗口，选择一个空白材质球，将其重命名为【木纹】；在【贴图】卷展栏中，单击【漫反射颜色】通道的【贴图类型】按钮，弹出【材质/贴图浏览器】对话框，选择【贴图】|【标准】|【位图】选项，在弹出的【选择位图图像文件】对话框中选择配套资源中的【CDROM|Map|009.jpg】贴图文件，单击【打开】

按钮；在【坐标】卷展栏中，将【U】和【V】的【偏移】值都设置为1.0，将【U】的【瓷砖】
值设置为2.0，单击【转到父亲对象】按钮；在【Blinn基本参数】卷展栏中，将【反射高光】
选区中的【高光级别】和【光泽度】的值分别设置为180和60；单击【将材质指定给选定对象】
按钮，将该材质指定给【地面】对象，如图3-135所示。

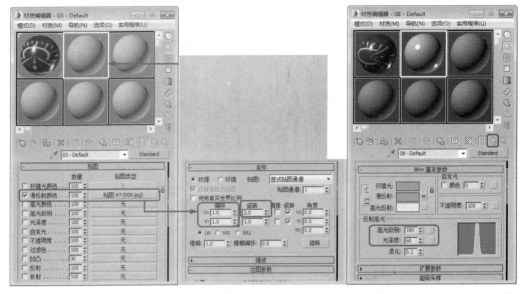

图3-135　设置材质

（17）在命令面板中选择【创建】|【摄影机】|【标准】|【目标】工具，在【顶】视图中创建
一架目标摄影机，在【参数】卷展栏中将【镜头】的值设置为24.0mm，然后在场景中调整其位置，
切换到【透视】视图，按【C】快捷键，将【透视】视图转换为【摄影机】视图，如图3-136所示。

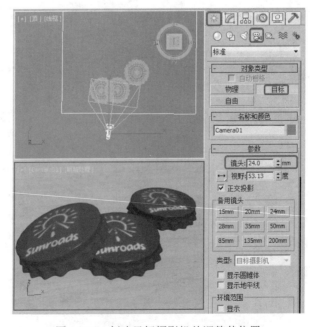

图3-136　创建目标摄影机并调整其位置

（18）切换到【顶】视图，在命令面板中选择【创建】|【灯光】|【标准】|【天光】工具，在【顶】视图中创建一盏天光灯，效果如图 3-137 所示。

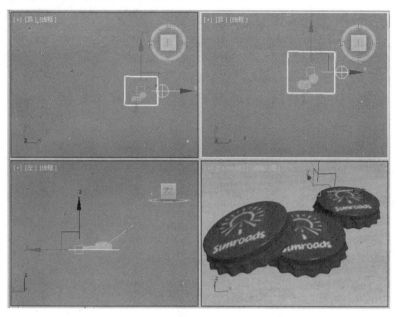

图 3-137　创建天光灯后的效果

习题与训练

一、填空题

1．使用【线】工具可以创建_____、_____和任意形状的二维图形。

2．在创建矩形时，按住_____键，可以得到正方形。

3．顶点的类型有_____、_____、_____和_____。

二、简答题

1．概述二维图形的用途。

2．概述【车削】修改器的用途。

3．【倒角】修改器和【倒角剖面】修改器的区别是什么？

4．在进行放样建模时，可以使用哪几种放样变形工具对放样对象进行变形操作？

第4章
模型的修改与编辑

04
Chapter

本章导读:

基础知识 ◆ 【修改】命令面板
◆ 修改器堆栈
重点知识 ◆ 制作【骰子】模型
◆ 制作【草坪灯】模型
提高知识 ◆ 制作布尔运算动画
◆ 【编辑网格】修改器

使用【创建】命令面板中的工具直接创建的标准基本体和扩展基本体不能满足实际建模的需要,可以使用修改器对创建的几何体进行修改,使其达到要求。

在【修改】命令面板中可以找到所需的修改器。本章重点介绍【修改】命令面板及常用修改器的使用方法。

4.1 任务 8:【休闲石凳】模型——添加【挤出】修改器

本案例主要介绍如何制作【休闲石凳】模型。首先使用【矩形】工具创建两个矩形，使用【编辑样条线】和【挤出】修改器生成【石架】模型，然后使用【长方体】工具创建【石条】和【木条】模型，再将设置好的材质指定给相应的对象，最后为场景添加摄影机和灯光，并且对【摄影机】视图进行渲染输出。本案例所需的素材文件如表 4-1 所示，【休闲石凳】模型的渲染效果如图 4-1 所示。

表 4-1　本案例所需的素材文件

案例文件	CDROM|Scenes|Cha04|休闲石凳 OK.max
贴图文件	CDROM|Map
视频文件	视频教学|Cha04|【休闲石凳】模型.avi

图 4-1　【休闲石凳】模型的渲染效果

4.1.1 任务实施

（1）重置场景，将所有设置恢复成默认设置，在命令面板中选择【创建】|【图形】|【样条线】|【矩形】工具，在【左】视图中创建一个矩形，在【参数】卷展栏中，将【长度】、【宽度】和【角半径】的值分别设置为 500.0、600.0 和 0.0，如图 4-2 所示。

（2）使用同样的方法创建另一个矩形，在【参数】卷展栏中，将【长度】、【宽度】和【角半径】的值分别设置为 135.0、475.0 和 50.0。如图 4-3 所示。

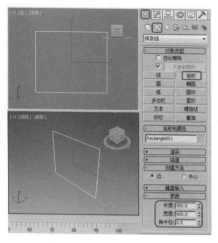

图 4-2　创建矩形（一）

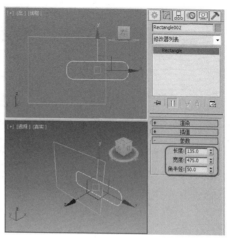

图 4-3　创建矩形（二）

（3）将创建的第一个矩形重命名为【矩形01】，将创建的第二个矩形重命名为【矩形02】。选中【矩形01】对象，在【修改器列表】下拉列表中选择【编辑样条线】选项，添加【编辑样条线】修改器，在【几何体】卷展栏中单击激活【附加】按钮，然后在场景中选择【矩形 02】对象，如图4-4所示。

（4）再次单击取消激活【附加】按钮，将附加对象重命名为【石架01】。将当前选择集定义为【样条线】，在视图中选择较大的矩形样条线，在【几何体】卷展栏中单击【布尔】按钮，然后单击【差集】按钮 ，最后在视图中拾取较小的矩形样条线，即可进行布尔运算，完成后的效果如图4-5所示。

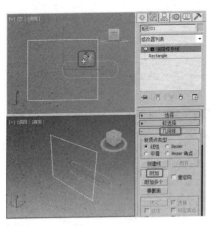

图4-4 将两个矩形附加在一起

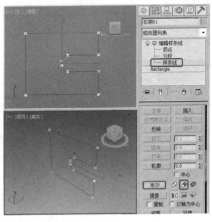

图4-5 对【石架01】对象进行布尔运算

知识链接

【并集】：将两个图形合并，相交的部分被删除，生成一个新的对象。

【差集】：将两个图形相减，保留切割后的部分。

【相交】：将两个图形相交的部分保留，不相交的部分删除。

（5）将当前选择集定义为【顶点】，在【几何体】卷展栏中单击激活【优化】按钮，在【左】视图中添加两个顶点，如图4-6所示。

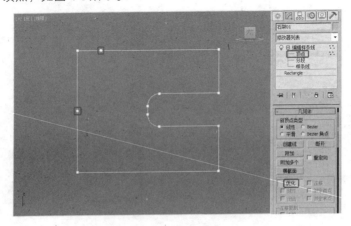

图4-6 优化顶点

（6）再次单击取消激活【优化】按钮，选中【石架01】对象左上角的3个顶点并右击，在弹出的快捷菜单中选择【角点】命令，然后使用【选择并移动】工具在场景中调整顶点的位置，如图4-7所示。

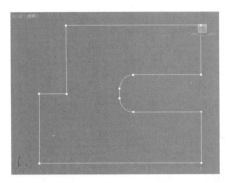

图4-7 将【石架01】对象左上角的3个顶点转换为【角点】顶点并调整其位置

（7）选中【石架01】对象右上角的两个顶点，在【左】视图中沿 X 轴向左进行调整，完成后的效果如图4-8所示。

（8）在【修改】命令面板中，在【修改器列表】下拉列表中选择【挤出】选项，添加【挤出】修改器，展开【参数】卷展栏，将【数量】的值设置为170.0，如图4-9所示。

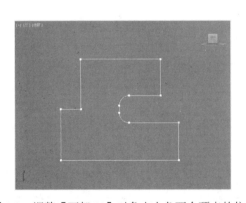

图4-8 调整【石架01】对象右上角两个顶点的位置

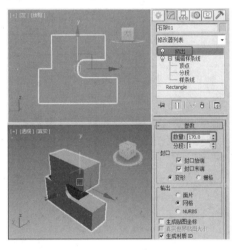

图4-9 添加【挤出】修改器（一）

知识链接

使用【挤出】修改器可以使二维的样条线增加厚度，将其挤出为三维实体。

【数量】：设置挤出的厚度。

【分段】：设置挤出厚度上划分的片段数。

（9）在【修改器列表】下拉列表中选择【UVW 贴图】选项，添加【UVW 贴图】修改器，展开【参数】卷展栏，在【贴图】选区中选择【长方体】单选按钮，将【长度】、【宽度】和【高度】的值都设置为170.0，如图4-10所示。

（10）按【M】快捷键打开【材质编辑器】窗口，选择一个空白材质球，将其重命名为【石架】，在【Blinn 基本参数】卷展栏中，取消【环境光】和【漫反射】之间的锁定，将【环境光】的 RGB 值设置为 46、17、17，将【漫反射】的 RGB 值设置为 137、50、50，将【反射高光】选区中的【高光级别】和【光泽度】的值分别设置为 5 和 25，如图 4-11 所示。

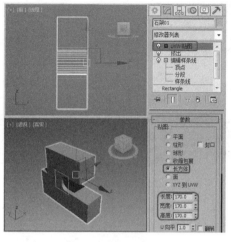

图 4-10　添加【UVW 贴图】修改器（一）　　　　图 4-11　设置【石架】材质

（11）展开【贴图】卷展栏，单击【漫反射颜色】通道的【贴图类型】按钮，弹出【材质/贴图浏览器】对话框，在该对话框中选择【贴图】|【标准】|【位图】选项，然后单击【确定】按钮，弹出【选择位图图像文件】对话框，选择配套资源中的【CDROM|Map|毛面石.jpg】贴图文件，单击【打开】按钮，如图 4-12 所示。

（12）单击【转到父对象】按钮，确定【石架 01】对象处于被选中状态，然后单击【将材质指定给选定对象】按钮，将【石架】材质指定给【石架 01】对象。关闭【材质编辑器】窗口，对【透视】视图进行渲染，渲染效果如图 4-13 所示。

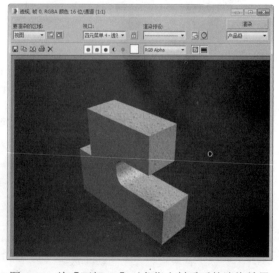

图 4-12　【选择位图图像文件】对话框　　　　图 4-13　给【石架 01】对象指定材质后的渲染效果

（13）在【前】视图中选中【石架 01】对象，按住【Shift】键，使用【选择并移动】工具沿

X轴向右移动【石架 01】对象，释放鼠标左键，弹出【克隆选项】对话框，在【对象】选区中选择【复制】单选按钮，将【副本数】的值设置为 1，将【名称】设置为【石架 02】，单击【确定】按钮，如图 4-14 所示。

（14）在命令面板中选择【创建】|【几何体】|【标准基本体】|【长方体】工具，在【顶】视图中创建一个长方体，在【参数】卷展栏中，将【长度】、【宽度】和【高度】的值分别设置为 135.0、1726.0 和 257.0，如图 4-15 所示。

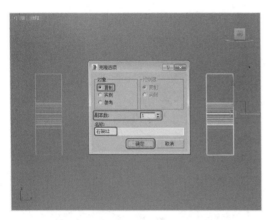

图 4-14　复制得到【石架 02】对象

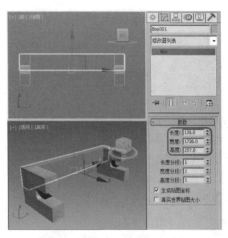

图 4-15　创建长方体

!　提示：由于【石架 01】对象与【石架 02】对象之间的距离不确定，因此要根据实际情况设置该长方体的参数，下文中创建的长方体也一样。

（15）确定上一步创建的长方体处于被选中状态，在【修改器列表】下拉列表中选择【UVW贴图】选项，添加【UVW 贴图】修改器，展开【参数】卷展栏，在【贴图】选区中选择【长方体】单选按钮，将【长度】、【宽度】和【高度】的值都设置为 175.0，如图 4-16 所示。

（16）将该长方体重命名为【石条】，按【M】快捷键打开【材质编辑器】窗口，将【石架】材质指定给前面创建的长方体。切换到【透视】视图，对该视图进行渲染，渲染效果如图 4-17 所示。

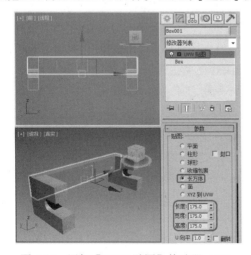

图 4-16　添加【UVW 贴图】修改器（二）

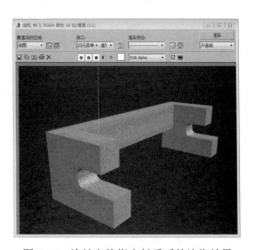

图 4-17　给长方体指定材质后的渲染效果

（17）使用【长方体】工具在【顶】视图中创建另一个长方体，将其重命名为【木条】，在【参数】卷展栏中，将【长度】、【宽度】和【高度】的值分别设置为 100.0、1493.0 和 86.0，如图 4-18 所示。

（18）按【M】快捷键打开【材质编辑器】窗口，选择一个空白材质球，将其重命名为【木】，展开【Blinn 基本参数】卷展栏，取消【环境光】和【漫反射】之间的锁定，将【环境光】的 RGB 值设置为 17、47、15，将【漫反射】的 RGB 值设置为 51、141、45，将【反射高光】选区中的【高光级别】和【光泽度】的值分别设置为 5 和 25，如图 4-19 所示。

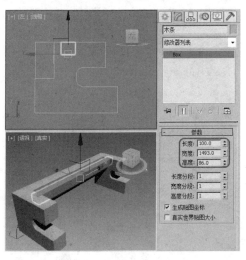

图 4-18　创建【木条】对象

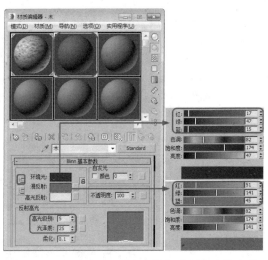

图 4-19　设置【Blinn 基本参数】卷展栏中的参数

知识链接

【环境光】：用于控制对象表面阴影区的颜色。

【漫反射】：用于控制对象表面过渡区的颜色。

【反射高光】：用于控制对象表面高光区的颜色。

（19）展开【贴图】卷展栏，单击【漫反射颜色】通道的【贴图类型】按钮，弹出【材质/贴图浏览器】对话框，选择【贴图】|【标准】|【位图】选项，在弹出的【选择位图图像文件】对话框中选择配套资源中的【CDROM|Map|muwen01.jpg】贴图文件，单击【打开】按钮，进入【位图】贴图设置界面，单击【转到父对象】按钮，确定【木条】对象处于被选中状态，单击【将材质指定给选定对象】按钮，将该材质指定给【木条】对象，然后切换到【透视】视图，对该视图进行渲染，渲染效果如图 4-20 所示。

（20）切换到【修改】命令面板，在【修改器列表】下拉列表中选择【UVW 贴图】选项，添加【UVW 贴图】修改器，展开【参数】卷展栏，在【贴图】选区中选择【长方体】单选按钮，将【长度】、【宽度】和【高度】的值都设置为 175.0，然后切换到【透视】视图，对该视图进行渲染，渲染效果如图 4-21 所示。

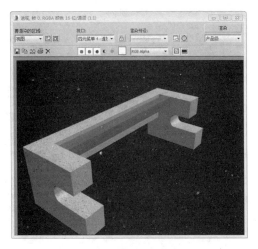

图4-20　给【木条】对象指定材质后的渲染效果　　图4-21　给【木条】对象添加【UVW贴图】修
改器后的渲染效果

（21）在【顶】视图中选中【木条】对象，按住【Shift】键，使用【选择并移动】工具移动【木条】对象，释放鼠标左键，弹出【克隆选项】对话框，在【对象】选区中选择【实例】单选按钮，将【副本数】的值设置为1，如图4-22所示。

（22）在命令面板中选择【创建】|【图形】|【样条线】|【矩形】工具，在【左】视图中创建一个矩形，将其重命名为【木条03】，在【参数】卷展栏中，将【长度】和【宽度】的值分别设置为180.0和107.0，调整【木条03】对象的位置，如图4-23所示。

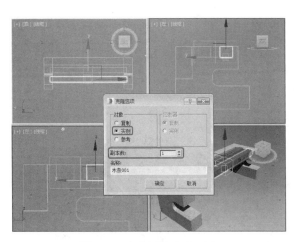
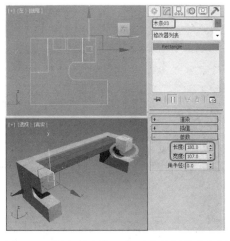

图4-22　复制【木条】对象　　　　　图4-23　创建【木条03】对象并调整其位置

（23）切换到【修改】命令面板，在【修改器列表】下拉列表中选择【圆角/切角】选项，添加【圆角/切角】修改器，将当前选择集定义为【顶点】，然后选中【木条03】对象上方的两个顶点，展开【编辑顶点】卷展栏，将【圆角】选区中【半径】的值设置为15.0，如图4-24所示。

（24）退出当前选择集，确认【木条03】对象处于被选中状态，在【修改器列表】下拉列表中选择【挤出】选项，添加【挤出】修改器，展开【参数】卷展栏，将【数量】的值设置为-1726.0，勾选【生成贴图坐标】复选框，然后使用【选择并移动】工具调整【木条03】对象的位置，然后将【木】材质指定给【木条 03】对象，效果如图 4-25 所示。

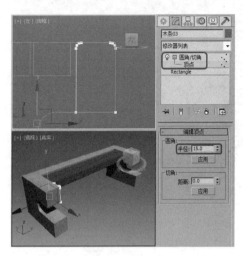

图 4-24　添加【圆角/切角】修改器

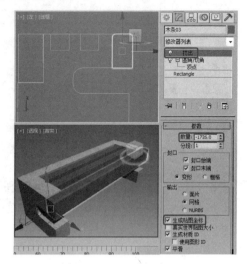

图 4-25　添加【挤出】修改器（二）

（25）按【8】快捷键打开【环境和效果】窗口，在【环境】选项卡中单击【环境贴图】按钮，弹出【材质/贴图浏览器】对话框，选择【贴图】|【标准】|【位图】选项，在弹出的【选择位图图像文件】对话框中选择配套资源中的【CDROM|Map|绿化背景.jpg】贴图文件，单击【打开】按钮，按【M】快捷键打开【材质编辑器】窗口，将【环境贴图】文件拖动到一个空白材质球上，弹出【实例（副本）贴图】对话框，选择【实例】单选按钮，单击【确定】按钮，如图 4-26 所示。

（26）在【坐标】卷展栏中，将【贴图】设置为【屏幕】，关闭【材质编辑器】窗口与【环境和效果】窗口，切换到【透视】视图，在菜单栏中选择【视图】|【视口背景】|【环境背景】命令，此时【透视】视图会以【环境贴图】文件为背景，如图 4-27 所示。

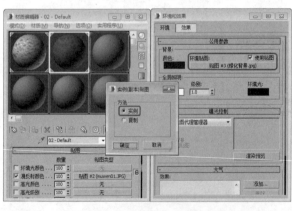

图 4-26　设置【环境贴图】文件

图 4-27　以【环境贴图】文件为背景

（27）在命令面板中选择【创建】|【摄影机】|【标准】|【目标】工具，在【顶】视图中创建一架目标摄影机，切换到【透视】视图，按【C】快捷键将其转换为【摄影机】视图，然后在其他视图中调整目标摄影机的位置，如图 4-28 所示。

（28）在命令面板中选择【创建】|【灯光】|【标准】|【目标聚光灯】工具，在【顶】视图

中创建一盏目标聚光灯，展开【强度/颜色/衰减】卷展栏，将【倍增】的值设置为1.1，单击其后面的色块，在弹出的对话框中将RGB的值设置为200、212、215，然后在视图中调整目标聚光灯的位置，如图4-29所示。

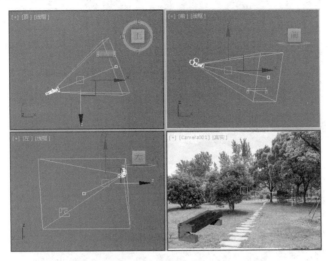

图4-28　创建目标摄影机并调整其位置

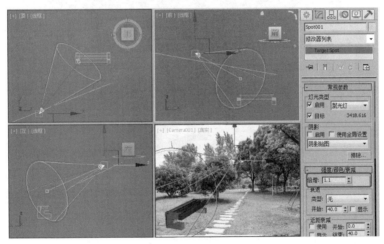

图4-29　创建目标聚光灯并调整其位置（一）

（29）再创建一盏目标聚光灯，展开【常规参数】卷展栏，在【阴影】选区中勾选【启用】复选框，将阴影类型设置为【光线跟踪阴影】；展开【强度/颜色/衰减】卷展栏，将【倍增】的值设置为1.7，单击其后面的色块，将颜色设置为白色；展开【阴影参数】卷展栏，将【对象阴影】选区中【密度】的值设置为0.7，然后在场景中调整目光聚光灯的位置，如图4-30所示。

> ！提示：【密度】：设置较大的数值产生一个粗糙、有明显锯齿状边缘的阴影，反之，阴影的边缘会比较平滑。

（30）将目标摄影机和目标聚光灯隐藏，在命令面板中选择【创建】|【几何体】|【标准基本体】|【平面】工具，在【顶】视图中创建一个平面，在【参数】卷展栏中，将【长度】和【宽度】的值都设置为4000.0，如图4-31所示。

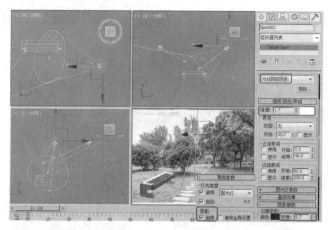

图 4-30　创建目标聚光灯并调整其位置（二）

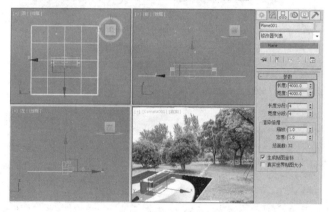

图 4-31　创建平面

（31）按【M】快捷键打开【材质编辑器】窗口，选择一个空白材质球，然后单击【材质类型】按钮，在弹出的【材质/贴图浏览器】对话框中选择【材质】|【标准】|【无光/投影】选项，单击【确定】按钮，如图 4-32 所示。

（32）确定平面处于被选中状态，单击【将材质指定给选定对象】按钮，然后对【摄影机】视图进行渲染，渲染效果如图 4-33 所示。

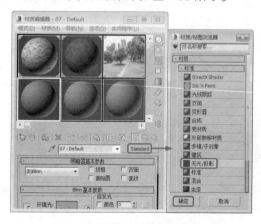

图 4-32　选择【无光/投影】选项

图 4-33　渲染效果

4.1.2 【修改】命令面板

在命令面板中单击【修改】按钮 ，即可切换到【修改】命令面板。【修改】命令面板中包括 4 部分，分别为名称和颜色区、【修改器列表】下拉列表、修改器堆栈和【参数】卷展栏，如图 4-34 所示。

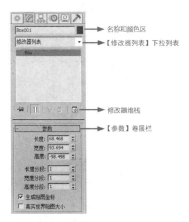

- 名称和颜色区：在 3ds Max 2016 中，每个对象在被创建时，都会被系统赋予一个名称和颜色，系统为对象重命名的原则是"名称+编号"，系统赋予对象的颜色是随机的。如果对象最终没有被指定材质或进行表面贴图，那么对象在渲染后的颜色就是对象在视图中的颜色。可以根据创建对象在场景中的作用，在名称区为对象重命名。单击名称后的色块可以修改对象的颜色。

图 4-34 【修改】命令面板

- 【修改器列表】下拉列表：选中要添加修改器的对象，即可在【修改器列表】下拉列表中看到与被选中对象有关的所有修改器，这些修改器也可以在【修改器】菜单中找到。

- 修改器堆栈：在 3ds Max 2016 中，被创建的对象的参数及被修改的过程都会被记录下来，并且显示在修改器堆栈中。在修改器堆栈中，可以修改被选中对象的修改器顺序、添加新的修改器及删除已有的修改器。

- 【参数】卷展栏：如果在修改器堆栈中选中的是对象，那么在【参数】卷展栏中会显示该对象的参数；如果在修改器堆栈中选中的是修改器，那么在【参数】卷展栏中会显示该修改器的参数。

4.1.3 修改器堆栈

在视图中创建一个对象，在修改器堆栈中会出现该对象的名称，给该对象添加的修改器会排列在该对象的上方，最后添加的修改器排列在最上方。例如，创建一个长方体对象【Box】，依次给其添加【编辑多边形】修改器和【挤压】修改器，如图 4-35 所示。

在修改器堆栈中，所有修改器前都会显示 按钮，某些修改器前会显示 按钮（例如，【平滑】修改器没有选择集，所有其前面没有 按钮）。

- ：修改器开关，当前状态表示该修改器的修改效果可以在视图中显示出来。如果处于 状态，则该修改器的修改效果不会在视图中显示出来。单击可以切换该按钮的状态。

- ：选择集开关，当前状态表示该修改器有选择集。如果处于 状态，则会在下方显示该修改器的选择集。单击可以切换该按钮的状态。

图 4-35 修改器堆栈

修改器堆栈的下方为它的工具栏，其中各按钮的功能如下。

- 【锁定堆栈】按钮 ：单击激活该按钮，可以锁定当前对象的修改器，即使再选择视图中的其他对象，修改器堆栈也不会改变。

- 【显示最终结果开/关切换】按钮 ⊺：单击激活该按钮，可以在选中的对象上显示整个堆栈的效果。
- 【使唯一】按钮 ⩗：单击激活该按钮，可以将关联对象修改成独立对象，从而对选择集中的对象单独进行操作（只有在场景中拥有选择集时该按钮才可用）。
- 【从堆栈中移除修改器】按钮 ᵭ：选中任意一个修改器，单击该按钮，可以将选中的修改器删除，并且去除该修改器的修改效果。不能使用该按钮删除创建的对象。
- 【配置修改器集】按钮 ⊞：可以改变修改器的布局。
  - ▶ 【配置修改器集】命令：单击【配置修改器集】按钮 ⊞，在弹出的快捷菜单中选择【配置修改器集】命令，弹出【配置修改器集】对话框，如图 4-36 所示。在【配置修改器集】对话框中，可以修改【修改器列表】下拉列表中修改器的个数、向【修改器列表】下拉列表中添加修改器或将修改器移出【修改器列表】下拉列表。用户可以根据使用习惯进行设置。在【配置修改器集】对话框中，【按钮总数】数值框主要用于设置其下的【修改器】列表框中所能容纳的修改器数量。在左侧的【修改器】列表框中双击修改器的名称，即可将该修改器加入当前修改器集中的【修改器】列表框。也可以通过直接拖曳的方式，在当前修改器集中的【修改器】列表框中加入或删除修改器。
  - ▶ 【显示按钮】命令：单击【配置修改器集】按钮 ⊞，在弹出的快捷菜单中选择【显示按钮】命令，即可在【修改器列表】下拉列表下方显示当前修改器集中的修改器按钮，如图 4-37 所示。

图 4-36　【配置修改器集】对话框

图 4-37　选择【显示按钮】命令

  - ▶ 【显示列表中的所有集】命令：单击【配置修改器集】按钮 ⊞，在弹出的快捷菜单中选择【显示列表中的所有集】命令，即可根据【配置修改器集】对话框中的参数设置划分【修改器列表】下拉列表中的修改器选项。

4.2　任务 9：【骰子】模型——布尔运算

最常见的骰子是六面骰，它是一个正方体，上面分别有 1～6 个孔（或数字 1～6），中

国的骰子习惯将一点和四点涂成红色，本案例主要介绍【骰子】模型的制作方法。本案例所需的素材文件如表 4-2 所示，完成后的效果如图 4-38 所示。

表 4-2　本案例所需的素材文件

案例文件	CDROM|Scenes|Cha04|骰子 OK.max
贴图文件	CDROM|Map
视频文件	视频教学|Cha04|【骰子】模型.avi

图 4-38　【骰子】模型的效果

4.2.1　任务实施

（1）在命令面板中选择【创建】|【几何体】|【扩展基本体】|【切角长方体】工具，在【顶】视图中创建一个切角长方体，切换到【修改】命令面板，在【参数】卷展栏中，将【长度】、【宽度】和【高度】的值都设置为 100.0，将【圆角】的值设置为 7.0，将【圆角分段】的值设置为 8，如图 4-39 所示。

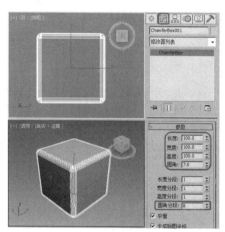

图 4-39　创建切角长方体

（2）在命令面板中选择【创建】|【几何体】|【标准基本体】|【球体】工具，在【顶】视图中创建一个球体，在【参数】卷展栏中，将【半径】的值设置为 16.0，如图 4-40 所示。

（3）选中创建的球体，在工具栏中单击【对齐】按钮，然后在【顶】视图中选中切角长方体，弹出【对齐当前选择】对话框，在【对齐位置（屏幕）】选区中勾选【X 位置】、【Y 位置】和【Z 位置】复选框，在【当前对象】和【目标对象】选区中选择【中心】单选按钮，单击【确定】按钮，如图 4-41 所示。

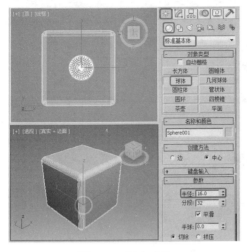
图 4-40　创建球体

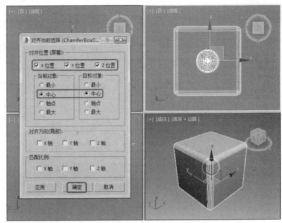
图 4-41　设置对齐方式（一）

（4）在【前】视图中，使用【选择并移动】工具 沿 Y 轴向上移动球体，将其移动到如图 4-42 所示的位置。

（5）使用【球体】工具在【顶】视图中创建另一个球体，在【参数】卷展栏中，将【半径】的值设置为 9.0，并且在视图中调整其位置，如图 4-43 所示。

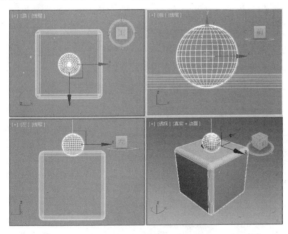
图 4-42　调整球体位置

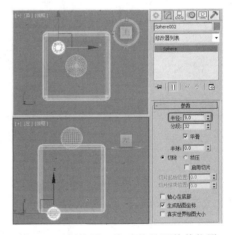
图 4-43　创建另一个球体并调整其位置

（6）在【顶】视图中按住【Shift】键，使用【选择并移动】工具 沿 Y 轴向下移动第二个球体，将其移动到切角长方体中间位置，释放鼠标左键，弹出【克隆选项】对话框，在【对象】选区中选择【复制】单选按钮，将【副本数】的值设置为 2，单击【确定】按钮，如图 4-44 所示。

（7）在【顶】视图中选择【半径】值为 9.0 的 3 个球体，在工具栏中单击【镜像】按钮 ，弹出【镜像：屏幕 坐标】对话框，在【镜像轴】选区中选择【X】单选按钮，将【偏移】的值设置为 46.0，在【克隆当前选择】选区中选择【复制】单选按钮，然后单击【确定】按钮，如图 4-45 所示。

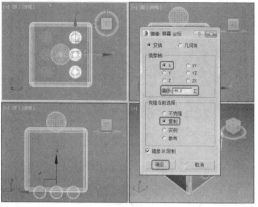

图4-44　复制第二个球体　　　　　　　图4-45　镜像复制球体

（8）在场景中选中所有【半径】值为9.0的球体，按照前面介绍的方法对其进行复制，效果如图4-46所示。

（9）在工具栏中右击【角度捕捉切换】按钮，弹出【栅格和捕捉设置】对话框，选择【选项】选项卡，将【角度】的值设置为10.0度，如图4-47所示。

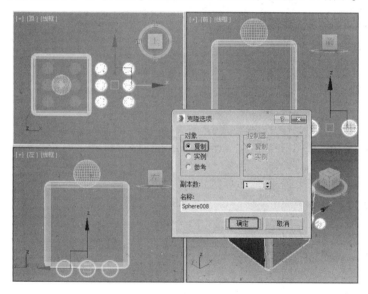

图4-46　复制球体　　　　　　　图4-47　【栅格和捕捉设置】
　　　　　　　　　　　　　　　　　　　　对话框

（10）确认所有【半径】值为9.0的球体处于被选中状态，在工具栏中单击【角度捕捉切换】按钮和【选择并旋转】按钮，在【左】视图中将其沿X轴旋转-90度，如图4-48所示。

（11）然后在其他视图中调整其位置，并且在【左】视图中将上方中间的球体删除，效果如图4-49所示。

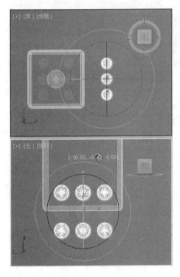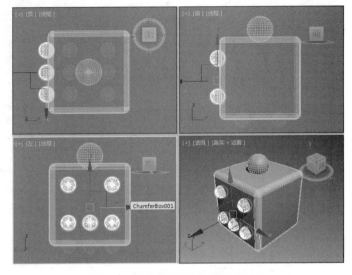

图 4-48　旋转对象　　　　　　　　　　图 4-49　调整球体位置并删除球体

（12）在【左】视图中选中下方中间的球体，在工具栏中单击【对齐】按钮，然后在【左】视图中选中创建的切角长方体，弹出【对齐当前选择】对话框，在【对齐位置（屏幕）】选区中只勾选【Y 位置】复选框，在【当前对象】和【目标对象】选区中选择【中心】单选按钮，单击【确定】按钮，如图 4-50 所示。

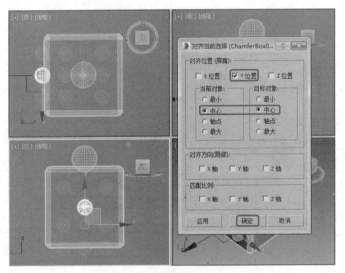

图 4-50　设置对齐方式（二）

（13）使用同样的方法，在切角长方体的其他面添加球体，如图 4-51 所示。

（14）在场景中选择【Sphere001】对象并右击，在弹出的快捷菜单中选择【转换为】|【转换为可编辑多边形】命令，如图 4-52 所示。

（15）切换到【修改】命令面板，在【编辑几何体】卷展栏中单击【附加】按钮右侧的【附加列表】按钮，弹出【附加列表】对话框，选中所有球体，然后单击【附加】按钮，如图 4-53 所示。

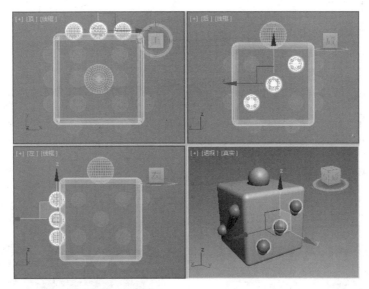

图 4-51　在切角长方体的其他面添加球体

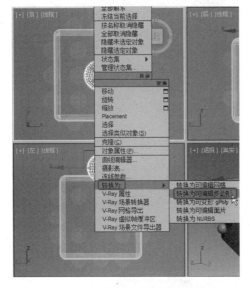

图 4-52　选择【转换为可编辑多边形】命令（一）

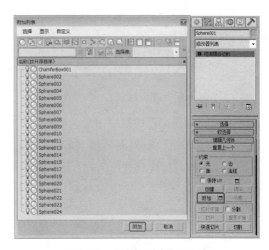

图 4-53　【附加列表】对话框

（16）在场景中选中切角长方体，然后在命令面板中选择【创建】|【几何体】|【复合对象】|【布尔】命令，在【拾取布尔】卷展栏中单击【拾取操作对象 B】按钮，在场景中单击附加的球体，如图 4-54 所示。

（17）切换到【修改】命令面板，将进行布尔运算后的对象重命名为【骰子】。右击【骰子】对象，在弹出的快捷菜单中选择【转换为】|【转换为可编辑多边形】命令，如图 4-55 所示。

（18）将当前选择集定义为【多边形】，在场景中选中除表示 1 和 4 外的其他孔对象，在【多边形：材质 ID】卷展栏中，将【设置 ID】的值设置为 1，如图 4-56 所示。

（19）在场景中选中表示 1 和 4 的孔对象，在【多边形：材质 ID】卷展栏中，将【设置 ID】的值设置为 2，如图 4-57 所示。

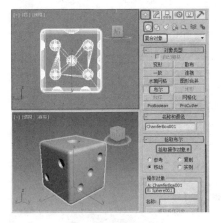

图 4-54　布尔对象

图 4-55　选择【转换为可编辑多边形】命令（二）

图 4-56　设置材质 ID（一）

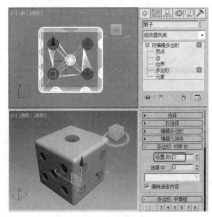

图 4-57　设置材质 ID（二）

（20）在场景中选中除孔对象外的其他对象，在【多边形：材质 ID】卷展栏中，将【设置 ID】的值设置为 3，如图 4-58 所示。

（21）退出当前选择集，按【M】快捷键打开【材质编辑器】窗口，选择一个空白材质球，单击【材质类型】按钮，在弹出的【材质/贴图浏览器】对话框中选择【材质】|【标准】|【多维/子对象】选项，单击【确定】按钮，如图 4-59 所示。

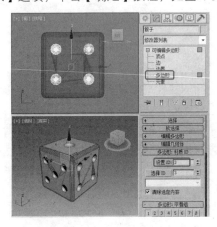

图 4-58　设置材质 ID（三）

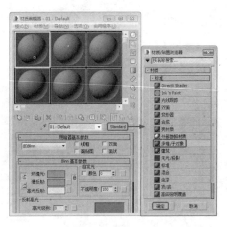

图 4-59　选择【多维/子对象】选项

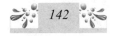

（22）弹出【替换材质】对话框，单击【确定】按钮。然后在【多维/子对象基本参数】卷展栏中单击【设置数量】按钮，弹出【设置材质数量】对话框，将【材质数量】的值设置为3，单击【确定】按钮，如图4-60所示。

（23）单击【ID】为1的【子材质】按钮，进入【ID】为1的子材质设置界面，在【Blinn基本参数】卷展栏中，将【环境光】和【漫反射】的RGB值都设置为67、67、230，在【反射高光】选区中，将【高光级别】和【光泽度】的值分别设置为108和37，如图4-61所示。

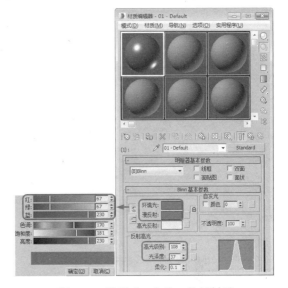

图 4-60　设置材质数量　　　　　　　　　图 4-61　设置【ID】为 1 的子材质

（24）在【贴图】卷展栏中，将【反射】的【数量】值设置为30，然后单击右侧的【贴图类型】按钮，在弹出的【材质/贴图浏览器】对话框中选择【贴图】|【标准】|【位图】选项，单击【确定】按钮，如图4-62所示。

（25）在弹出的【选择位图图像文件】对话框中打开配套资源中的【CDROM|Map|003.tif】贴图文件，在【坐标】卷展栏中将【模糊】的值设置为10.0，如图4-63所示。

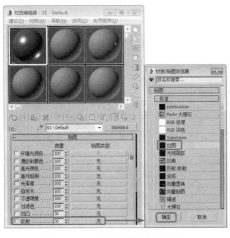

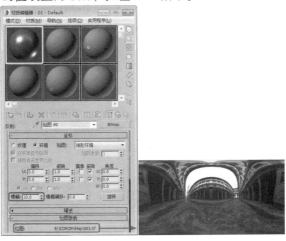

图 4-62　选择【位图】选项　　　　　　　图 4-63　设置【位图】贴图

（26）单击两次【转到父对象】按钮，返回父级材质设置界面。然后单击【ID】为 2 的【子材质】按钮，弹出【材质/贴图浏览器】对话框，选择【材质】|【标准】|【标准】选项，单击【确定】按钮，如图 4-64 所示。

（27）进入【ID】为 2 的子材质设置界面，在【Blinn 基本参数】卷展栏中，将【环境光】和【漫反射】的 RGB 值设置为 234、0、0，将【自发光】的值设置为 20，在【反射高光】选区中，将【高光级别】和【光泽度】的值分别设置为 108 和 37，并且根据设置【ID】为 1 的【反射】贴图的方法，设置【ID】为 2 的【反射】贴图，如图 4-65 所示。

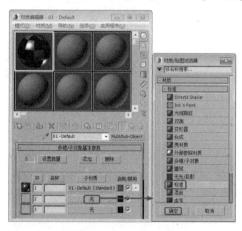
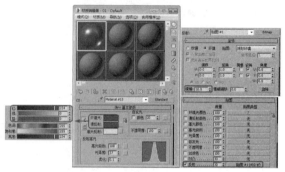

图 4-64　选择【标准】选项　　　　图 4-65　设置【ID】为 2 的子材质

（28）使用同样的方法，设置【ID】为 3 的子材质，然后单击【将材质指定给选定对象】按钮，将该材质指定给【骰子】对象，如图 4-66 所示。

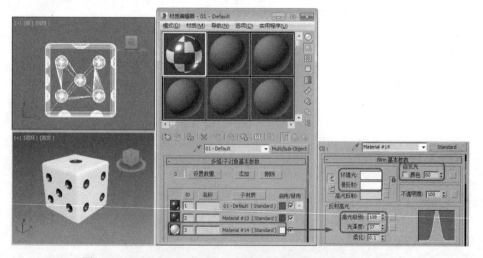

图 4-66　设置【ID】为 3 的子材质并给【骰子】对象指定材质

> ！提示：未设置【ID】为 3 的子材质的【反射】贴图。

（29）然后在场景中对【骰子】对象进行复制，得到多个复制对象，分别调整其旋转角度和位置，效果如图 4-67 所示。

图 4-67　复制【骰子】对象并调整各复制对象的旋转角度和位置

（30）在命令面板中选择【创建】|【几何体】|【标准基本体】|【平面】工具，在【顶】视图中创建一个平面，切换到【修改】命令面板，在【参数】卷展栏中，将【长度】和【宽度】的值均设置为4000.0，并且在视图中调整其位置，如图4-68所示。

（31）确认创建的平面处于被选中状态，按【M】快捷键打开【材质编辑器】窗口，选择一个空白材质球，单击【材质类型】按钮，在弹出的【材质/贴图浏览器】对话框中选择【材质】|【标准】|【无光/投影】选项，单击【确定】按钮，在【无光/投影基本参数】卷展栏的【反射】选区中单击【贴图】按钮，在弹出的【材质/贴图浏览器】对话框中选择【贴图】|【标准】|【平面镜】选项，单击【确定】按钮，如图4-69所示。

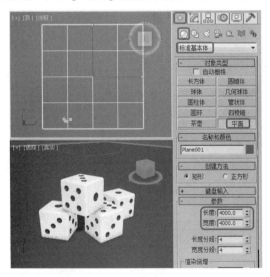

图 4-68　创建平面并调整其位置

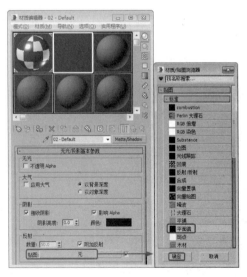

图 4-69　选择【平面镜】选项

（32）进入【平面镜】贴图设置界面，在【平面镜参数】卷展栏中勾选【应用于带ID的面】复选框，单击【转到父对象】按钮，如图4-70所示。

（33）在【反射】选区中将【数量】的值设置为10.0，如图4-71所示。单击【将材质指定给选定对象】按钮，将该材质指定给第（30）步创建的平面。

（34）在命令面板中选择【创建】|【摄影机】|【标准】|【目标】工具，在【参数】卷展栏中，将【镜头】的值设置为 30.0mm，在【顶】视图中创建一架目标摄影机，切换到【透视】视图，按【C】快捷键将其转换为【摄影机】视图，然后在其他视图中调整目标摄影机的位置，如图 4-72 所示。

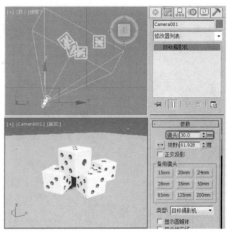

图 4-70　设置【平面镜】　　图 4-71　设置反射数量　　图 4-72　创建目标摄影机并调整其位置
　　贴图的相关参数

（35）在命令面板中选择【创建】|【灯光】|【标准】|【泛光】工具，在【强度/颜色/衰减】卷展栏中，将【倍增】的值设置为 0.1，然后在【顶】视图中创建一盏泛光灯，并且在其他视图中调整其位置，如图 4-73 所示。

（36）再次使用【泛光】工具在【顶】视图中创建一盏泛光灯，并且在其他视图中调整其位置，如图 4-74 所示。

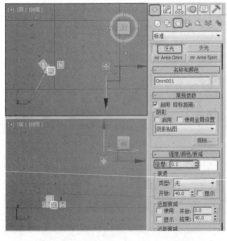

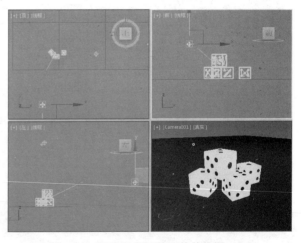

图 4-73　创建泛光灯并调整其位置（一）　　　　图 4-74　创建泛光灯并调整其位置（二）

（37）在命令面板中选择【创建】|【灯光】|【标准】|【天光】工具，在【顶】视图中创建一盏天光灯，在【天光参数】卷展栏中，将【倍增】的值设置为 0.9，如图 4-75 所示。

（38）按【8】快捷键打开【环境和效果】窗口，选择【环境】选项卡，在【公用参数】卷展栏中，将【背景】选区中【颜色】的 RGB 值设置为 130、130、130，如图 4-76 所示。

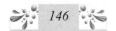

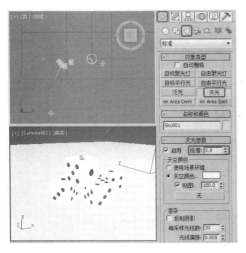

图 4-75 创建天光灯

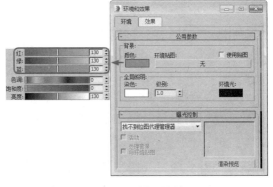

图 4-76 设置背景颜色

（39）按【F10】快捷键打开【渲染设置】窗口，选择【高级照明】选项卡，在【选择高级照明】卷展栏的下拉列表中选择【光跟踪器】选项，在【参数】卷展栏中将【光线/采样】的值设置为 500，将【过滤器大小】的值设置为 8.0，如图 4-77 所示。

（40）切换到【摄影机】视图，按【Shift+F】组合键显示安全框，选择【公用】选项卡，展开【公共参数】卷展栏，在【输出大小】选区中单击取消激活【图像纵横比】右侧的 按钮，并且将【宽度】的值设置为 800，将【高度】的值设置为 500，然后单击【渲染】按钮，对【摄影机】视图进行渲染，如图 4-78 所示。在渲染完成后将场景文件保存即可。

图 4-77 设置【高级照明】选项卡中
的相关参数

图 4-78 设置输出大小并渲染【摄影机】视图

4.2.2 布尔运算

在 3ds Max 2016 中，布尔运算包括【并集】运算、【交集】运算、【差集（A-B）】运算、【差集（B-A）运算】和【切割】运算。通过布尔运算可以制作复杂的复合对象，也可以制作画面精细的动画。

布尔运算涉及的卷展栏如图 4-79 所示。

图 4-79　布尔运算涉及的卷展栏

- 【名称和颜色】卷展栏：对进行布尔运算后的对象重命名及设置颜色。
- 【拾取布尔】卷展栏：在选择操作对象 B 时，根据在【拾取布尔】卷展栏中为布尔对象提供的几种操作方式，可以将操作对象 B 指定为参考、移动（对象本身）、复制或实例。
  - 【拾取操作对象 B】：该按钮用于选择布尔运算中的第二个操作对象。
  - 【参考】：将原始对象的参考复制品作为操作对象 B，以后在改变原始对象时，也会同时改变布尔对象中的操作对象 B，但在改变操作对象 B 时，不会改变原始对象。
  - 【复制】：将原始对象的复制品作为操作对象 B，不破坏原始对象。
  - 【移动】：将原始对象直接作为操作对象 B，原始对象本身会不存在。
  - 【实例】：将原始对象的关联复制品作为操作对象 B，以后在对二者之一进行修改时都会影响另一个。
- 【参数】卷展栏：该卷展栏主要用于显示操作对象的名称，以及提供布尔运算方式。
  - 【操作对象】：显示操作对象的名称。
  - 【名称】：显示当前操作对象的名称，允许对当前操作对象名称进行修改。
  - 【提取操作对象】：该按钮只有在【修改】命令面板中才有效，它将当前指定的操作对象重新提取到场景中，作为一个新的可用对象。包括【实例】和【复制】两种提取方式，进行布尔运算后的对象仍可以被释放回场景中。
- 【显示/更新】卷展栏：用于控制显示效果，不影响布尔运算。
  - 【结果】：只显示最后的运算结果。

➢【操作对象】：显示所有的操作对象。

➢【结果+隐藏的操作对象】：在视图中显示运算结果及隐藏的操作对象，主要用于进行动态布尔运算的编辑操作，其显示效果与【操作对象】的显示效果类似。

➢【始终】：在更改操作对象（包括实例化或引用的操作对象 B 的原始对象）时立即更新布尔对象。

➢【渲染时】：仅在渲染场景或单击【更新】按钮时才更新布尔对象。如果选择该单选按钮，则视图中并不会显示当前的布尔对象，但在必要时可以强制更新布尔对象。

➢【手动】：仅在单击【更新】按钮时才更新布尔对象。如果选择该单选按钮，则视图和渲染输出中并不会始终显示当前的布尔对象，但在必要时可以强制更新布尔对象。

➢【更新】：更新布尔对象。如果选择【始终】单选按钮，则【更新】按钮不可用。

1．创建布尔运算的操作对象

创建布尔运算操作对象的具体过程如下。

（1）重置一个新的场景文件。

（2）在命令面板中选择【创建】|【几何体】|【标准基本体】|【长方体】工具，在【顶】视图中创建一个长方体，根据实际情况设置相关参数。

（3）在命令面板中选择【创建】|【几何体】|【标准基本体】|【球体】工具，在【顶】视图中创建一个球体。

（4）调整长方体和球体的位置，生成如图 4-80 所示的效果。

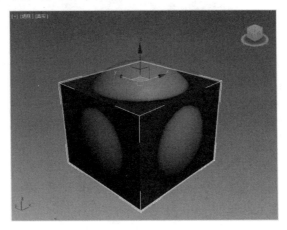

图 4-80　调整长方体和球体的位置

2．创建布尔对象

创建布尔对象的具体过程如下。

（1）在场景中选中长方体，将其作为操作对象 A。

（2）在命令面板中选择【创建】|【几何体】|【复合对象】|【布尔】命令，在【拾取布尔】卷展栏中单击【拾取操作对象 B】按钮，在场景中拾取球体，将其作为操作对象 B。

（3）如果在【参数】卷展栏的【操作】选区中选择【差集（A-B）】单选按钮（默认），那么得到如图 4-81 的布尔对象。

（4）如果在【参数】卷展栏的【操作】选区中选择【并集】单选按钮，那么得到如图 4-82 所示的布尔对象。

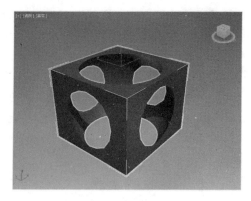

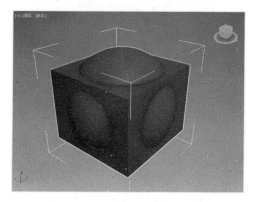

图 4-81　进行【差集（A-B）】布尔运算后生成的
布尔对象

图 4-82　进行【并集】布尔运算后生成的
布尔对象

（5）如果在【参数】卷展栏的【操作】选区中选择【交集】单选按钮，那么得到如图 4-83 所示的布尔对象。

（6）如果在【参数】卷展栏的【操作】选区中选择【差集（B-A）】单选按钮，那么得到如图 4-84 所示的布尔对象。

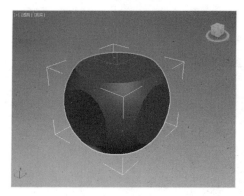

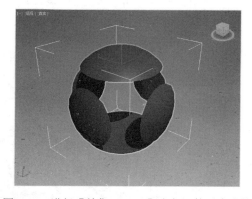

图 4-83　进行【交集】布尔运算后生成的
布尔对象

图 4-84　进行【差集（B-A）】布尔运算后生成的
布尔对象

3．制作布尔运算动画

制作布尔运算动画的具体过程如下。

（1）重置一个新的场景文件。

（2）在命令面板中选择【创建】|【几何体】|【标准基本体】|【圆柱体】工具，在【顶】视图中创建一个圆柱体，在【参数】卷展栏中，将【半径】和【高度】的值分别设置为 60.0 和 150.0，将【高度分段】、【端面分段】和【边数】的值分别设置为 5、1 和 36。

（3）选中新创建的圆柱体，按【Ctrl+V】组合键，在弹出的对话框中选择【复制】单选按钮，单击【确定】按钮，复制一个圆柱体。

（4）选中复制得到的圆柱体，在【参数】卷展栏中，将【半径】和【高度】的值分别设置为 80.0 和 150.0，将【高度分段】、【端面分段】和【边数】的值分别设置为 5、1 和 36，得到如图 4-85 所示的用于进行布尔运算的操作对象。

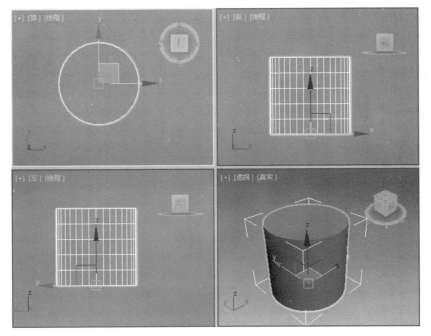

图 4-85 制作用于进行布尔运算的操作对象

（5）在场景中选中较大的圆柱体，将其作为操作对象 A。

（6）在命令面板中选择【创建】|【几何体】|【复合对象】|【布尔】命令，在【拾取布尔】卷展栏中选择【移动】单选按钮，单击【拾取操作对象 B】按钮，在视图中选中另一个圆柱体。

（7）在【参数】卷展栏的【操作】选区中选择【差集（A-B）】单选按钮，得到如图 4-86 所示的布尔对象。

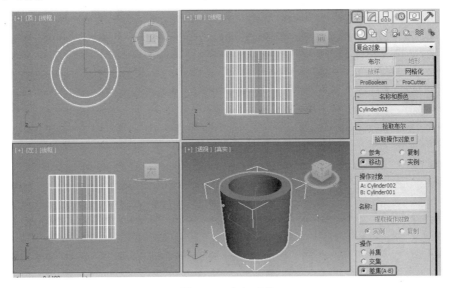

图 4-86 布尔对象

（8）切换到【修改】命令面板，在修改器堆栈中将布尔对象的选择集定义为【操作对象】，在【显示/更新】卷展栏的【显示】选区中选择【结果+隐藏的操作对象】单选按钮，如图 4-87 所示。

（9）在【顶】视图中双击选中内部的小圆柱体，如图 4-88 所示。

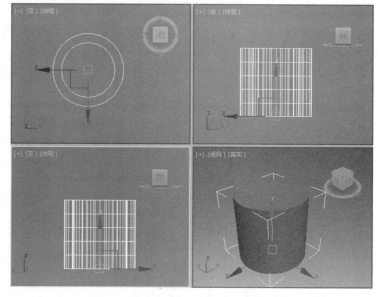

图 4-87　选择【结果+隐藏
的操作对象】单选按钮

图 4-88　选中内部的小圆柱体

（10）单击动画控制区中的【自动关键点】按钮，将时间滑块拖曳到第 60 帧位置。在【前】视图中，使用【选择并移动】工具 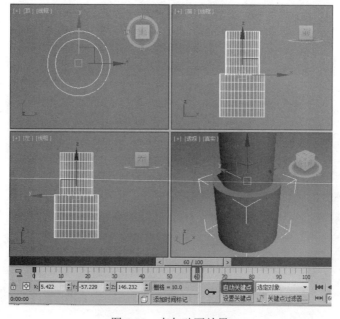 将内部的圆柱体沿 Y 轴向上移动到外部圆柱体的上端面，如图 4-89 所示。

图 4-89　布尔动画效果

（11）在【显示/更新】卷展栏的【显示】选区中选择【结果】单选按钮。

（12）切换到【透视】视图，单击动画控制区中的【播放动画】按钮▶，即可观看动画效果。

4.3　任务 10：【足球】模型——添加【编辑网格】修改器

本案例主要介绍如何制作【足球】模型。制作【足球】模型的重点是各种修改器的应用，其中主要应用了【编辑网格】、【网格平滑】和【面挤出】修改器。本案例所需的素材文件如表 4-3 所示，完成后的效果如图 4-90 所示。

表 4-3　本案例所需的素材文件

案例文件	CDROM|Scenes|Cha04|足球.max
	CDROM|Scenes|Cha04|足球 OK.max
贴图文件	CDROM|Map
视频文件	视频教学|Cha04|【足球】模型.avi

图 4-90　【足球】模型的效果

4.3.1　任务实施

（1）打开配套资源中的【CDROM|Scenes|Cha04|足球.max】文件，在命令面板中选择【创建】|【几何体】|【扩展基本体】|【异面体】工具，在【顶】视图中创建一个异面体，将其重命名为【足球】，展开【参数】卷展栏，在【系列】选区中选择【十二面体/二十面体】单选按钮，将【系列参数】选区中【P】的值设置为 0.35，将【半径】的值设置为 50.0，如图 4-91 所示。

（2）切换到【修改】命令面板，在【修改器列表】下拉列表中选择【编辑网格】选项，添加【编辑网格】修改器，将当前的选择集定义为【多边形】，按【Ctrl+A】组合键选中【足球】对象的所有面，在【编辑几何体】卷展栏中，在【炸开】按钮下选择【对象】单选按钮，然后单击【炸开】按钮，在弹出的【炸开】对话框中将【对象名】设置为【足球】，单击【确定】按钮，如图 4-92 所示。

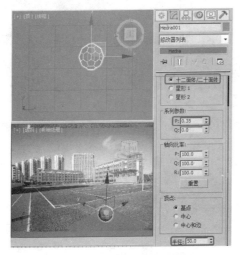

图 4-91　创建【足球】对象

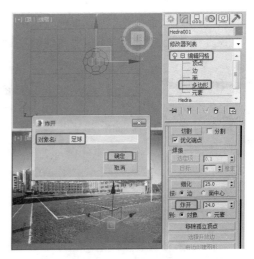

图 4-92　添加【编辑网格】修改器

！ 提示

【炸开】：单击该按钮，可以将当前选中的面拆分，使它们成为新的独立个体。

【对象】：将所有面拆分为各自独立的新对象。

【元素】：将所有面拆分为各自独立的新元素，但仍属于对象本身，这是进行元素拆分的一个途径。

在进行【炸开】操作后，只有将拆分后形成的独立对象或独立元素进行移动，才能看到分离效果。

（3）选中【足球】对象的所有面对象，切换到【修改】命令面板，在【修改器列表】下拉列表中选择【网格平滑】选项，添加【网格平滑】修改器，在【细分量】卷展栏中，将【迭代次数】的值设置为 2，如图 4-93 所示。

（4）选中【足球】对象的所有面对象，在【修改器列表】下拉列表中选择【球形化】选项，添加【球形化】修改器，如图 4-94 所示。

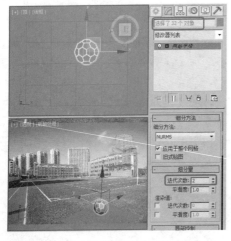

图 4-93　添加【网格平滑】修改器（一）

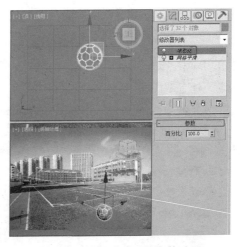

图 4-94　添加【球形化】修改器

（5）选中【足球】对象的所有面对象，在【修改器列表】下拉列表中选择【编辑网格】选项，添加【编辑网格】修改器，将当前选择集定义为【多边形】，按【H】快捷键打开【从场景选择】对话框，依次选择五边形对象，然后在【曲面属性】卷展栏中，将【材质】选区中【设置 ID】的值设置为 1，如图 4-95 所示。

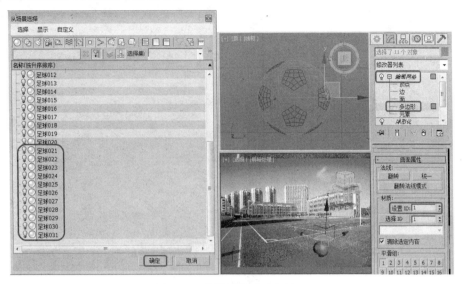

图 4-95　设置五边形对象的 ID

（6）再次打开【从场景选择】对话框，单击【反选】按钮，选择所有六边形对象，在【曲面属性】卷展栏中，将【材质】选区中【设置 ID】的值设置为 2，如图 4-96 所示。

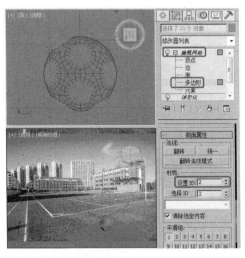

图 4-96　设置六边形对象的 ID

（7）退出【编辑网格】修改器，选中【足球】对象的所有面对象，在【修改器列表】下拉列表中选择【面挤出】选项，添加【面挤出】修改器，在【参数】卷展栏中，将【数量】和【比例】的值分别设置为 1.0 和 98.0，如图 4-97 所示。

（8）选中【足球】对象的所有面对象，再次添加【网格平滑】修改器，在【细分方法】卷展栏的【细分方法】下拉列表中选择【四边形输出】选项，如图 4-98 所示。

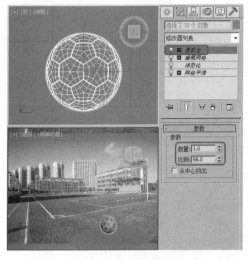

图 4-97　添加【面挤出】修改器　　　　　图 4-98　添加【网格平滑】修改器（二）

（9）按【M】快捷键打开【材质编辑器】窗口，选择一个空白材质球，单击【材质类型】按钮，在弹出的【材质/贴图浏览器】对话框中选择【材质】|【标准】|【多维/子对象】选项，进入【多维/子对象】材质设置界面。在【多维/子对象基本参数】卷展栏中，单击【ID】为1的【子材质】按钮，进入【ID】为1的子材质设置界面，将明暗器类型设置为【Phong】，在【Phong基本参数】卷展栏中，将【环境光】和【漫反射】的颜色都设置为黑色，在【反射高光】选区中，将【高光级别】和【光泽度】的值分别设置为98和40；返回父级材质设置界面，单击【ID】为2的【子材质】按钮，进入【ID】为2的子材质设置界面，在【明暗器基本参数】卷展栏中，将明暗器类型设置为【Phong】，在【Phong基本参数】卷展栏中，将【环境光】和【漫反射】的颜色都设置为白色，将【自发光】的值设置为5，在【反射高光】选区中，将【高光级别】和【光泽度】的值分别设置为25和30；返回父级材质设置界面，单击【将材质指定给选定对象】按钮，将当前材质指定给视图中的【足球】对象，如图4-99所示。

（10）选中【足球】对象的所有面对象，进行适当调整，并且对其进行渲染，最终渲染效果如图4-100所示。

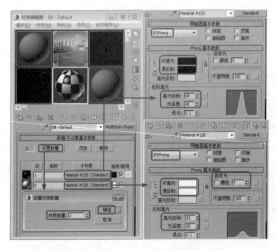

图 4-99　设置【足球】对象的材质　　　　　图 4-100　最终渲染效果

4.3.2 【编辑网格】修改器

创建一个模型的方法有很多种，如果要创建形态复杂的模型，那么通常使用【编辑网格】修改器对构成模型的网格进行编辑。

1. 将模型转换为可编辑网格的方法

将模型转换为可编辑网格的方法有以下 3 种。

1）通过快捷菜单将其转换为可编辑网格。

（1）在命令面板中选择【创建】|【几何体】|【标准基本体】|【管状体】工具，在【顶】视图中创建一个管状体，在【参数】卷展栏中，设置【半径 1】、【半径 2】和【高度】的值分别为14.0、16.0 和 30.0，如图 4-101 所示。

（2）在视图中选中管状体并右击，在弹出的快捷菜单中选择【转换为】|【转换为可编辑网格】命令，如图 4-102 所示。

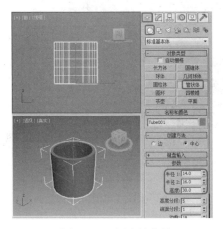
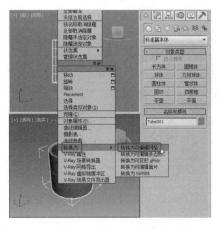

图 4-101　创建管状体　　　　　图 4-102　选择【转换为可编辑网格】命令

（3）切换到【修改】命令面板，在修改器堆栈中可以看到管状体已经转换为可编辑网格，如图 4-103 所示。

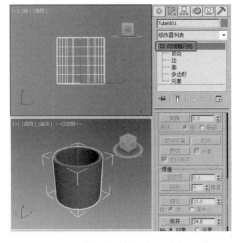

图 4-103　管状体转换为可编辑网格

2）添加【编辑网格】修改器。

（1）在视图中选中模型。

（2）切换到【修改】命令面板，在【修改器列表】下拉列表中选择【编辑网格】选项，添加【编辑网格】修改器，如图 4-104 所示，即可对该模型进行网格编辑操作。

3）在堆栈中将其塌陷为可编辑网格。

（1）在视图中选中模型。

（2）切换到【修改】命令面板，在修改器堆栈中右击，在弹出的快捷菜单中选择【可编辑网格】命令，即可将该模型转换为可编辑网络，如图 4-105 所示。

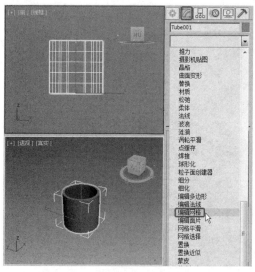

图 4-104　添加【编辑网格】修改器

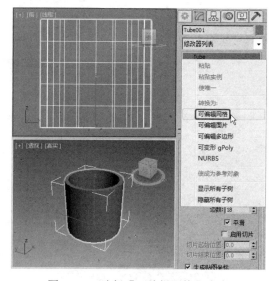

图 4-105　选择【可编辑网格】命令

2.【可编辑网格】与【编辑网格】

在给模型对象添加【编辑网格】修改器或将其塌陷为可编辑网格后，都在修改器堆栈中增加了相应的选择集。但两者的区别在于，在给模型对象添加【编辑网格】修改器后，创建模型对象时的参数仍然保留，可以在修改器中修改它的参数；在将模型对象塌陷为可编辑网格后，创建模型对象时的参数丢失，只能在选择集中进行编辑。

3. 网格对象的选择集

在给模型对象添加了【编辑网格】修改器或将其塌陷为可编辑网格后，可在修改器堆栈中看到网格对象有 5 个选择集。

- 【顶点】：最基本的选择集，在移动时会影响它所在的面，如图 4-106 所示。
- 【边】：连接两个节点的可见或不可见的一条线，是面的基本层级，两个面可共享一条边，如图 4-107 所示。

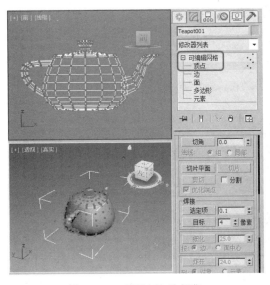

图 4-106 【顶点】选择集

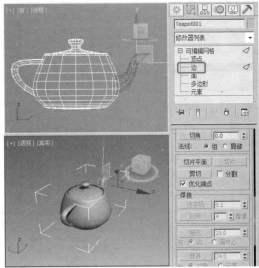

图 4-107 【边】选择集

- 【面】：由 3 条边构成的三角形，如图 4-108 所示。
- 【多边形】：由 4 条边构成的面，如图 4-109 所示。

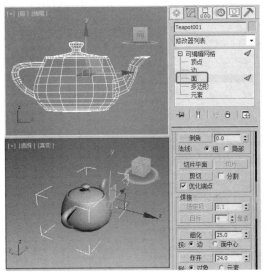

图 4-108 【面】选择集

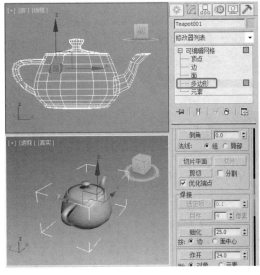

图 4-109 【多边形】选择集

- 【元素】：网格对象中以组为单位的连续的面构成元素，如【茶壶】模型是由 4 种元素构成的，如图 4-110 所示。

> ！ 提示：在渲染时是看不到节点和边的，看到的是面，面是构成多边形和元素的最小单位。

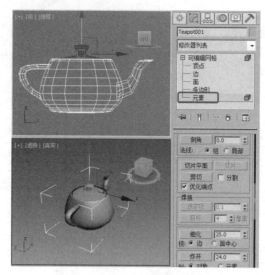

图 4-110 【元素】选择集

4. 子对象的选择

3ds Max 2016 为用户提供了多种选择子对象的方法，常用的是以下几种。

- 在场景中创建一个对象，在给其添加【编辑网格】修改器后，在修改器堆栈中单击【编辑网格】修改器前面的■按钮，可以看到 5 个选择集，单击相应的选择集名称，该选择集会以黄色高亮显示，同时【选择】卷展栏中的相应按钮被激活，如图 4-111 所示，此时即可选择该选择集中的子对象并对其进行操作。
- 在场景中创建一个对象，在给其添加【编辑网格】修改器后，在【选择】卷展栏中会出现 5 个选择集对应的按钮，单击相应的按钮，即可选择该选择集中的子对象并对其进行操作。

> ！提示：在选择子对象时，有时会选中所需子对象背面的子对象。为了解决这个问题，可以在【选择】卷展栏中勾选【忽略背面】复选框，如图 4-112 所示。

除了以上两种方法，还经常使用【网格选择】修改器和【体积选择】修改器。

使用【网格选择】修改器选择子对象的方法与前面两种方法相似，但该修改器只能用于选择子对象，不能对所选子对象进行编辑。该修改器只能将一组子对象定义为一个选择集，并且通过修改器堆栈传递给其他修改器。

在场景中选中模型对象，切换到【修改】命令面板，在【修改器列表】下拉列表中选择【网格选择】选项，为模型对象添加【网格选择】修改器，同时会看到【网格选择参数】卷展栏，如图 4-113 所示。

使用【体积选择】修改器可以在对象周围框选出一个体积，将体积内的所有子对象作为一个选择集存储于修改器堆栈中。该修改器的优点是修改顶点、面的数量不会对体积内的对象产生影响。

【体积选择】修改器属于选择修改器，主要用于选中多边形网格对象的子对象（顶点、边、面、多边形、元素）并对其进行操作，可以和其他修改器配合使用，从而对模型对象进行局部修改。

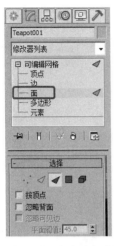  

图 4-111 定义选择集　　图 4-112 勾选【忽略背面】复选框　　图 4-113 【网格选择参数】卷展栏

在场景中选中模型对象，切换到【修改】命令面板，在【修改器列表】下拉列表中选择【体积选择】选项，为模型对象添加【体积选择】修改器，如图 4-114 所示。在修改器堆栈中单击【体积选择】修改器前面的■按钮，即可看到对应的选择集，如图 4-115 所示。其中的【Gizmo】用于选择子对象，将选择集定义为【Gizmo】，可以调整线框选中子对象；【中心】用于调整线框旋转或缩放的中心。

【体积选择】修改器的【参数】卷展栏如图 4-116 所示。

图 4-114 添加【体积选择】修改器　　图 4-115 【体积选择】修改　　图 4-116 【体积选择】修改
器的选择集　　　　　　器的【参数】卷展栏

4.3.3 可编辑多边形

可编辑多边形是后来发展起来的一种多边形建模技术，它的参数和【编辑网格】修改器的参数相似，但它在很多方面超过了【编辑网格】修改器。使用可编辑多边形建模更加方便、效率更高。

这种建模技术没有对应的修改器，将模型对象塌陷成可编辑多边形即可进行编辑。可编辑多边形中的多边形对象可以是三角网格、四边网格，也可是更多边的网格，这一点与可编辑网格不同。

在将模型对象塌陷成可编辑多边形后，多边形对象的选择集有 5 个，分别为【顶点】、【边】、【边界】、【多边形】和【元素】，如图 4-117 所示。

可编辑多边形的【选择】卷展栏如图 4-118 所示。

图 4-117　可编辑多边形

图 4-118　【选择】卷展栏

在【选择】卷展栏中，不同的选择集可用的命令不同，其中【收缩】按钮主要用于对当前选择集进行收缩，从而减小选择集，效果如图 4-119 所示；【扩大】按钮主要用于对当前选择集进行扩展，从而增大选择集。

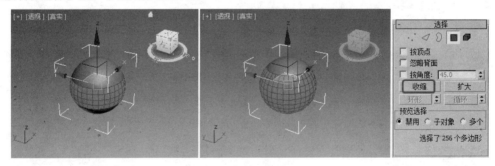

图 4-119　收缩选择集

1.【顶点】选择集

将选择集定义为【顶点】，会出现【编辑顶点】卷展栏，该卷展栏中的参数主要用于对【顶点】子对象进行编辑，如图 4-120 所示。

- 【移除】：用于将选中的顶点移除。
- 【断开】：用于在选中顶点的位置创建更多个顶点，每个多边形在选中顶点的位置有独立的顶点。
- 【挤出】：用于对选中的顶点进行挤压操作，在移动鼠标指针时，会创建新的多边形表面。
- 【移除孤立顶点】：用于将所有的孤立顶点移除。

图 4-120　【编辑顶点】卷展栏

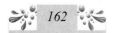

- 【移除未使用的贴图顶点】：用于将不能用于贴图的顶点移除。

单击命令按钮右侧的 ▢ 按钮，会弹出相应的命令设置对话框，调整其中的数值可以对【顶点】子对象进行精确调整。

> ！提示：【移除】命令与的【Delete】键不同。按【Delete】键会在删除所选顶点的同时删除该顶点所在的面；【移除】命令不会删除顶点所在的面，但可能会对模型对象的外形产生影响，如图 4-121 所示。

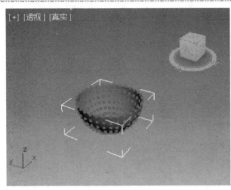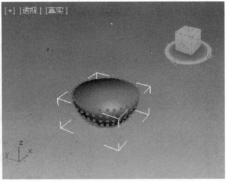

按【Delete】删除顶点　　　　　　　　　移除顶点

图 4-121　删除顶点和移除顶点的区别

2.【边】选择集

将选择集定义为【边】，会出现【编辑边】卷展栏，该卷展栏中的参数主要用于对【边】子对象进行编辑，如图 4-122 所示。

- 【分割】：用于沿选中的边将网格分离。
- 【插入顶点】：用于在可见边上插入顶点，将边进行细分。
- 【利用所选内容创建图形】：用于选择一条或多条边，并且创建新的图形。
- 【编辑三角形】：用于对四边形内部边重新进行划分。

图 4-122　【编辑边】卷展栏

3.【多边形】选择集

将选择集定义为【多边形】，会出现【编辑多边形】卷展栏，该卷展栏中的参数主要用于对【多边形】子对象进行编辑，如图 4-123 所示。

图 4-123　【编辑多边形】卷展栏

- 【轮廓】：用于增大或减小轮廓边的尺寸。
- 【倒角】：用于对选中的多边形进行挤压或轮廓处理。
- 【插入】：用于产生新的轮廓边并由此产生新的面。
- 【翻转】：用于反转多边形的法线方向。
- 【从边旋转】：指定多边形的一条边作为铰链，将选中的多边形沿铰链旋转，从而生成新的多边形。
- 【沿样条线挤出】：将选中的多边形沿指定的曲线路径挤压。
- 【编辑三角剖分】：多边形内部隐藏的边会以虚线的形式显示，单击对角线的顶点，移动鼠标指针到对角的顶点位置并单击，会改变四边形的划分方式。
- 【重置三角算法】：自动对多边形内部的三角形面重新计算，形成更合理的多边形划分。

4.4　上机实战——【草坪灯】模型

本案例主要介绍如何使用几何体堆积成【草坪灯】模型，并且使用【挤出】修改器调整【灯罩】模型。本案例所需的素材文件如表 4-4 所示，完成后的效果如图 4-124 所示。

表 4-4　本案例所需的素材文件

案例文件	CDROM|Scenes|Cha04|草坪灯 OK.max
贴图文件	CDROM|Map
视频文件	视频教学|Cha04|【草坪灯】模型.avi

图 4-124　【草坪灯】模型的效果

（1）在命令面板中选择【创建】|【几何体】|【扩展基本体】|【切角圆柱体】工具，在【顶】视图中创建一个切角圆柱体，将其重命名为【灯底】，在【参数】卷展栏中，将【半径】、【高度】、【圆角】、【高度分段】、【圆角分段】和【边数】分别设置为 100.0、800.0、1.0、3、1 和 30，如图 4-125 所示。

（2）在场景中右击【灯底】对象，在弹出的快捷菜单中选择【转换为】|【转换为可编辑多边形】命令，切换到【修改】命令面板，将当前选择集定义为【顶点】，在【前】视图中调整顶

点的位置，如图 4-126 所示。

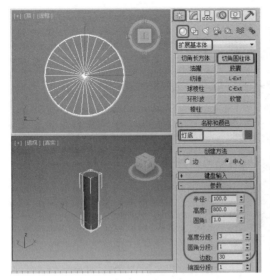

图 4-125　创建【灯底】对象

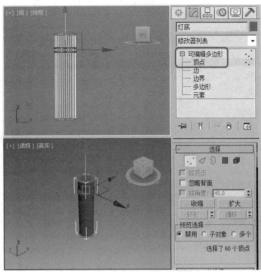

图 4-126　转换为可编辑多边形

（3）将当前选择集定义为【多边形】，在场景中选中如图 4-127 所示的多边形。

（4）在【编辑多边形】卷展栏中单击【挤出】按钮后面的 ■ 按钮，在弹出的小盒空间中将挤出类型设置为【挤出多边形-局部法线】，设置【挤出高度】的值为-3.0，单击【确定】按钮，如图 4-128 所示。

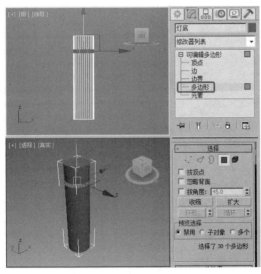

图 4-127　选中多边形

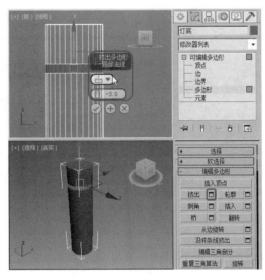

图 4-128　设置【挤出】参数

（5）在命令面板中选择【创建】|【几何体】|【扩展基本体】|【切角圆柱体】工具，在【顶】视图中创建一个切角圆柱体，将其重命名为【灯】，在【参数】卷展栏中，将【半径】、【高度】、【圆角】、【高度分段】、【圆角分段】和【边数】分别设置为 90.0、230.0、90.0、1、7 和 30，如图 4-129 所示。

（6）在命令面板中选择【创建】|【图形】|【样条线】|【线】工具，在【前】视图中创建一

条样条线，将其重命名为【灯罩01】，切换到【修改】命令面板，将当前选择集定义为【顶点】，在【前】视图中调整样条线的形状，如图4-130所示。

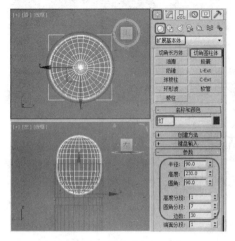
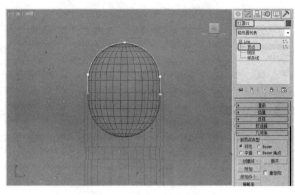

图4-129　创建【灯】对象　　　　　　图4-130　创建【灯罩01】对象

（7）将选择集定义为【样条线】，在【几何体】卷展栏中单击【轮廓】按钮，并且将其值设置为5.244，从而设置样条线的轮廓，如图4-131所示。

（8）退出当前选择集，在【修改器列表】下拉列表中选择【挤出】选项，添加【挤出】修改器，在【参数】卷展栏中设置【数量】的值为15.0，得到挤出模型，并且在场景中调整模型的位置，如图4-132所示。

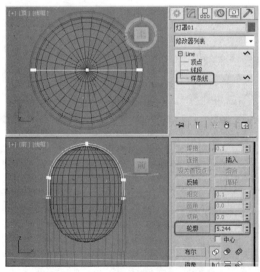
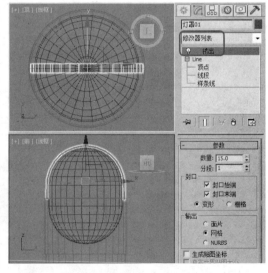

图4-131　设置样条线的轮廓　　　　　　图4-132　添加【挤出】修改器

（9）在场景中旋转复制模型，并且调整模型的位置，如图4-133所示。

（10）在命令面板中选择【创建】|【几何体】|【标准基本体】|【管状体】工具，在【顶】视图中创建一个管状体，将其重命名为【灯罩03】，在【参数】卷展栏中，将【半径1】、【半径2】、【高度】和【边数】分别设置为90.0、95.0、15.0和36，效果如图4-134所示。

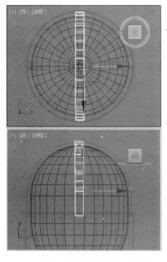
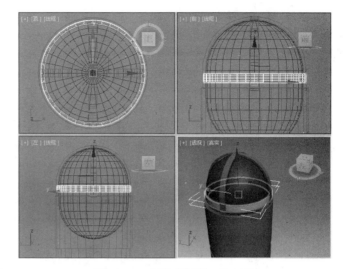

图 4-133　旋转复制模型并调整其位置　　　　图 4-134　创建【灯罩 03】对象

（11）在工具栏中单击【材质编辑器】按钮 ，打开【材质编辑器】窗口，选择一个空白材质球，将其重命名为【黑色塑料】，在【Blinn 基本参数】卷展栏中，将【环境光】和【漫反射】的 RGB 值都设置为 58、58、58，在【反射高光】选区中，将【高光级别】和【光泽度】的值分别设置为 50 和 30；在【贴图】卷展栏中，将【反射】通道的【数量】值设置为 10，单击其【贴图类型】按钮，在弹出的【材质/贴图浏览器】对话框中选择【贴图】|【标准】|【位图】选项，单击【确定】按钮，弹出【选择位图图像文件】对话框，选择配套资源中的【CDROM|MAP|HOUSE2.JPG】贴图文件，单击【打开】按钮，进入【位图】贴图设置界面，在【坐标】卷展栏中，设置【模糊偏移】的值为 0.05，如图 4-135 所示。将【黑色塑料】材质指定给场景中的【灯罩 01】、【灯罩 03】和【灯底】对象。

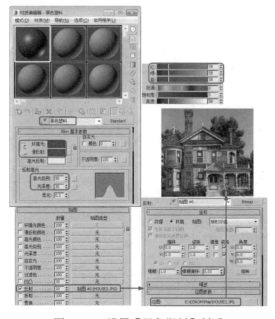

图 4-135　设置【黑色塑料】材质

（12）在【材质编辑器】窗口中选择一个空白材质球，将其重命名为【灯】，在【Blinn 基本参数】卷展栏中，将【环境光】和【漫反射】的 RGB 值都设置为 255、255、255，将【自发光】的值设置为 20，将【反射高光】选区中的【高光级别】和【光泽度】的值分别设置为 50 和 32，如图 4-136 所示。将【灯】材质指定给场景中的【灯】对象。

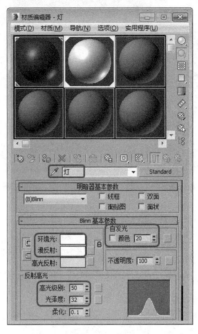

图 4-136　设置【灯】材质

（13）在场景中创建一个白色的长方体，在【透视】视图中调整其角度，在【顶】视图中创建一架目标摄影机，根据前面介绍过的方法添加环境背景，如图 4-137 所示。

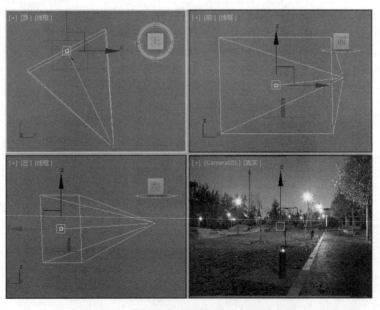

图 4-137　创建目标摄影机并添加环境背景

（14）在场景中创建一盏天光灯和一盏泛光灯，调整它们的位置。切换到【修改】命令面板，在【常规参数】卷展栏中，取消勾选【阴影】选区中的【启用】复选框，在【强度/颜色/衰减】卷展栏中，将【倍增】的值设置为0.15，选中创建的天光灯，在【天光参数】卷展栏中勾选【投射阴影】复选框，如图4-138所示。

图4-138　创建天光灯和泛光灯

习题与训练

一、填空题

1. 三维模型应在_____命令面板中进行编辑。

2.【修改】命令面板主要由_____、_____、_____和_____4部分组成。

3. 列出常用的4种修改器：_____、_____、_____和_____。

4. 位于修改器堆栈下方的 ⊖ 按钮的作用是_____。

二、简答题

1. 概述制作布尔运算动画的过程。

2. 如何将模型转换为可编辑网格？

本章导读：

基础知识 ◆ 【明暗器基本参数】卷展栏
◆ 贴图坐标
重点知识 ◆ 瓷器材质——材质编辑器
◆ 玻璃画框——【反射】贴图和【折射】贴图
提高知识 ◆ 【双面】材质
◆ 复合材质

　　材质是指物体表面的特性，可以决定在着色时呈现特定的表现方式。材质的调试主要在【材质编辑器】窗口中进行，通过设置不同的材质通道，可以调试出逼真的材质效果，从而完美地表现模型对象的质感。

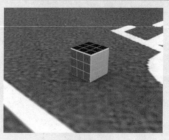

5.1　任务 11：制作黄金材质——材质基本参数

　　本案例主要介绍黄金材质的制作方法。首先确定金属的颜色，然后在【金属基本参数】卷展栏中设置【反射高光】选区中的相应参数。通过本案例，用户可以掌握黄金材质的制作及修改方法，并且可以更好地利用【材质编辑器】窗口。本案例所需的素材文件如表 5-1 所示，完成后的效果如图 5-1 所示。

表 5-1　本案例所需的素材文件

案例文件	CDROM|Scenes|Cha05|制作黄金材质.max
	CDROM|Scenes|Cha05|制作黄金材质-OK.max
贴图文件	CDROM|Map
视频文件	视频教学|Cha05|制作黄金材质.avi

图 5-1　黄金材质的效果

5.1.1　任务实施

　　（1）打开配套资源中的【CDROM\|Scenes\|Cha05\|制作黄金材质.max】文件，如图 5-2 所示。

　　（2）按【M】快捷键打开【材质编辑器】窗口，选择一个空白材质球，将其重命名为【边框】，在【明暗器基本参数】卷展栏中，将明暗器类型设置为【金属】；在【金属基本参数】卷展栏中，取消【环境光】和【漫反射】之间的链接关系，并且将【环境光】的 RGB 值设置为 0、0、0，将【漫反射】的 RGB 值设置为 255、240、5，在【反射高光】选区中，将【高光级别】和【光泽度】的值分别设置为 100 和 80，如图 5-3 所示。

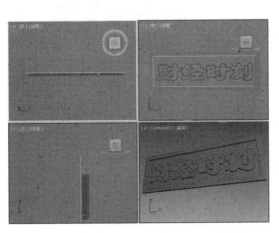

图 5-2　打开【制作黄金材质.max】文件

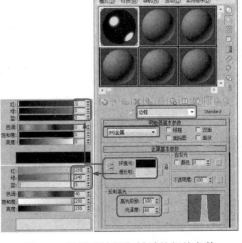

图 5-3　设置【边框】材质的相关参数

（3）展开【贴图】卷展栏，单击【反射】通道的【贴图类型】按钮，在弹出的【材质/贴图浏览器】对话框中选择【贴图】|【标准】|【位图】选项，如图 5-4 所示。

（4）单击【确定】按钮，弹出【选择位图图像文件】对话框，打开配套资源中的【CDROM|Map|Gold04.jpg】贴图文件，如图 5-5 所示。

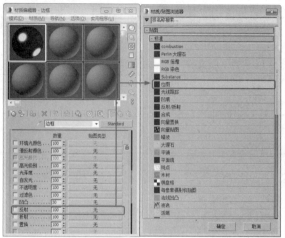

图 5-4　【材质/贴图浏览器】对话框　　　　图 5-5　【选择位图图像文件】对话框

（5）在场景中选择【边框】对象和【文字】对象，在【材质编辑器】窗口中单击【将贴图指定给选定对象】按钮，如图 5-6 所示。

（6）再次选择一个空白材质球，将其重命名为【背板】，在【明暗器基本参数】卷展栏中，将明暗器类型设置为【金属】；在【金属基本参数】卷展栏中，取消【环境光】和【漫反射】之间的链接关系，并且将【环境光】的 RGB 值设置为 0、0、0，将【漫反射】的 RGB 值设置为 255、240、5，在【反射高光】选区中，将【高光级别】和【光泽度】的值分别设置为 100 和 0，如图 5-7 所示。

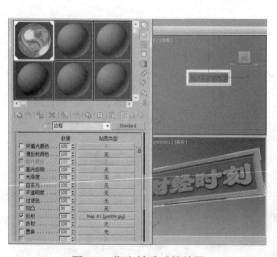
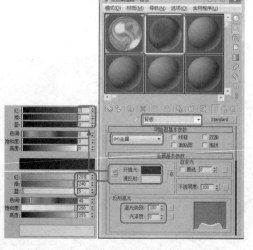

图 5-6　指定材质后的效果　　　　　　　图 5-7　设置【背板】材质的相关参数

（7）展开【贴图】卷展栏，将【凹凸】的【数量】值设置为 120，然后单击【凹凸】通道的

【贴图类型】按钮，在弹出的【材质/贴图浏览器】对话框中选择【贴图】|【标准】|【位图】选项，单击【确定】按钮，弹出【选择位图图像文件】对话框，打开 CDROM|Map|SAND.jpg 贴图文件，如图 5-8 所示。

（8）返回【材质编辑器】窗口，在【坐标】卷展栏中，将【U】和【V】的【瓷砖】值都设置为 1.2，如图 5-9 所示。

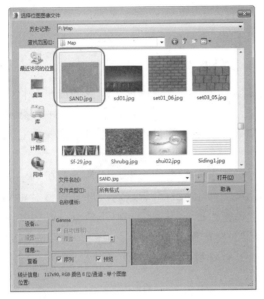

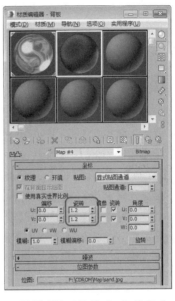

图 5-8　选择 SAND.jpg 贴图文件　　　　图 5-9　设置【瓷砖】的【U】值和【V】值

（9）单击【转到父对象】按钮 ，单击【反射】通道的【贴图类型】按钮，弹出【材质/贴图浏览器】对话框，选择【贴图】|【标准】|【位图】选项，单击【确定】按钮，弹出【选择位图图像文件】对话框，打开配套资源中的【CDROM|Map|Gold04.jpg】贴图文件，如图 5-10 所示，将材质指定给场景中的【底板】对象。

（10）切换到【摄影机】视图，对该视图进行渲染，渲染效果如图 5-11 所示。

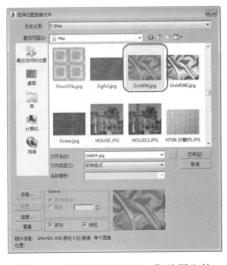

图 5-10　打开【Gold04.jpg】贴图文件　　　　图 5-11　渲染效果

5.1.2 【明暗器基本参数】卷展栏

【明暗器基本参数】卷展栏中共有 8 种不同的明暗器，如图 5-12 所示。

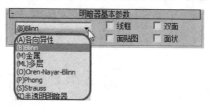

图 5-12　【明暗器基本参数】卷展栏

- 【线框】：以网格线框的方式渲染模型对象，它只能表现出模型对象的线框结构，对于线框的粗细，可以通过在【扩展参数】卷展栏中设置【线框】选区中的参数进行调节，线框渲染效果如图 5-13 所示，如果需要更优质的线框，则可以给模型对象添加【结构线框】修改器。
- 【双面】：对模型对象法线正、负两个方向的表面都进行渲染，通常计算机为了简化计算，只渲染对象法线为正方向的表面（可视的外表面），这对大部分模型对象都适用。对于有些敞开面的模型对象，为避免其内壁看不到任何材质效果，必须勾选该复选框。是否勾选【双面】复选框的效果对比如图 5-14 所示，左侧为未勾选【双面】复选框的渲染效果；右侧为勾选【双面】复选框的渲染效果。

图 5-13　线框渲染效果

图 5-14　是否勾选【双面】复选框的效果对比

使用双面材质会使渲染变慢。通常对必须使用双面材质的模型对象使用双面材质，尽量不要在最后进行渲染时才在【渲染设置】窗口中设置【强制双面】渲染属性。

- 【面贴图】：将材质指定给模型对象的全部面。对于含有贴图的材质，在没有指定贴图坐标的情况下，贴图会均匀分布在模型对象的每个表面上。
- 【面状】：对模型对象的表面以平面化的形式进行渲染，不进行相邻面的组群平滑处理。

接下来对 8 种不同的明暗器进行详细介绍。

1. 各向异性

【各向异性】明暗器可以调节两个垂直正交方向上可见高光级别之间的差额，从而实现【重折光】高光效果。这种渲染属性可以很好地表现毛发、玻璃和被擦拭过的金属等效果。【各向异性】明暗器的基本参数与【Blinn】明暗器的基本参数基本相同，只在高光和漫反射部分有所不同。【各向异性基本参数】卷展栏如图 5-15 所示。

- 【环境光】：主要用于控制对象表面阴影区的颜色。
- 【漫反射】：主要用于控制对象表面过渡区的颜色。
- 【高光反射】：主要用于控制对象表面高光区的颜色。

单击【环境光】、【漫反射】或【高光反射】右侧的色块，会弹出相应的【颜色选择器】对话框，用于设置相应的颜色。例如，单击【环境光】右侧的色块，弹出【颜色选择器：环境光颜色】对话框，如图 5-16 所示，用户可以在该对话框中对【环境光】的颜色进行设置。

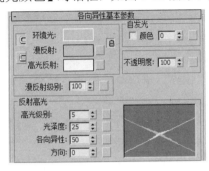

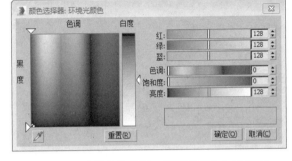

图 5-15　【各向异性基本参数】卷展栏　　　图 5-16　【颜色选择器：环境光颜色】对话框

在【环境光】、【漫反射】和【高光反射】左侧有两个锁定按钮 ⊂，分别用于锁定【环境光】和【漫反射】、【漫反射】和【高光反射】（如果两个锁定按钮都处于激活状态，那么会将这 3 个参数全部锁定），锁定的目的是使被锁定的两个参数的颜色区域保持一致，在调节一个参数的颜色区域时，另一个参数的颜色区域也会随之变化。

【环境光】、【漫反射】和【高光反射】的颜色区域如图 5-17 所示。【漫反射】提供对象的主要色彩，使对象在日光或人工光的照明下可视，我们通常说的对象颜色是指【漫反射】的颜色。【环境色】一般由灯光的光色决定。【高光反射】与【漫反射】相同，只是饱和度更强一些。

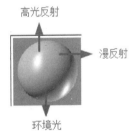

图 5-17　【环境光】、【漫反射】和【高光反射】的颜色区域

- 【自发光】：使材质具备自身发光的效果，通常用于制作灯泡、太阳等光源对象。【自发光】的设置方法有如下两种。
  - ➢ 勾选【颜色】复选框，并且设置其颜色，从而使用带有颜色的自发光。在 3ds Max 2016 中，【自发光】的颜色可以直接显示在视图中。
  - ➢ 取消勾选【颜色】复选框，设置其后的数值，从而使用可以调节数值的单一颜色的自发光。对数值的调节可以看作是对【自发光】颜色的灰度比例进行调节。取消勾选【颜色】复选框，将【自发光】的值设置为 100，可以使阴影色失效，对象在场景中不会受其他对象的投影影响，也不会受灯光影响，只会表现出【漫反射】的纯色和一些反光，亮度值（HSV 颜色值）会与场景灯光的亮度值保持一致。

如果要在场景中表现可见的光源，那么通常会创建一个模型对象，将其与光源放在一起，然后设置这个模型对象的【自发光】参数。

- 【不透明度】：设置材质的不透明度百分比，默认值为 100%，表现为不透明。降低该值，可以增加透明度，当该值为 0 时，表现为完全透明材质。对于透明材质，可以调节它的透明衰减，这需要在【扩展参数】卷展栏中进行调节。
- 【漫反射级别】：主要用于控制漫反射颜色的亮度。调节该值可以在不影响反射高光的情况下调节漫反射颜色的亮度，该值的取值范围为 0～400，默认值为 100。
- 【高光级别】：主要用于设置反射高光的强度，默认值为 5。
- 【光泽度】：主要用于设置反射高光的范围。该值越高，反射高光的范围越小。
- 【各向异性】：主要用于设置反射高光的各向异性和形状。当该值为 0 时，反射高光的形状为椭圆形；当该值为 100 时，反射高光的形状为极窄条形。反射高光曲线示意图中的其中一条曲线用于表示【各向异性】的变化。
- 【方向】：主要用于改变反射高光的方向，取值范围是 0～9999。

在各参数右侧都有一个灰色设置按钮，单击这个灰色设置按钮会弹出【材质/贴图浏览器】对话框，用于给该参数指定相应的贴图。如果已经给某个参数指定了贴图，那么该参数的灰色设置按钮上会显示【M】；如果未给某参数指定贴图，那么该参数的灰色设置按钮上会显示【m】。单击显示【M】或【m】的灰色设置按钮可以快速进入该贴图的设置界面。

2. Blinn

在【Blinn】明暗器中，高光点周围的光晕是旋转混合的，背光处的反光点形状为圆形，并且清晰可见。如果增大【柔化】的值，那么【Blinn】明暗器的反光点会保持尖锐的形态，从色调上来看，【Blinn】明暗器趋于冷色。【Blinn 基本参数】卷展栏如图 5-18 所示。

通过设置【柔化】的值，可以对高光区域的反光进行柔化处理，使其变得模糊、柔和。如果材质的【反光】值很小，【反光强度】值很大，这种尖锐的反光往往在背光处产生锐利的界线，增大【柔化】值可以很好地进行修饰。

其他参数可以参考【各向异性基本参数】卷展栏中的介绍。

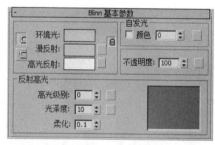

图 5-18　【Blinn 基本参数】卷展栏

3. 金属

【金属】明暗器是一种比较特殊的明暗器，它主要用于制作金属材质，可以提供金属材质的强烈反光。【金属基本参数】卷展栏如图 5-19 所示。

在【金属基本参数】卷展栏中，取消了【高光反射】参数，反光点的颜色仅由【环境光】参数和【漫反射】参数控制。

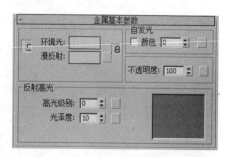

图 5-19　【金属基本参数】卷展栏

由于取消了【高光反射】参数，因此【反射高光】选区中的参数也与【Blinn 基本参数】卷展栏的【反射高光】选区中的参数有所不同。【高光级别】参数仍然用于控制反射高光的亮度，而【光泽度】参数主要用于控制反射高光的亮度和范围。

其他参数可以参考【各向异性基本参数】卷展栏中的介绍。

4．多层

【多层】明暗器与【各向异性】明暗器有许多相似之处，但【多层】明暗器具有两个反射高光控制，使用【分层】明暗器可以创建分层的复杂高光，该高光适合用于高度磨光的曲面等。当【各向异性】的值为 0 时，反射高光区域为圆形；当【各向异性】的值为 100 时，反射高光区域为椭圆形。【多层基本参数】卷展栏如图 5-20 所示。

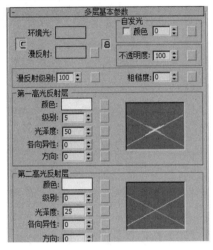

图 5-20　【多层基本参数】卷展栏

【粗糙度】：该值越大，材质的不光滑程度越高，并且材质显得越暗、越平坦。当该值为 0 时，材质的不光滑程度与使用【Blinn】明暗器的不光滑程度相同。

其他参数可以参考【各向异性基本参数】卷展栏中的介绍。

5．Oren-Nayar-Blinn

【Oren-Nayar-Blinn】明暗器是【Blinn】明暗器的一种特殊形式。【Oren-Nayar-Blinn 基本参数】卷展栏如图 5-21 所示。通过对【漫反射级别】和【粗糙度】进行设置，可以表现织物、陶制品等粗糙材质的效果。

6．Phong

在【Phong】明暗器中，高光点周围的光晕是发散混合的，背光处的反光点为梭形，影响区域较大。【Phong 基本参数】卷展栏如图 5-22 所示。如果增大【柔化】的值，那么材质的反光点会趋向于均匀柔和的反光，从色调上看，可以表现暖色柔和的材质，通常用于表现塑性材质的效果。【Phong】明暗器可以精确地反映出【凹凸】

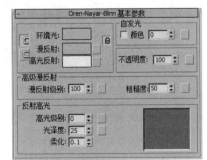

图 5-21　【Oren-Nayar-Blinn 基本参数】卷展栏

【不透明度】【高光】【反射】等贴图的效果。

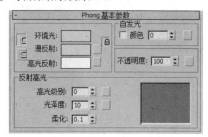

图 5-22　【Phong 基本参数】卷展栏

7．Strauss

【Strauss】明暗器可以提供金属质感的表面效果，比【金属】明暗器更简洁。【Strauss 基本参数】卷展栏如图 5-23 所示。

图 5-23　【Strauss 基本参数】卷展栏

- 【颜色】：主要用于设置材质的颜色。相当于其他明暗器中的【漫反射】参数，而反射高光和阴影部分的颜色由系统自动计算。
- 【金属度】：主要用于设置材质的金属表现程度。由于主要依靠反射高光表现金属质感，因此【金属度】参数与【光泽度】参数配合使用才能更好地发挥效果。

其他参数可以参考【各向异性基本参数】卷展栏中的介绍。

8．半透明明暗器

【半透明明暗器】与【Blinn】明暗器类似，最大的区别在于【半透明明暗器】能够实现半透明效果，如图 5-24 所示。光线可以穿透这些半透明的模型对象，并且在穿过模型对象内部时离散。【半透明明暗器】明暗器通常用于表现很薄的材质，如窗帘、电影银幕、霜、毛玻璃等。【半透明基本参数】卷展栏如图 5-25 所示。

图 5-24　半透明效果

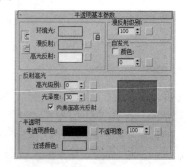

图 5-25　【半透明基本参数】卷展栏

其他参数可以参考【各向异性基本参数】卷展栏中的介绍。

- 【半透明颜色】：半透明颜色是指离散光线穿过对象时所呈现的颜色，与过滤颜色互为倍增关系。单击【半透明颜色】色块可以设置颜色，单击右侧的灰色设置按钮可以指定贴图。

- 【过滤颜色】：又称为穿透色，是指离散光线透过透明或半透明对象（如玻璃）后的颜色，与半透明颜色互为倍增关系。过滤颜色配合体积光可以模拟彩色光穿过毛玻璃后的效果。可以通过设置【过滤颜色】参数为半透明对象产生的光线跟踪阴影配色。单击【过滤颜色】色块可以设置颜色，单击右侧的灰色设置按钮可以指定贴图。

- 【不透明度】：用百分率表示材质的不透明程度。当对象有一定厚度时，能够产生一些有趣的效果。

【半透明明暗器】除了可以模拟很薄的对象，还可以模拟实体对象次表面的离散，通常用于制作玉石、肥皂、蜡烛等半透明对象的材质。

5.2 任务 12：制作青铜器材质——【漫反射颜色】贴图

本案例主要介绍如何制作青铜器材质。本案例所需的素材文件如表 5-2 所示，完成后的效果如图 5-26 所示。

表 5-2　本案例所需的素材文件

案例文件	CDROM|Scenes|Cha05|制作青铜器材质.max
	CDROM|Scenes|Cha05|制作青铜器材质-OK.max
贴图文件	CDROM|Map
视频文件	视频教学|Cha05|制作青铜器材质.avi

图 5-26　青铜器材质的效果

5.2.1　任务实施

（1）打开配套资源中的【CDROM|Scenes|制作青铜器材质.max】文件，如图 5-27 所示。

（2）按【M】快捷键打开【材质编辑器】窗口，选择一个空白材质球，将其重命名为【青铜】，在【明暗器基本参数】卷展栏中将明暗器类型设置为【Blinn】，在【Blinn 基本参数】卷展栏中，取消【环境光】和【漫反射】的锁定，将【环境光】的 RGB 值设置为 166、47、15，将【漫反射】的 RGB 值设置为 51、141、15，将【高光反射】的 RGB 值设置为 255、242、188，将【自发光】的值设置为 14，在【反射高光】选区中，将【高光级别】的值设置为 65，将【光泽度】的值设置为 25，如图 5-28 所示。

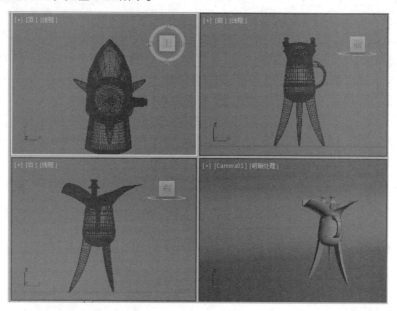

图 5-27　打开【制作青铜器材质.max】文件

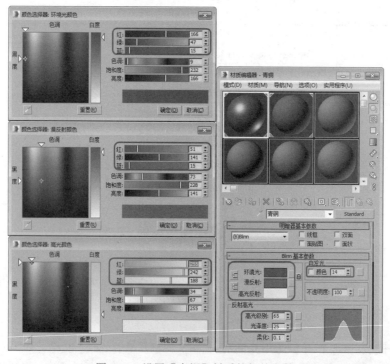

图 5-28　设置【青铜】材质的相关参数

（3）在【贴图】卷展栏中，单击【漫反射颜色】通道的【贴图类型】按钮，弹出【材质/贴图浏览器】对话框，选择【贴图】|【标准】|【位图】选项，单击【确定】按钮，弹出【选择位图图像文件】对话框，选择配套资源中的【CDROM|Map|MAP03.JPG】贴图文件，单击【打开】按钮，进入【位图】贴图设置界面，保持默认的参数设置，单击【转到父对象】按钮，将【漫

反射颜色】的【数量】值设置为 75，如图 5-29 所示。

（4）单击【凹凸】通道的【贴图类型】按钮，弹出【材质/贴图浏览器】对话框，选择【贴图】|【标准】|【位图】选项，单击【确定】按钮，弹出【选择位图图像文件】对话框，选择配套资源中的【CDROM|Map|MAP03.JPG】贴图文件，单击【打开】按钮，进入【位图】贴图设置界面，保持默认的参数设置，如图 5-30 所示，单击【转到父对象】按钮 。在场景中选中【青铜酒杯】对象，单击【将材质指定给选定对象】按钮 ，将【青铜】材质指定给【青铜酒杯】对象。

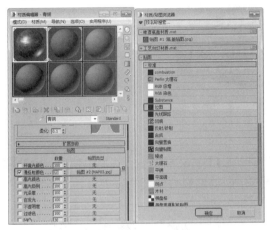 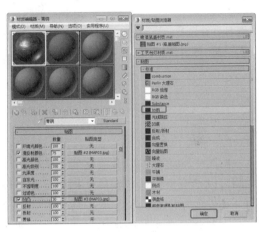

图 5-29　设置【漫反射颜色】贴图　　　　　　图 5-30　设置【凹凸】贴图

5.2.2　贴图坐标

用户将不同的图像文件组合起来，使模型呈现所需的纹理及质感，这种组合称为贴图。贴图会被【包裹】或【涂】在几何体上。贴图材质的最终效果是由指定在表面上的贴图坐标决定的。

1．认识贴图坐标

3ds Max 2016 在对场景中的模型对象进行描述时，使用的是 *XYZ* 坐标，但位图和贴图使用的是 *UVW* 坐标。位图的 *UVW* 坐标主要用于表示贴图的比例。一张贴图使用 *UV*、*VW*、*WU* 坐标表现出的不同效果如图 5-31 所示。

*UV*坐标　　　　　　　　*VW*坐标　　　　　　　　*WU*坐标

图 5-31　一张贴图使用 *UV*、*VW*、*WU* 坐标表现出的不同效果

在创建对象时，在【参数】卷展栏中默认勾选【生成贴图坐标】复选框，此时系统会为创建的对象指定一个基本的贴图坐标。

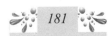

如果需要更好地控制对象的贴图坐标，可以切换到【修改】命令面板，然后给对象添加【UVW 贴图】修改器，即可为对象指定一个 *UVW* 贴图坐标。指定 *UVW* 贴图坐标前后的效果对比如图 5-32 所示。

图 5-32　指定 *UVW* 贴图坐标前后的效果对比

2．调整贴图坐标

贴图坐标既可以以参数化的形式使用，又可以在【UVW 贴图】修改器中使用。参数化贴图可以是对象创建参数的一部分，也可以是产生面的编辑修改器的一部分，并且通常在勾选【生成贴图坐标】复选框后才有效。

大部分参数化贴图使用 1×1 的瓷砖平铺，因为用户无法调整参数化坐标，所以需要使用【材质编辑器】窗口中的【瓷砖】参数进行调整。

如果贴图是参数化（材质编辑器）生成的，则只能通过指定材质坐标的偏移、瓷砖、角度等参数来调整贴图的位置、方向、重复次数等。如果使用【UVW 贴图】修改器指定贴图，则可以单独控制贴图的位置、方向和重复次数等。然而，使用修改器生成的贴图没有参数化（材质编辑器）生成的贴图方便。

【坐标】卷展栏如图 5-33 所示，其各项参数的功能如下。

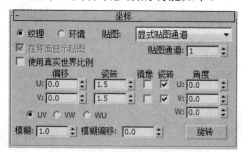

图 5-33　【坐标】卷展栏

- 【纹理】：将所选贴图作为纹理贴图应用于模型对象表面。在【贴图】下拉列表中选择贴图类型。
- 【环境】：将所选贴图作为环境贴图应用于模型对象表面。在【贴图】下拉列表中选择贴图类型。
- 【贴图】：选择【纹理贴图】单选按钮或【环境贴图】单选按钮，该下拉列表中的选项是不同的。

> ➢ 【显式贴图通道】：使用任意贴图通道。如果选择该选项，则会激活【贴图通道】参数，该参数的取值范围为 1～99。

> ➢ 【顶点颜色通道】：使用指定的顶点颜色作为贴图通道。

> ➢ 【对象 XYZ 平面】：使用基于对象的本地坐标的平面贴图（不考虑轴点位置）。在进行渲染时，除非勾选【在背面显示贴图】复选框，否则平面贴图不会投影到对象背面。

> ➢ 【世界 XYZ 平面】：使用基于场景的世界坐标的平面贴图（不考虑对象边界框）。在进行渲染时，除非勾选【在背面显示贴图】复选框，否则平面贴图不会投影到对象背面。

> ➢ 【球形环境】、【柱形环境】或【收缩包裹环境】：使用贴图模拟球形或圆柱形（收缩包裹环境也是球形的），并且将其投影到对象上。

> ➢ 【屏幕】：投影为场景中的平面背景。

- 【在背面显示贴图】：如果勾选该复选框，那么平面贴图（在【贴图】下拉列表中选择【对象 XYZ 平面】选项，或者使用【UVW 贴图】修改器）会穿透投影，从而渲染到对象背面。如果不勾选该复选框，那么平面贴图不会渲染到对象背面。默认勾选该复选框。

- 【偏移】：用于指定贴图在对象上的位置。

- 【瓷砖】：设置水平（U）和垂直（V）方向上贴图重复的次数，可以将纹理连续不断地贴在对象表面。在勾选【瓷砖】复选框后才起作用。如果该值为 1，那么贴图会在对象表面各个方向上贴一次；如果该值为 2，那么贴图会在对象表面各个方向上重复贴两次，贴图尺寸会相应缩小为原来的 1/2；如果该值小于 1，那么贴图会根据相应比例进行放大。

- 【镜像】：设置贴图在对象表面进行镜像复制时，在指定坐标方向上形成两个镜像贴图的效果。

- 【角度】：控制在指定坐标方向上产生贴图的旋转效果，既可以输入数值，又可以通过单击【旋转】按钮进行实时调节。

- 【模糊】：可以影响图像的尖锐程度。主要用于消除锯齿。

- 【模糊偏移】：进行大幅度的模糊处理。通常用于生成柔化和散焦效果。

3．UVW 贴图

如果需要更好地控制贴图坐标，或者当前对象不具备系统提供的坐标控制项，则可以使用【UVW 贴图】修改器为当前对象指定贴图坐标。

> ！ 提示：如果当前对象已经具备了指定的贴图坐标，在给其添加【UVW 贴图】修改器后，会覆盖以前指定的贴图坐标。

【UVW 贴图】修改器的【参数】卷展栏如图 5-34 所示。

【UVW 贴图】修改器提供了许多将贴图坐标投影到对象表面的方法。最好的投影方法和技术依赖于对象的几何形状和位图的平铺特征。在【参数】卷展栏中包含 7 种贴图方式：【平面】、【柱形】、【球形】、【收缩包裹】、【长方体】、【面】和【XYZ 到 UVW】。

图 5-34　【UVW 贴图】修改器的【参数】卷展栏

在【UVW 贴图】修改器的【参数】卷展栏中调节【长度】、【宽度】和【高度】参数值，即可对 Gizmo（线框）对象进行缩放。当用户缩放 Gizmo（线框）对象时，使用相应坐标的渲染位图也随之缩放，如图 5-35 所示。

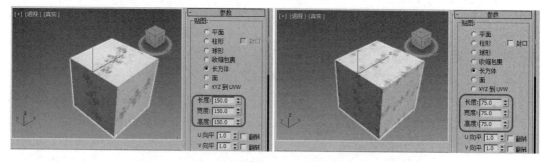

图 5-35　缩放 Gizmo（线框）对象

Gizmo（线框）的位置、大小直接影响贴图在模型对象上的效果，在修改器堆栈中，可以通过选择【UVW 贴图】修改器的 Gizmo 选择集来对 Gizmo（线框）对象进行单独操作（如旋转、移动、缩放等）。

在实际工作中，通常需要重复叠加指定贴图，从而达到预期的效果。如果调节【U 向平】参数，那么水平方向上的贴图会出现重复效果；如果调节【V 向平】参数，那么垂直方向上的贴图会出现重复效果，与【材质编辑器】窗口中的【瓷砖】参数的功能相同。

通过设置材质的【瓷砖】值也可以控制贴图的重复次数，该方法的使用原理也是对 Gizmo（线框）对象进行缩放操作。默认的【瓷砖】值为 1，表示重复一次，此时位图与 Gizmo（线框）的大小相匹配。如果将【瓷砖】的值设置为 5，那么会在 Gizmo（线框）中重复进行 5 次贴图操作。

5.3　任务 13：瓷器材质——材质编辑器

本案例主要介绍瓷器材质的制作方法。在日常生活中，瓷制用品比比皆是，瓷器材质在效果图中也被广泛应用。本案例所需的素材文件如表 5-3 所示，完成后的效果如图 5-36 所示。

表 5-3　本案例所需的素材文件

案例文件	CDROM|Scenes|Cha05|为咖啡杯添加瓷器材质.max
	CDROM|Scenes|Cha05|为咖啡杯添加瓷器材质-OK.max
贴图文件	CDROM|Map
视频文件	视频教学|Cha05|瓷器材质.avi

图 5-36　瓷器材质的效果

5.3.1　任务实施

（1）打开配套资源中的【CDROM|Scenes|Cha05|为咖啡杯添加瓷器材质.max】文件，如图 5-37 所示。

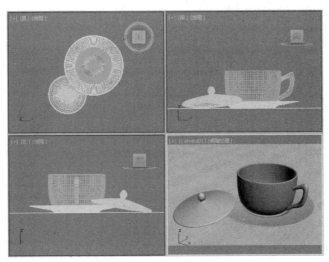

图 5-37　打开【为咖啡杯添加瓷器材质.max】文件

（2）在场景中选中【茶杯贴图】对象，按【M】快捷键打开【材质编辑器】窗口，选择一个空白材质球，将其重命名为【茶杯贴图】，在【Blinn 基本参数】卷展栏中，将【环境光】和【漫反射】的 RGB 值都设置为 255、255、255，将【自发光】的值设置为 30，在【反射高光】选区中，将【高光级别】和【光泽度】的值分别设置为 100 和 83，如图 5-38 所示。

（3）展开【贴图】卷展栏，单击【漫反射颜色】通道的【贴图类型】按钮，弹出【材质/贴图浏览器】对话框，选择【贴图】|【标准】|【位图】选项，单击【确定】按钮，如图 5-39 所示。

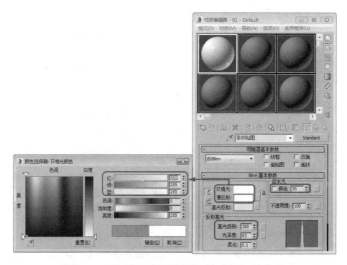

图 5-38 设置【茶杯贴图】材质的相关参数

（4）弹出【选择位图图像文件】对话框，打开配套资源中的【CDROM|Map|杯子 01.jpg】贴图文件，在【坐标】卷展栏中保持默认的参数设置，然后单击【转到父对象】按钮，如图 5-40 所示。

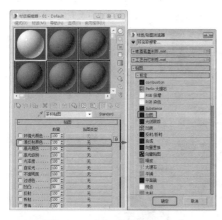
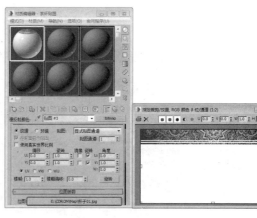

图 5-39 选择【位图】选项　　　　　　图 5-40 打开【杯子 01.jpg】贴图文件

（5）在【贴图】卷展栏中，将【反射】通道的【数量】值设置为 8，然后单击相应的【贴图类型】按钮，弹出【材质/贴图浏览器】对话框，选择【贴图】|【标准】|【光线跟踪】选项，单击【确定】按钮，在【光线跟踪器参数】卷展栏中保持默认的参数设置，单击【转到父对象】按钮和【将材质指定给选定对象】按钮，将【茶杯贴图】材质指定给【茶杯贴图】对象，效果如图 5-41 所示。

> 知识链接
>
> 使用【光线跟踪】贴图可以模拟真实的反射和折射效果。使用【光线跟踪】贴图生成的反射和折射效果比使用【反射/折射】贴图生成的反射和折射效果更精准，但是使用【光线跟踪】贴图的渲染速度比使用【反射/折射】贴图的渲染速度慢。不过可以将特定对象或效果排除于光线跟踪之外，从而对 3ds Max 场景进行优化，加快渲染速度。

（6）在场景中选中【茶杯】和【杯把】对象，然后在【材质编辑器】窗口中选择一个空白材质球，将其重命名为【白色瓷器】，在【Blinn 基本参数】卷展栏中，将【环境光】和【漫反射】的 RGB 值都设置为 255、255、255，将【自发光】的值设置为 35，在【反射高光】选区中，将【高光级别】和【光泽度】的值分别设置为 100 和 83，如图 5-42 所示。

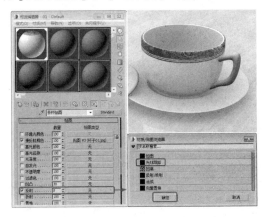

图 5-41　选择【光线跟踪】选项

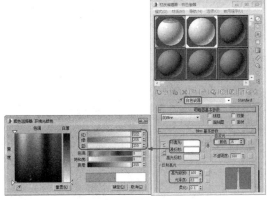

图 5-42　设置【白色瓷器】材质的相关参数

（7）在【贴图】卷展栏中，将【反射】通道的【数量】值设置为 8，然后单击相应的【贴图类型】按钮，弹出【材质/贴图浏览器】对话框，选择【贴图】|【标准】|【光线跟踪】选项，在【光线跟踪器参数】卷展栏中保持默认的参数设置，单击【转到父对象】按钮 和【将材质指定给选定对象】按钮 ，将【白色瓷器】材质指定给【茶杯】和【杯把】对象，如图 5-43 所示。

（8）在场景中选中【托盘】对象，然后在【材质编辑器】窗口中选择一个空白材质球，将其重命名为【托盘】，在【Blinn 基本参数】卷展栏中，将【自发光】的值设置为 30，在【反射高光】选区中，将【高光级别】和【光泽度】的值分别设置为 100 和 83，如图 5-44 所示。

图 5-43　指定材质

图 5-44　设置【托盘】材质
的相关参数

（9）在【贴图】卷展栏中，单击【漫反射颜色】通道的【贴图类型】按钮，弹出【材质/贴图浏览器】对话框，选择【贴图】|【标准】|【位图】选项，在弹出的【选择位图图像文件】对

话框中打开配套资源中的【CDROM|Map|盘子 01.jpg】贴图文件,在【坐标】卷展栏中保持默认的参数设置,单击【转到父对象】按钮,如图 5-45 所示。

(10) 在【贴图】卷展栏中,将【反射】通道的【数量】值设置为 8,然后单击相应的【贴图类型】按钮,弹出【材质/贴图浏览器】对话框,选择【贴图】|【标准】|【光线跟踪】选项,在【光线跟踪器参数】卷展栏中保持默认的参数设置,单击【转到父对象】按钮和【将材质指定给选定对象】按钮,将【托盘】材质指定给【托盘】对象,如图 5-46 所示。

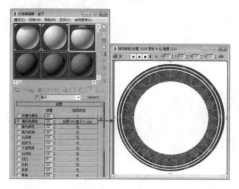

图 5-45　打开【盘子 01.jpg】贴图文件　　　　　图 5-46　指定材质

(11) 使用同样的方法,为【杯盖】对象设置材质,如图 5-47 所示。

(12) 在设置完成后,按【F9】快捷键渲染场景,渲染后的效果如图 5-48 所示。

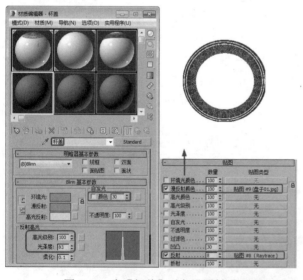

图 5-47　为【杯盖】对象设置材质　　　　　图 5-48　渲染后的效果

5.3.2　材质编辑器

【材质编辑器】窗口中包括菜单栏、材质示例窗、材质工具按钮(分为工具栏和工具列)和参数控制区共 4 部分,如图 5-49 所示。

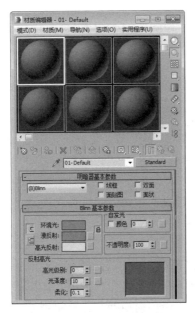

图 5-49　【材质编辑器】窗口

1. 菜单栏

菜单栏位于【材质编辑器】窗口的顶端，包括【模式】、【材质】、【导航】、【选项】和【实用程序】共 5 项菜单，如图 5-50 所示。

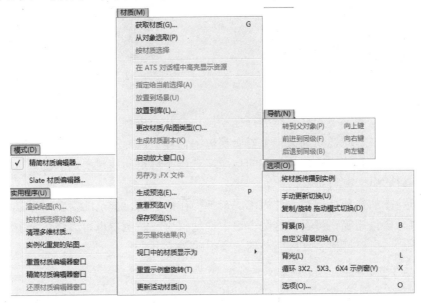

图 5-50　菜单栏

【模式】菜单主要用于设置【材质编辑器】窗口的模式，分为【精简材质编辑器】模式和【Slate 材质编辑器】模式。

【材质】菜单提供了最常用的材质编辑命令，如【获取材质】【从对象选取】【生成预览】【更改材质/贴图类型】等命令。

【导航】菜单提供了导航材质的层次命令，包含【转到父对象】、【前进到同级】和【后退到同级】共 3 项命令。

【选项】菜单提供了一些附加工具和显示命令。

【实用程序】菜单提供了【渲染贴图】【按材质选择对象】等命令。

2．材质示例窗

材质示例窗主要用于显示材质的调节效果，默认为 6 个材质球。在调节材质球的参数时，其效果会立刻反映到材质球上，用户可以通过材质球预览材质的效果。材质示例窗中共有 24 个材质球，材质示例窗可以变小或变大。材质示例窗中的内容不仅可以是球体，还可以是其他几何体，包括自定义的模型；可以将材质示例窗中的材质拖动到对象上进行指定。

1）材质窗口。

在材质示例窗中，材质窗口都以黑色边框显示，如图 5-51 中左侧材质窗口所示；正在编辑的材质称为激活材质，它的窗口具有白色边框，如图 5-51 中右侧材质窗口所示。如果要对材质进行编辑，那么首先单击该材质窗口，将其激活。

将一个材质指定给场景中的对象，该材质便成了同步材质，特征是材质窗口的 4 个角有三角形标记，如图 5-52 所示（左侧的材质窗口表示该材质对象未被选中）。如果对同步材质进行编辑，那么场景中的对象也会随之发生变化，无须重新指定材质。

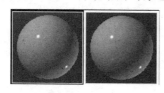

图 5-51　未激活与激活的材质窗口

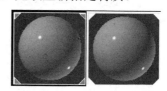

图 5-52　指定材质后的材质窗口

2）拖动操作。

可以对材质示例窗中的材质球进行拖动操作，从而进行各种复制和指定操作。按住鼠标左键，将一个材质球拖动到另一个材质窗口中，释放鼠标左键，即可将它复制到新的材质窗口中。复制得到的材质是一个新的材质，它已不再是同步材质，因为一个对象只允许有一个同步材质出现在材质窗口中。

材质和贴图的拖动是针对软件内部的全部操作而言的，拖动的对象可以是材质窗口、贴图按钮或材质按钮等。可以在这些窗口中拖动材质或贴图，也可以在各个窗口之间拖动材质或贴图，还可以将材质直接拖动到场景中的对象上。

3．材质工具按钮

围绕材质示例窗有横、竖两排材质工具按钮，横向的材质工具按钮主要用于材质的指定、保存和层级跳跃。纵向的材质工具按钮主要用于控制示例窗的显示。

在横向工具栏的下方是材质的名称，材质的命名很重要，对于多层级材质，可以通过名称快速地进入其他层级的材质设置界面；在材质名称右侧是【材质类型】按钮，单击该按钮可以打开【材质/贴图浏览器】对话框。

示例窗下方的横向工具栏如图 5-53 所示，工具栏中各工具按钮的功能如下。

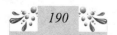

图 5-53　横向工具栏

- 【获取材质】按钮 : 单击该按钮，弹出【材质/贴图浏览器】对话框，在该对话框中可以选择所需的材质，也可以对材质或贴图进行编辑。

- 【将材质放入场景】按钮 : 将编辑好的材质指定给场景中的对象。在当前材质不属于同步材质时，可以应用该按钮。

- 【将材质指定给选定对象】按钮 : 将当前激活材质指定给当前选中的对象，同时该材质会变为同步材质。在给对象指定材质后，如果未对该对象指定贴图坐标，那么在渲染时会自动指定贴图坐标。单击【在视口中显示标准贴图】按钮，即可在视图中观看贴图效果，并且自动指定贴图坐标。

- 【重置贴图/材质为默认设置】按钮 : 重置当前示例窗中的编辑项。如果处在材质层级，则恢复为【标准】材质，即灰色轻微反光的不透明材质，并且全部贴图设置都会丢失；如果处在贴图层级，则恢复为最初始的贴图设置；如果当前材质为同步材质，则会弹出【重置材质/贴图参数】对话框，如图 5-54 所示。

- 【生成材质副本】按钮 : 该按钮只对同步材质起作用。单击该按钮，可以将当前同步材质复制成一个具有相同参数设置的非同步材质，并且名称相同，以便在编辑时不影响场景中的对象。

- 【使唯一】按钮 : 单击该按钮，可以将贴图关联复制为一个独立的贴图，也可以将一个关联子材质转换为独立的子材质，并且重命名该子材质。在编辑【多维/子对象】材质中的顶级材质时，通过单击【使唯一】按钮 ，可以避免对与其相关联的子材质造成影响，从而起到保护子材质的作用。

- 【放入库】按钮 : 单击该按钮，可以将当前材质存储于当前的材质库中，并且弹出【放置到库】对话框，在该对话框中可以设置材质的名称，如图 5-55 所示。

图 5-54　【重置材质/贴图参数】对话框

图 5-55　【放置到库】对话框

- 【材质 ID 通道】按钮 : 通过材质的特效通道可以在 Video Post 视频合成器和 Effects 特效编辑器中为材质指定特殊效果。

- 【在视口中显示标准贴图】按钮 : 在贴图材质的贴图层级中该按钮可用，单击该按钮，可以在场景中显示材质的贴图效果。如果是同步材质，那么对贴图的各种设置也会同步影响场景中的对象，从而轻松地进行贴图材质的编辑工作。

- 【显示最终结果】按钮 : 该按钮只对具有多个层级嵌套的材质起作用。在材质的子级层级单击激活该按钮，会显示最终的材质效果（顶级材质的效果）；取消激活该按钮，会显示当前层级的材质效果。

- 【转到父对象】按钮 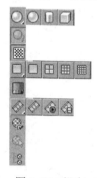：向上跳转一个材质层级，只在复合材质的子级层级有效。
- 【转到下一个同级项】按钮 ：如果处在一个材质的子级层级，并且还有其他同级层级，那么单击该按钮可以快速跳转到另一个同级层级。
- 【从对象拾取材质】按钮 ：单击该按钮，鼠标指针会变为一个吸管，在有材质的对象上单击，即可获取该对象的材质，并且将该材质提取到当前材质窗口中，同时使该材质变为同步材质。这是一种从场景中选择材质的方法。
- 【材质名称】下拉列表 02 - Default ：用于显示及设置当前材质或贴图的名称，在同一个场景中，不允许有同名材质存在。
- 【材质类型】按钮 Standard ：这是一个非常重要的按钮，在默认情况下显示【Standard】，表示当前材质为【标准】材质。单击该按钮，会弹出【材质/贴图浏览器】对话框，在该对话框中可以选择材质或贴图的类型。如果当前处于材质层级，则只允许选择材质类型；如果当前处于贴图层级，则只允许选择贴图类型。在选择材质或贴图类型后，该按钮上会显示当前材质或贴图的类型名称。

示例窗右侧的纵向工具栏如图 5-56 所示，工具栏中各工具按钮的功能如下。

- 【采样类型】按钮 ：控制示例窗中材质的形态，包括球体、柱体、立方体。
- 【背光】按钮 ：为示例窗中的材质窗口增加背光效果，主要用于设置金属材质。
- 【背景】按钮 ：为示例窗中的材质窗口增加一个彩色方格背景，主要用于设置透明材质的不透明度。在菜单栏中选择【选项】|【选项】命令，在弹出的【材质编辑器选项】对话框中勾选【自定义背景】复选框，并且单击其右侧的空白按钮，可以选择一个位图文件作为背景，如图 5-57 所示。设置的背景如图 5-58 所示。

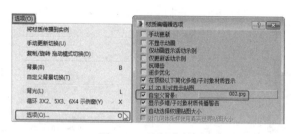

图 5-56　纵向工具栏　　　　　图 5-57　选择背景　　　　　图 5-58　设置的背景

- 【采样 UV 平铺】按钮 ：测试贴图重复的效果，只会改变示例窗中的显示效果，并不会对实际贴图产生影响，其中包括几个重复级别，如图 5-59 所示。
- 【视频颜色检查】按钮 ：用于检查材质表面的色彩饱和度是否超过视频限制。对于 NTSC 和 PAL 制视频，色彩饱和度有一定限制，如果超过这个限制，那么色彩在转化后会变模糊。最终渲染效果还与场景中的灯光有关，该按钮还可以用于检查最后渲染的图像是否超过限制。比较安全的做法是将材质色彩的饱和度降低到 85% 以下。

- 【生成预览】按钮 ：用于制作材质动画的预览效果，对于进行了动画设置的材质，单击该按钮会弹出【创建材质预览】对话框，在该对话框中可以实时观看动态效果，如图5-60所示。该对话框中各项参数的功能如下。

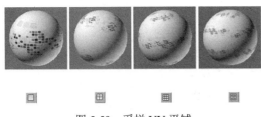

图5-59　采样UV平铺

图5-60　【创建材质预览】对话框

> 【预览范围】：设置动画的渲染区段。选择【活动时间段】单选按钮，可以将当前场景的活动时间段作为动画的渲染区段；选择【自定义范围】单选按钮，可以通过下面的文本框指定动画的渲染区段，确定从第几帧到第几帧。

> 【帧速率】：设置渲染和播放的速度。在【帧速率】选区中包含【每N帧】和【播放FPS】数值框。【每N帧】数值框用于设置预览动画间隔几帧进行渲染；【播放FPS】数值框用于设置预览动画播放时的速率，NTSC制视频为30帧/秒，PAL制视频为25帧/秒。

> 【图像大小】：设置预览动画的渲染尺寸。在【输出百分比】数值框中进行设置。

- 【选项】按钮 ：单击该按钮，弹出【材质编辑器选项】对话框，与在菜单栏中选择【选项】|【选项】命令弹出的对话框相同。

- 【按材质选择】按钮 ：这是一种通过当前材质选择对象的方法，可以同时选中场景中所有采用某材质的对象（不包括隐藏和冻结的对象）。单击该按钮，弹出【选择对象】对话框，所有采用当前材质的对象名称都会高亮显示，单击【选择】按钮即可同时选中这些对象。

- 【材质/贴图导航器】按钮 ：单击该按钮，打开【材质/贴图导航器】窗口，如图5-61所示。这是一个可以通过材质、贴图层级或复合材质子材质关系快速导航的浮动窗口。在【材质/贴图导航器】窗口中，当前所在的材质层级会高亮显示。如果在【材质/贴图导航器】中单击一个层级，在【材质编辑器】窗口中也会直接跳到该层级，这样就可以快速地进入每个层级进行编辑。用户还可以直接从该窗口中将材质或贴图拖曳至材质球或界面中的按钮上。

图5-61　【材质/贴图导航器】对话框

4．参数控制区

在【材质编辑器】窗口下面是参数控制区，选择的材质类型及贴图类型不同，参数控制区中的参数也不同。

5.3.3 材质/贴图浏览器

【材质/贴图浏览器】对话框中提供了全方位的材质和贴图浏览选择功能。如果允许选择材质和贴图，则会将二者都显示在列表框中，否则会只显示材质或只显示贴图，如图 5-62 所示。

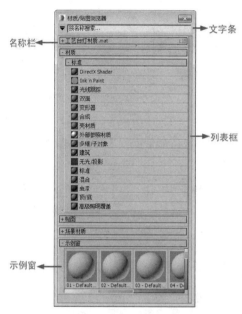

图 5-62　【材质/贴图浏览器】对话框

1．【材质/贴图浏览器】对话框的功能区域

在【材质/贴图浏览器】对话框中可以浏览并选择材质或贴图，在双击材质或贴图选项后会直接进入相应的设置界面。

- 【文字条】：在【材质/贴图浏览器】对话框的上方有一个文本框，用于快速搜索材质和贴图。例如，在其中输入"RGB"，按【Enter】键，即可显示以"RGB"开头的材质或贴图。
- 【名称栏】：在【文字条】下方会显示材质或贴图的名称。
- 【示例窗】：与【材质编辑器】窗口中的示例窗相同。每选择一种材质或贴图，都会在材质窗口中显示相应的材质或贴图效果，不过只能以球体显示。此处的材质也支持拖动复制操作。
- 【列表框】：用于显示材质、贴图类型。

2．列表显示方式

在【名称栏】上右击，在弹出的快捷菜单中设置组和子组显示方式，这里提供了 5 种列表显示方式。

- 【小图标】：以小图标方式显示，并且在小图标下显示其名称，当鼠标指针停留于其上时，也会显示其名称。
- 【中等图标】：以中等图标方式显示，并且在中等图标下显示其名称，当鼠标指针停留于其上时，也会显示其名称。
- 【大图标】：以大图标方式显示，并且在大图标下显示其名称，当鼠标指针停留于其上时，也会显示其名称。
- 【图标和文本】：在文字方式显示的基础上，增加了小的彩色图标，可以模糊地观察材质或贴图的效果。
- 【文本】：以文字方式显示，按首字母的顺序排列。

示例窗的显示方式没有【图标和文本】和【文本】。

5.4 任务 14：礼盒贴图——【凹凸】贴图

本案例主要介绍【多维/子对象】材质的制作方法，并且会涉及【凹凸】贴图的相关操作。本案例所需的素材文件如表 5-4 所示，完成后的效果如图 5-63 所示。

表 5-4 本案例所需的素材文件

案例文件	CDROM\Scenes\Cha05\为礼盒添加多维/子对象材质.max
	CDROM\Scenes\Cha05\为礼盒添加多维/子对象材质-OK.max
贴图文件	CDROM\Map
视频文件	视频教学\Cha05\礼盒贴图.avi

图 5-63 【多维/子对象】材质的效果

5.4.1 任务实施

（1）打开配套资源中的【CDROM\Scenes\Cha05\为礼盒添加多维/子对象材质.max】文件，如图 5-64 所示。

（2）在场景中选中【礼盒】对象，切换到【修改】命令面板，添加【编辑多边形】修改器，将当前选择集定义为【多边形】，在视图中选中【礼盒】对象的正面和背面，在【多边形：材质ID】卷展栏中将【设置 ID】的值设置为 1，按【Enter】键确认，如图 5-65 所示。

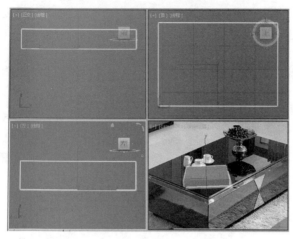

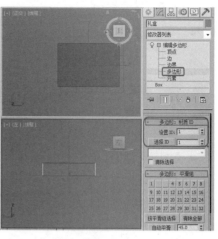

图 5-64　打开【为礼盒添加多维/子对象材质.max】文件　　　图 5-65　设置材质 ID（一）

知识链接

【设置 ID】：用于给选中的多边形设置特殊的材质 ID，供多维/子对象材质和其他应用使用。可用 ID 的取值范围为 1～65535。

【选择 ID】：在【选择 ID】数值框中输入指定的材质 ID，然后单击【选择 ID】按钮，即可选中指定材质 ID 的多边形。

（3）在视图中选中如图 5-66 所示的面，在【多边形：材质 ID】卷展栏中将【设置 ID】的值设置为 2，按【Enter】键确认。

（4）在视图中选中如图 5-67 所示的面，在【多边形：材质 ID】卷展栏中将【设置 ID】的值设置为 3，按【Enter】键确认。

图 5-66　设置材质 ID（二）　　　　　　　图 5-67　设置材质 ID（三）

（5）退出当前选择集，按【M】快捷键打开【材质编辑器】窗口，选择一个空白材质球，单击【材质类型】按钮，在弹出的【材质/贴图浏览器】对话框中选择【材质】|【标准】|【多维/子对象】选项，如图 5-68 所示。

知识链接

【多维/子对象】材质主要用于将多种材质赋予模型对象的各个子对象，从而在模型对象表面的不同位置显示不同的材质。该材质是根据子对象的 ID 进行设置的，在使用该材质前，首先要给模型对象的各个子对象设置 ID。

（6）单击【确定】按钮，弹出【替换材质】对话框，选择【将旧材质保存为子材质】单选按钮，单击【确定】按钮，如图 5-69 所示。

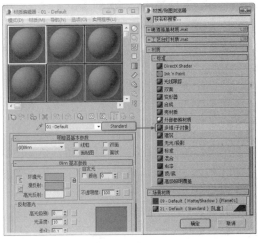

图 5-68　选择【多维/子对象】选项

图 5-69　【替换材质】对话框

（7）在【多维/子对象基本参数】卷展栏中单击【设置数量】按钮，弹出【设置材质数量】对话框，将【材质数量】的值设置 3，单击【确定】按钮，如图 5-70 所示。

（8）在【多维/子对象基本参数】卷展栏中单击【ID】为 1 的【子材质】按钮，进入子材质设置界面，在【Blinn 基本参数】卷展栏中，将【环境光】和【漫反射】的 RGB 值均设置为 255、187、80，将【自发光】的值设置为 80，在【反射高光】选区中，将【高光级别】和【光泽度】的值分别设置为 20 和 10，如图 5-71 所示。

图 5-70　设置材质数量

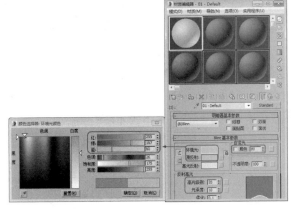

图 5-71　设置【Blinn 基本参数】卷展栏中的参数

知识链接

【自发光】参数的设置可以使材质具备自身发光的效果，常用于制作灯泡、太阳等光源对象。当该值为100%时，对象在场景中不会受来自其他对象的投影影响，自身也不会受灯光的影响，只表现出漫反射的纯色和一些反光，亮度值（HSV颜色值）与场景灯光保持一致。在3ds Max 2016中，【自发光】的颜色可以直接显示在视图中。以前的版本可以在视图中显示【自发光】的值，但不能显示其颜色。

设置【自发光】的方式有两种，一种是勾选【自发光】选区中的【颜色】复选框，并且设置相应的颜色，从而使用带颜色的自发光；另一种是取消勾选【自发光】选区中的【颜色】复选框，并且在后面的数值框中输入相应的数值，从而使用可以调节数值的单一颜色的自发光，对数值的调节可以看作对【自发光】颜色的灰度比例进行调节。

如果需要在场景中表现可见的光源，那么通常会创建一个模型对象，将它与光源放在一起，然后给该模型对象设置【自发光】参数。如果希望创建透明的自发光效果，则可以将【自发光】与【半透明明暗器】结合使用。

（9）在【贴图】卷展栏中，单击【漫反射颜色】通道的【贴图类型】按钮，在弹出的【材质/贴图浏览器】对话框中选择【贴图】|【标准】|【位图】选项，单击【确定】按钮，如图5-72所示。

（10）弹出【选择位图图像文件】对话框，打开配套资源中的【CDROM|Map|1 副本.jpg】贴图文件，在【坐标】卷展栏中保持默认的参数设置，如图5-73所示。

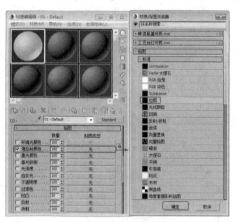

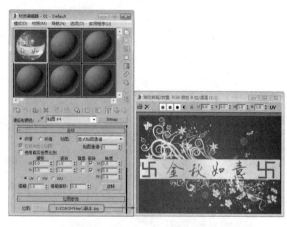

图5-72　选择【位图】选项　　　　　　图5-73　打开【1 副本.jpg】贴图文件

（11）单击【转到父对象】按钮，在【贴图】卷展栏中，将【漫反射颜色】通道的【贴图类型】按钮拖动到【凹凸】通道的【贴图类型】按钮上，在弹出的【复制（实例）贴图】对话框中选择【复制】单选按钮，单击【确定】按钮，如图5-74所示。

（12）确认【礼盒】对象处于被选中状态，然后在【材质编辑器】窗口中单击【在视口中显示标准贴图】按钮和【将材质指定给选定对象】按钮，将该材质指定给【礼盒】对象，效果如图5-75所示。

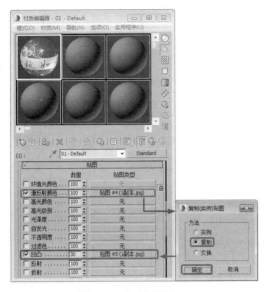

图 5-74　复制贴图

图 5-75　指定材质后的效果

（13）单击【转到父对象】按钮，在【多维/子对象基本参数】卷展栏中单击【ID】为 2 的【子材质】按钮，在弹出的【材质/贴图浏览器】对话框中选择【材质】|【标准】|【标准】选项，单击【确定】按钮，如图 5-76 所示。

（14）在【Blinn 基本参数】卷展栏中，将【环境光】和【漫反射】的 RGB 值均设置为 255、186、0，将【自发光】的值设置为 80，在【反射高光】选区中，将【高光级别】和【光泽度】的值分别设置为 20 和 10，如图 5-77 所示。

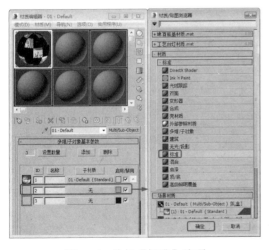

图 5-76　选择【标准】选项

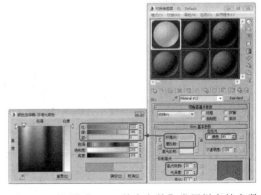

图 5-77　设置【Blinn 基本参数】卷展栏中的参数

（15）在【贴图】卷展栏中单击【漫反射颜色】通道中的【贴图类型】按钮，在弹出的【材质/贴图浏览器】对话框中选择【贴图】|【标准】|【位图】选项，在弹出的【选择位图图像文件】对话框中打开配套资源中的【CDROM|Map|2 副本.jpg】贴图文件，在【坐标】卷展栏中，将【W】的【角度】值设置为 180.0，如图 5-78 所示。

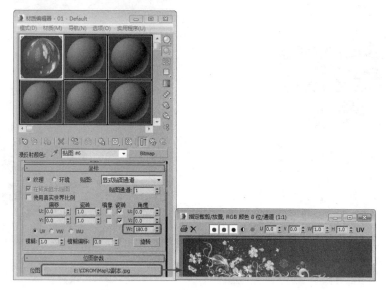

图 5-78　设置【贴图】卷展栏中的参数

（16）单击【转到父对象】按钮，在【贴图】卷展栏中，将【漫反射颜色】通道的【贴图类型】按钮拖动到【凹凸】通道的【贴图类型】按钮上，在弹出的【复制（实例）贴图】对话框中选择【复制】单选按钮，然后单击【确定】按钮，效果如图 5-79 所示。

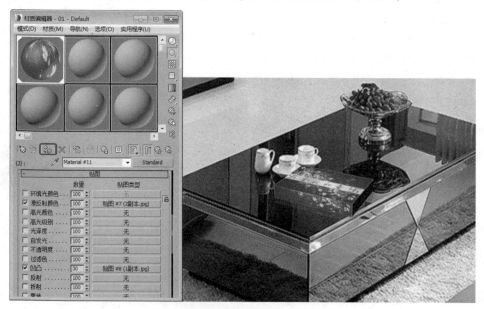

图 5-79　设置材质后的效果

（17）使用前面介绍的方法设置【ID】为 3 的子材质，如图 5-80 所示。

（18）在材质设置完成后，切换到【摄影机】视图，按【F9】快捷键进行渲染，渲染效果如图 5-81 所示。

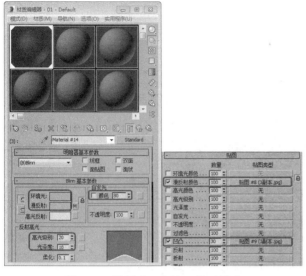

图 5-80　设置【ID】为 3 的子材质　　　　　　图 5-81　渲染效果

5.4.2 【凹凸】贴图

通过图像的明暗强度影响材质表面的光滑程度，从而生成凹凸的表面效果，白色位置产生凸起，黑色位置产生凹陷，中间色位置产生过渡状态。这样模拟凹凸质感的优点是渲染速度很快，但【凹凸】贴图的凹凸部分不会产生阴影投影，在对象边界上也看不到真正的凹凸，如图 5-82 所示。但是如果凹凸对象很清晰地靠近镜头，并且要表现出明显的投影效果，则应该使用【置换】贴图，利用图像的明暗度可以真实地改变对象造型，但需要花费大量的渲染时间。

图 5-82　【凹凸】贴图的效果

> ！ 提示：在视图中不能预览【凹凸】贴图的效果，必须渲染场景才能看到【凹凸】贴图的效果。

【凹凸】贴图的【数量】值主要用于控制【凹凸】贴图的强度，该值最大为 999，但是过高的强度会生成不正确的渲染效果，如果发现渲染后的高光处有锯齿或闪烁，则应在【超级采样】卷展栏中进行相应的参数设置。

5.4.3 【环境光颜色】贴图

【环境光颜色】贴图主要用于给对象的阴影区指定位图或程序贴图。【环境光颜色】贴

图一般不单独使用，它默认与【漫反射颜色】贴图锁定，从而表现最佳的贴图纹理。如果需要单独设置【环境光颜色】贴图，则应该先解除【环境光颜色】贴图与【漫反射颜色】贴图的锁定。

在菜单栏中选择【渲染】|【环境】命令，打开【环境和效果】窗口，在该窗口中可以调节环境光的级别，如图 5-83 所示。

图 5-83　【环境和效果】窗口

5.4.4　【漫反射颜色】贴图

【漫反射颜色】贴图主要用于表现材质的纹理效果。如果【漫反射颜色】的【数量】值为 100%，那么【漫反射颜色】贴图会完全覆盖漫反射颜色。例如，为墙壁指定砖墙的纹理图案，即可生成砖墙的效果。

如果需要使用【漫反射颜色】贴图模拟单一的表面，则需要将【漫反射颜色】贴图和【环境光颜色】贴图锁定。也可以解除【漫反射颜色】贴图与【环境光颜色】贴图的锁定，然后为【漫反射颜色】通道和【环境光颜色】通道分别指定不同的贴图，从而生成有趣的融合效果。

5.4.5　【漫反射级别】贴图

【漫反射级别】贴图只存在于【各向异性】明暗器、【多层】明暗器、【Oren-Nayar-Blinn】明暗器和【半透明明暗器】中，如图 5-84 所示。

图 5-84　存在【漫反射级别】贴图的情况

【漫反射级别】贴图可以通过设置位图或程序贴图来控制漫反射的亮度。更改【漫反射级别】贴图的参数可以调整材质的明暗度，但不会影响反射高光。

5.4.6 【漫反射粗糙度】贴图

【漫反射粗糙度】贴图只存在于【多层】明暗器和【Oren-Nayar-Blinn】明暗器中，如图 5-85 所示。

图 5-85　存在【漫反射粗糙度】贴图的情况

【漫反射粗糙度】贴图可以通过设置位图或程序贴图来控制漫反射的粗糙程度。贴图中的白色像素可以增加漫反射的粗糙程度，黑色像素可以降低漫反射的粗糙程度，处于二者之间的颜色会对漫反射的粗糙程度产生不同的影响。

5.4.7 【不透明度】贴图

【不透明度】贴图可以通过选择位图文件生成部分透明的效果。贴图的白色区域会被渲染为不透明效果，黑色区域会被渲染为透明效果，处于二者之间的颜色会被渲染为半透明效果，如图 5-86 所示。

图 5-86　【不透明度】贴图的效果

将【不透明度】通道的【数量】值设置为 100，【不透明度】贴图的透明区域会完全透明。将【不透明度】通道的【数量】值设置为 0，相当于禁用【不透明度】贴图。

在【不透明度】贴图的透明区域和不透明区域应用反射高光，可以生成玻璃效果。如果要使透明区域看起来像孔洞，则可以设置【光泽度】贴图。

5.5　任务 15：玻璃画框——【反射】贴图和【折射】贴图

本案例主要介绍如何为【玻璃画框】对象添加玻璃材质。首先为需要指定透明材质的对象设置 ID，然后创建【多维/子对象】材质，并且设置不同 ID 的子材质，最后将透明材质指定给选定对象。本案例所需的素材文件如表 5-5 所示，完成后的效果如图 5-87 所示。

表 5-5　本案例所需的素材文件

案例文件	CDROM|Scenes|Cha05|透明材质—玻璃画框.max
	CDROM|Scenes|Cha05|透明材质—玻璃画框-OK.max
贴图文件	CDROM|Map
视频文件	视频教学|Cha05|玻璃画框.avi

图 5-87　【玻璃画框】模型的效果

5.5.1　任务实施

（1）打开配套资源中的【CDROM\|Scenes\|Cha05\|透明材质—玻璃画框.max】文件，按【H】快捷键弹出【从场景选择】对话框，选择【玻璃 02】选项，单击【确定】按钮，如图 5-88 所示。

（2）切换到【修改】命令面板，在修改器堆栈中，将【编辑网格】的选择集定义为【多边形】，在【前】视图中选中【玻璃画框】对象的正面和背面，在【曲面属性】卷展栏中，将【设置 ID】的值设置为 1，如图 5-89 所示。

图 5-88　选择【玻璃 02】选项

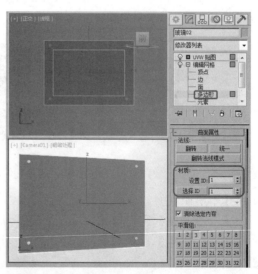

图 5-89　设置 ID

（3）在菜单栏中选择【编辑】|【反选】命令，将【设置 ID】的值设置为 2，退出当前选择集。按【M】快捷键打开【材质编辑器】窗口，选择一个空白材质球，将其重命名为【玻璃 02】，然后单击【材质类型】按钮，在弹出的【材质/贴图浏览器】对话框中选择【材质】|【标准】|【多

维/子对象】选项，单击【确定】按钮，如图5-90所示。

（4）在弹出的对话框中选择【将材质保存为子材质】单选按钮，单击【确定】按钮，单击【设置数量】按钮，弹出【设置材质数量】对话框，将【材质数量】的值设置为2，单击【确定】按钮，单击【ID】为1的【子材质】按钮，进入子材质设置界面，单击【材质类型】按钮，在弹出的【材质/贴图浏览器】对话框中选择【材质】|【标准】|【光线跟踪】选项，单击【确定】按钮，将【环境光】的颜色设置为白色，将【漫反射】的颜色设置为黑色，将【发光度】和【透明度】的颜色均设置为白色，将【折射率】的值设置为1.5，在【反射高光】选区中，将【高光级别】的值设置为65，如图5-91所示。

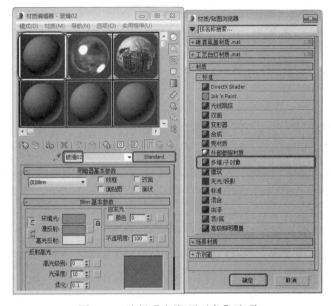

图5-90　选择【多维/子对象】选项

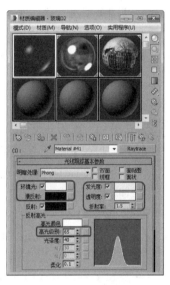

图5-91　设置【光线跟踪基本参数】
卷展栏中的参数

（5）展开【扩展参数】卷展栏，将【特殊效果】选区中的【荧光偏移】的值设置为1，展开【贴图】卷展栏，单击【反射】通道的【贴图类型】按钮，在弹出的【材质/贴图浏览器】对话框中选择【贴图】|【标准】|【衰减】选项，单击【确定】按钮，进入子材质设置界面，保持默认的参数设置，单击两次【转到父对象】按钮。

（6）单击【ID】为2的【子材质】按钮，在弹出的【材质/贴图浏览器】对话框中选择【材质】|【标准】|【标准】选项，单击【确定】按钮，进入子材质设置界面，保持默认的参数设置，单击【转到父对象】按钮，然后单击【将材质指定给选定对象】按钮，将【玻璃02】材质指定给【玻璃画框】对象，最后对【摄影机】视图进行渲染输出即可。

5.5.2　【反射】贴图

【反射】贴图是一种很重要的贴图方式，如果需要制作光洁亮丽的质感，则必须熟练掌握【反射】贴图的使用方法。【反射】贴图的效果如图5-92所示。在3ds Max 2016中，实现【反射】贴图效果的方式有以下3种。

图 5-92　【反射】贴图的效果

1．基础贴图反射

基础贴图反射方式会指定一个位图或程序贴图作为【反射】贴图，这种方式是最快的方式，但也是最不真实的方式。如果需要制作金属材质，如片头中闪亮的金属字，虽然看不清反射内容，但只要亮度够高即可，则可以使用这种方式。

2．自动反射

自动反射方式不使用贴图，它的工作原理是由对象的中央向周围进行观察，将看到的部分贴到对象表面。具体方式有两种，分别为【反射/折射】贴图方式和【光线跟踪】贴图方式。

- 【反射/折射】贴图方式采用六面贴图的方式模拟反射效果，在空间中产生 6 个不同方向的 90°视图，再分别按不同的方向将 6 个视图投影到场景中的对象表面，这是早期版本提供的功能。
- 【光线跟踪】贴图方式会追踪反射光线，从而真实地计算反射效果，但渲染速度慢，这是在 3ds Max R2 版本就已经引入的一种反射算法，目前一直在随版本更新进行优化。但与其他第三方渲染器（如 mental ray、Vray）的【光线跟踪】功能相比，【光线跟踪】贴图方式的计算速度还是慢很多。

3．平面镜像反射

平面镜像反射方式会使用【平面镜】贴图作为【反射】贴图。这是一种专门模拟镜面反射效果的贴图方式，类似于现实中的镜子，会反射所面对的对象，属于早期版本提供的功能，因为在没有【光线跟踪】贴图方式的情况下，使用【反射/折射】贴图方式没法对纯平面的模型进行反射计算，因此追加了【平面镜】贴图弥补这个缺陷。

5.5.3　【折射】贴图

【折射】贴图主要用于模拟空气和水等介质中的折射效果，从而使对象表面产生周围景物的映象。

【折射】贴图与【反射】贴图一样，锁定的是视角而不是对象，因此无须指定贴图坐标，当移动或旋转对象时，【折射】贴图效果不会受到影响。但与【反射】贴图不同的是，【折射】贴图表现的是透过对象看到的效果。

【折射】贴图效果受【折射率】参数的影响。在【扩展参数】卷展栏中，【折射率】主要用于控制材质折射光线的程度，如果该值为 1，则表示真空（空气）中的折射效果，不生成折射效果；如果该值大于 1，则表示凸起的折射效果，通常用于表现玻璃效果；如果该值小

于 1，则表示凹陷的折射效果，对象会沿其边界进行折射（如水底的气泡效果）。默认值为
1.5（标准的玻璃折射率）。不同【折射率】值的折射效果如图 5-93 所示。

【折射率】值为0.5　　　　【折射率】值为1.3　　　　【折射率】值为2

图 5-93　不同【折射率】值的折射效果

在现实世界中，折射率取决于光线穿过透明对象时的速度、眼睛或摄影机所处的媒介
及透明对象的密度。其中，对折射率影响最大的是透明对象的密度，透明对象的密度越大，
折射率越高。在 3ds Max 2016 中，可以通过贴图控制透明对象的折射率，而受贴图控制的
【折射率】值总是在 1（空气中的折射率）和设置的【折射率】值之间变化。例如，设置【折
射率】的值为 3，并且使用黑白噪波贴图控制【折射率】的值，此时透明对象在渲染时的
【折射率】值会在 1～3 之间变化，透明对象的密度高于空气的密度；在相同条件下，设置
折射率的值为 0.5，此时透明对象在渲染时的【折射率】值会在 0.5～1 之间变化，类似于在
水下拍摄密度低于水的对象的效果。

5.5.4　【光线跟踪】材质

【光线跟踪】材质的基本参数与【标准】材质的基本参数类似，但实际上【光线跟踪】材
质的颜色构成与【标准】材质的颜色构成大相径庭。【光线跟踪基本参数】卷展栏如图 5-94
所示。

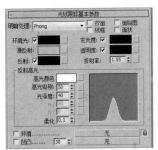

图 5-94　【光线跟踪基本参数】卷展栏

与【标准】材质一样，可以为【光线跟踪】材质使用贴图。单击【光线跟踪基本参数】
卷展栏中各参数右侧的灰色设置按钮　，可以打开【材质/贴图浏览器】对话框，并且在该
对话框中选择对应类型的贴图。也可以在【贴图】卷展栏中进行贴图设置。对于已经设置

贴图的参数，其右侧的灰色设置按钮■■上会显示字母 M 或 m（M 表示已指定和启用对应贴图；m 表示已指定对应贴图，但它处于非活动状态）。

5.6 任务 16：玻璃桌面——【双面】材质

本案例主要介绍如何为【桌面】对象添加玻璃材质。首先为【桌面】对象的多边形面设置 ID，然后在【材质编辑器】窗口中设置【多维/子对象】材质，最后将设置好的材质指定给【桌面】对象。本案例所需的素材文件如表 5-6 所示，完成后的效果如图 5-95 所示。

表 5-6 本案例所需的素材文件

案例文件	CDROM|Scenes|Cha05|为桌面添加玻璃材质.max
	CDROM|Scenes|Cha05|为桌面添加玻璃材质-OK.max
贴图文件	CDROM|Map
视频文件	视频教学|Cha05|玻璃桌面.avi

图 5-95 为【桌面】对象添加玻璃材质

5.6.1 任务实施

（1）打开配套资源中的【CDROM\|Scenes\|Cha05\|为桌面添加玻璃材质.max】文件，如图 5-96 所示。

（2）在场景中选中【桌面】对象，切换到【修改】命令面板，在修改器堆栈中，将【编辑多边形】的选择集定义为【多边形】，在【顶】视图和【底】视图中，选中【桌面】对象的顶面和底面，然后在【多边形：材质 ID】卷展栏中将【设置 ID】的值设置为 1，如图 5-97 所示。

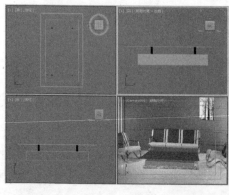

图 5-96 打开【为桌面添加玻璃材质.max】文件

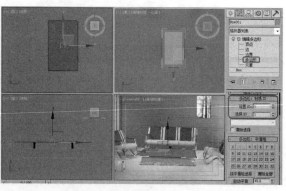

图 5-97 设置子对象 ID（一）

（3）在菜单栏中选择【编辑】|【反选】命令，反选【桌面】对象边缘处的多边形，然后在

【多边形：材质 ID】卷展栏中将【设置 ID】的值设置为 2，如图 5-98 所示。

（4）退出当前选择集，选中【桌面】对象，按【M】快捷键打开【材质编辑器】窗口，选择第一个材质球，单击【材质类型】按钮，在弹出的【材质/贴图浏览器】对话框中选择【材质】|【标准】|【多维/子对象】选项，然后单击【确定】按钮。在弹出的【替换材质】对话框中选择【将旧材质保存为子材质】单选按钮，单击【确定】按钮。在【多维/子对象基本参数】卷展栏中，单击【设置数量】按钮，弹出【设置材质数量】对话框，将【材质数量】的值设置为 2，单击【确定】按钮，如图 5-99 所示。

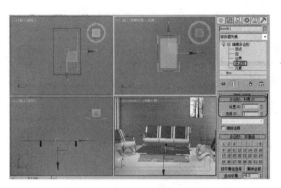

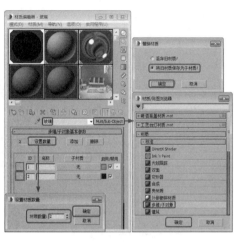

图 5-98 设置子对象 ID（二） 图 5-99 设置【多维/子对象】材质

（5）单击【ID】为 1 的【子材质】按钮，在弹出的【材质/贴图浏览器】对话框中选择【材质】|【标准】|【标准】选项，然后单击【确定】按钮，进入子材质设置界面。在【明暗器基本参数】卷展栏中勾选【双面】复选框，在【Blinn 基本参数】卷展栏中，将【环境光】和【漫反射】的 RGB 值都设置为 149、181、175，将【自发光】的值设置为 80，将【不透明度】的值设置为 20，如图 5-100 所示。

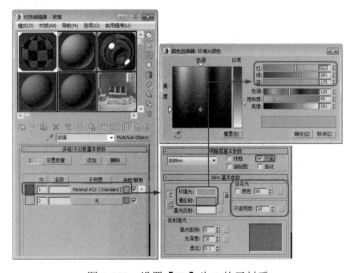

图 5-100 设置【ID】为 1 的子材质

（6）单击【转到父对象】按钮 ，然后单击【ID】为 2 的【子材质】按钮，在弹出的【材质/贴图浏览器】对话框中选择【材质】|【标准】|【标准】选项，然后单击【确定】按钮，进入子材质设置界面。在【明暗器基本参数】卷展栏中勾选【双面】复选框，在【Blinn 基本参数】卷展栏中，将【环境光】和【漫反射】的 RGB 值都设置为 133、170、155，将【自发光】的值设置为 80，将【不透明度】的值设置为 60，如图 5-101 所示。单击【将材质指定给选定对象】按钮 ，将该材质指定给场景中的【桌面】对象，按【F9】快捷键对【摄影机】视图进行渲染，最后将场景文件保存。

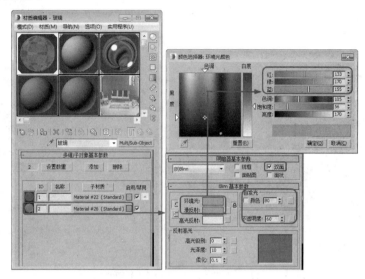

图 5-101   设置【ID】为 2 的子材质

📚知识链接

【双面】：如果勾选该复选框，那么会对对象法线反方向的表面也进行渲染。在通常情况下，计算机为了简化计算，会只渲染对象法线正方向的表面（可视的外表面），这对大多数对象都适用，但对于敞开面的对象，其内壁会不显示任何材质效果，这时就必须勾选【双面】复选框。

5.6.2   【双面】材质

使用【双面】材质可以给对象的前面和后面指定不同的材质。【双面】材质的对比效果如图 5-102 所示。

【双面基本参数】卷展栏如图 5-103 所示。

图 5-102   【双面】材质的对比效果

图 5-103   【双面基本参数】卷展栏

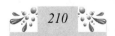

- 【半透明】：主要用于影响两个材质的混合。如果将该值设置为 0，则没有混合效果；如果将该值设置为 100，则可以在正面材质上显示背面材质，并且在背面材质上显示正面材质；如果将该值设置为中间值，则正面材质与背面材质会相互混合。
- 【正面材质】：设置对象外表面的材质。
- 【背面材质】：设置对象内表面的材质。

5.6.3 复合材质

复合材质是指将两个或多个子材质组合在一起形成的材质。将复合材质应用于对象，可以生成复合效果。

组合不同类型子材质的复合材质可以生成不同的复合效果，具有不同的行为方式。

5.7 任务 17：魔方材质——【多维/子对象】材质

本案例主要介绍如何利用【多维/子对象】材质为【魔方】模型指定材质。首先为【魔方】模型不同的面设置不同的 ID，然后创建【多维/子对象】材质并进行相应的参数设置，最后将该材质指定给【魔方】模型。本案例所需的素材文件如表 5-7 所示，完成后的效果如图 5-104 所示。

表 5-7 本案例所需的素材文件

案例文件	CDROM|Scenes|Cha05|利用多维/子对象材质为魔方添加材质.max
	CDROM|Scenes|Cha05|利用多维/子对象材质为魔方添加材质-OK.max
贴图文件	CDROM|Map
视频文件	视频教学|Cha05|魔方材质.avi

图 5-104 利用【多维/子对象】材质为【魔方】模型指定材质

5.7.1 任务实施

（1）启动 3ds Max 2016，按【Ctrl+O】组合键，打开配套资源中的【CDROM\|Scenes\|Cha05\|利用多维/子对象材质为魔方添加材质.max】文件，如图 5-105 所示。

（2）在场景中选中【魔方】对象，切换到【修改】命令面板，将当前选择集定义为【多边形】，在【顶】视图中选中最上方的面，在【多边形：材质 ID】卷展栏中将【设置 ID】的值设置为 1，如图 5-106 所示。

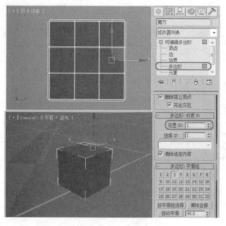

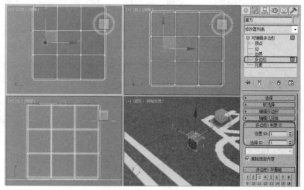

图 5-105　打开【利用多维/子对象材质为

魔方添加材质.max】文件

图 5-106　设置子材质 ID

（3）使用同样的方法为其他多边形设置 ID。在设置完成后，退出当前选择集，按【M】快捷键打开【材质编辑器】窗口，选择一个空白材质球，将其重命名为【魔方】，单击【材质类型】按钮，在弹出的【材质/贴图浏览器】对话框中选择【材质】|【标准】|【多维/子对象】选项，如图 5-107 所示。

（4）单击【确定】按钮，在弹出的对话框中选择【将旧材质保存为子材质】单选按钮，单击【确定】按钮，在【多维/子对象基本参数】卷展栏中单击【设置数量】按钮，弹出【设置材质数量】对话框，将【材质数量】的值设置为 7，如图 5-108 所示。

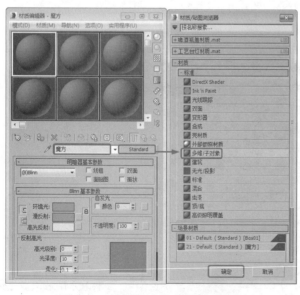

图 5-107　选择【多维/子对象】选项

图 5-108　设置材质数量

（5）在设置完成后，单击【确定】按钮，单击【ID】为 1 的【子材质】按钮，将明暗器类型设置为【各向异性】，在【各向异性基本参数】卷展栏中，将【环境光】的 RGB 值设置为 255、246、0，将【自发光】的值设置为 40，将【漫反射级别】的值设置为 102，在【反射高光】选区中，将【高光级别】、【光泽度】和【各向异性】的值分别设置为95、65和86，如图5-109所示。

（6）单击【转到父对象】按钮，单击【ID】为2的【子材质】按钮，在弹出的对话框中选择【材质】|【标准】|【标准】选项，如图5-110所示。

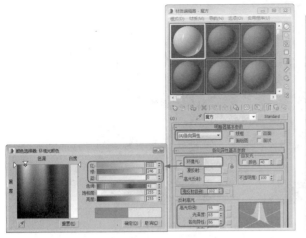
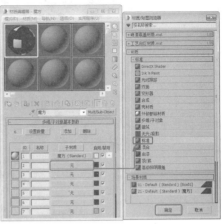

图5-109　设置【ID】为1的子材质　　　　　图5-110　选择【标准】选项

（7）单击【确定】按钮，在【明暗器基本参数】卷展栏中，将明暗器类型设置为【各向异性】；在【各向异性基本参数】卷展栏中，将【环境光】的RGB值设置为255、0、0，将【自发光】的值设置为40，将【漫反射级别】的值设置为102，在【反射高光】选区中，将【高光级别】、【光泽度】和【各向异性】的值分别设置为95、65和86，如图5-111所示。

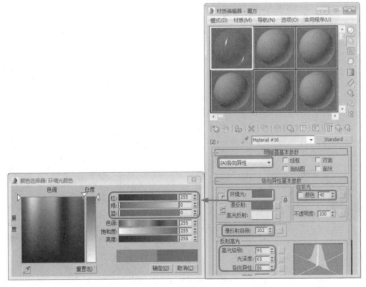

图5-111　设置【ID】为2的子材质

（8）使用相同的方法设置其他材质。在设置完成后，单击【将材质指定给选定对象】按钮，将该材质指定给【魔方】对象。切换到【摄影机】视图，按【F9】快捷键对其进行渲染，效果渲染如图5-112所示。

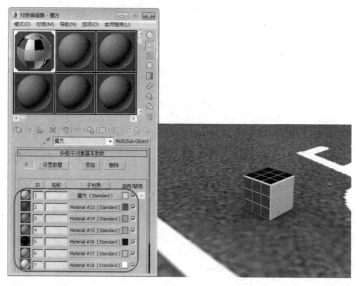

图 5-112　为【魔方】对象指定材质后的渲染效果

5.7.2　【多维/子对象】材质的相关参数

　　【多维/子对象】材质主要用于将多种材质指定给模型对象的各个子对象，使模型对象表面的不同位置显示不同的材质效果，如图 5-113 所示。该材质是根据模型对象的子对象的 ID 进行设置的，在使用该材质前，要先给模型对象的各个子对象设置 ID。

　　【多维/子对象基本参数】卷展栏如图 5-114 所示，其中子材质的 ID 与列表顺序无关，可以输入新的 ID。单击【材质编辑器】窗口中的【使唯一】按钮 ，允许将一个实例子材质构建为一个唯一的副本。

图 5-113　【多维/子对象】材质的效果

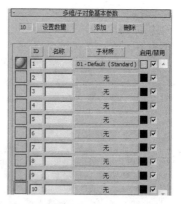

图 5-114　【多维/子对象基本参数】卷展栏

- 【设置数量】：设置构成【多维/子对象】材质的子材质数量。如果减小该值，则会将已设置的子材质移除。
- 【添加】：添加一个新的子材质。新的子材质的默认 ID 会在当前 ID 的基础上递增。
- 【删除】：删除当前选中的子材质。可以通过撤销命令取消删除操作。
- 【ID】：单击该按钮，可以根据 ID 对列表进行升序排序。
- 【名称】：单击该按钮，可以根据名称对列表进行升序排序。

- 【子材质】：单击该按钮，可以根据子材质的名称对列表进行升序排序。列表中每个子材质都包含以下控件。
  - 材质球：用于显示子材质的预览效果。单击材质球可以选择相应的子材质。
  - 【ID】：用于显示子材质的ID，可以在这里重新设置子材质的ID。如果输入的ID有重复，系统会发出警告，如图5-115所示。

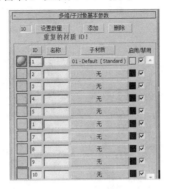

图5-115　ID重复警告

  - 【名称】：用于设置自定义的子材质名称。
  - 【子材质】：单击该按钮，可以选择和设置子材质。单击右侧的色块可以设置子材质的【漫反射】颜色。最右侧的复选框主要用于启用或禁用该子材质。

5.8　上机实战——制作石墙材质

本案例主要介绍如何通过为【漫反射颜色】通道添加【位图】贴图来制作石墙材质。本案例所需的素材文件如表5-8所示，完成后的效果如图5-116所示。

表5-8　本案例所需的素材文件

案例文件	CDROM|Scenes|Cha05|利用位图贴图为墙体添加材质.max
	CDROM|Scenes|Cha05|利用位图贴图为墙体添加材质-OK.max
贴图文件	CDROM|Map
视频文件	视频教学|Cha05|制作石墙材质.avi

图5-116　石墙材质的效果

（1）打开配套资源中的【CDROM|Scenes|Cha05|利用位图贴图为墙体添加材质.max】文件，如图 5-117 所示。

（2）在场景中选中要指定材质的【墙】对象，按【M】快捷键打开【材质编辑器】窗口，选择一个空白材质球，将其重命名为【墙】，将【自发光】的值设置为 32，在【贴图】卷展栏中，单击【漫反射颜色】通道的【贴图类型】按钮，在弹出的【材质/贴图浏览器】对话框中选择【贴图】|【标准】|【位图】选项，如图 5-118 所示。

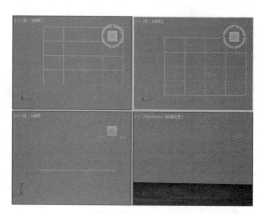

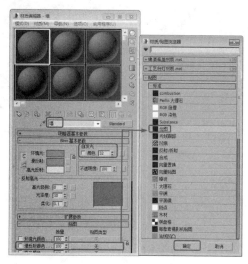

图 5-117　打开【利用位图贴图为墙体添加
材质.max】文件

图 5-118　选择【位图】选项

（3）弹出【选择位图图像文件】对话框，打开配套资源中的【CDROM|Map||bas07BA.jpg】贴图文件，在【坐标】卷展栏中，将【U】和【V】的【瓷砖】值分别设置为 1.5 和 1，如图 5-119 所示。

（4）在设置完成后，单击【将材质指定给选定对象】按钮，将【墙】材质指定给【墙】对象，关闭【材质编辑器】窗口。切换到【摄影机】视图，按【F9】快捷键对其进行渲染，渲染效果如图 5-120 所示。

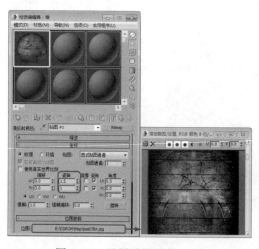

图 5-119　设置贴图参数

图 5-120　指定材质后的渲染效果

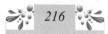

习题与训练

一、填空题

1. 3ds Max 2016 中材质和贴图的编辑是在＿＿＿＿＿＿＿＿＿＿＿窗口中进行的。

2. 按＿＿＿＿＿快捷键可以打开【材质编辑器】窗口。

3. 材质的颜色包括＿＿＿＿、＿＿＿＿、＿＿＿＿共3部分颜色信息，其中，起决定作用的是＿＿＿＿颜色。

4. 常见的贴图方式有＿＿＿＿、＿＿＿＿、＿＿＿＿和＿＿＿＿。

5. 贴图材质的来源主要有＿＿＿＿＿＿＿和＿＿＿＿＿＿＿两种。

6. 可以在【材质编辑器】窗口的＿＿＿＿＿＿＿卷展栏中设置贴图坐标，也可以使用＿＿＿＿＿＿＿修改器设置贴图坐标。

二、简答题

1. 简述【材质编辑器】窗口的功能。

2. 简述制作【漫反射颜色】贴图材质的方法。

3. 简述制作【凹凸】贴图材质的方法。

第6章

灯光

06
Chapter

本章导读:

基础知识 ◆ 灯光的常用参数
◆ 灯光类型

重点知识 ◆ 室内日光的模拟
◆ 系统默认光源

提高知识 ◆【阴影贴图参数】卷展栏
◆ 阴影

　　3ds Max 2016 创建的三维场景离不开灯光。灯光可以照亮场景,使物体显示出各种反射效果,并且形成阴影。不同的灯光设置模拟出来的效果不同。本章主要介绍灯光的基础知识与使用方法。

6.1 任务 18：灯光的模拟与设置——使用泛光灯

本案例主要介绍灯光的模拟与设置。本案例所需的素材文件如表 6-1 所示，完成后的效果如图 6-1 所示。

表 6-1 本案例所需的素材文件

案例文件	CDROM|Scenes|Cha06|灯光的模拟与设置.max
	CDROM|Scenes|Cha06|灯光的模拟与设置 OK .max
贴图文件	CDROM|Map
视频文件	视频教学|Cha06|灯光的模拟与设置.avi

图 6-1 灯光的模拟与设置效果

6.1.1 任务实施

（1）打开配套资源中的【CDROM|Scenes|Cha06|灯光的模拟与设置.max】文件，如图 6-2 所示。

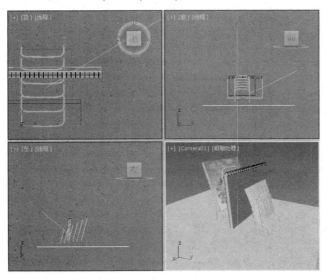

图 6-2 打开【灯光的模拟与设置.max】文件

（2）在命令面板中选择【创建】|【灯光】|【标准】|【目标聚光灯】工具，在【顶】视图中创建一盏目标聚光灯，展开【常规参数】卷展栏，在【阴影】选区中勾选【启用】复选框，将阴影模式设置为【光线跟踪阴影】；展开【强度/颜色/衰减】卷展栏，将【倍增】的值设置为 0.5；

展开【聚光灯参数】卷展栏，将【聚光区/光束】和【衰减区/区域】的值分别设置为 80.0 和 82.0，然后在场景中调整目标聚光灯的位置，如图 6-3 所示。

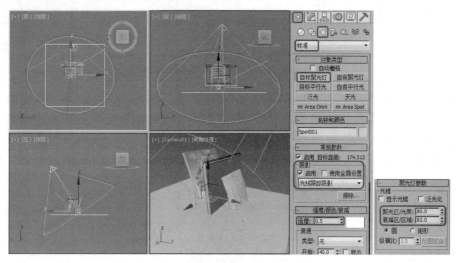

图 6-3　创建目标聚光灯并调整其位置

知识链接

当添加目标聚光灯时，3ds Max 2016 会自动为该目标聚光灯指定注视控制器，并且将目标聚光灯的目标对象指定为【注视】目标。也可以在【运动】命令面板中将场景中的任意其他对象指定为【注视】目标。

（3）在命令面板中选择【创建】|【灯光】|【标准】|【天光】工具，在【顶】视图中创建一盏天光灯，并且在场景中调整天光灯的位置，如图 6-4 所示。

（4）按【F9】快捷键渲染场景，渲染效果如图 6-5 所示。将完成后的场景文件和效果保存。

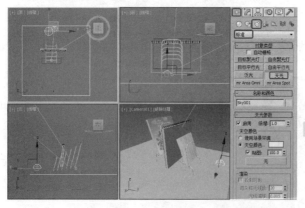

图 6-4　创建天光灯并调整其位置

图 6-5　渲染效果

6.1.2　阴影

阴影是指对象后面灯光变暗的区域。3ds Max 2016 支持多种类型的阴影，包括区域阴影、阴影贴图、光线跟踪阴影等。

- 区域阴影：模拟灯光在区域或体积上生成的阴影，不需要太大的内存空间，而且支持透明对象。
- 阴影贴图：是渲染器在预渲染场景通道时生成的位图。阴影贴图可以有不同的分辨率，但是较高的分辨率会要求有更大的内存空间。阴影贴图通常能够创建出更真实、更柔和的阴影，但它不支持透明度设置。
- 光线跟踪阴影：通过跟踪从光源进行采样的光线路径生成的阴影。该过程需要较长的处理周期，但是能产生非常精确且边缘清晰的阴影。使用光线跟踪阴影可以为对象创建阴影贴图无法创建的阴影，如透明玻璃。
- 高级光线跟踪：与光线跟踪阴影类似，但是它还提供了抗锯齿控件，可以通过这个控件微调光线跟踪阴影的生成方式。
- mental ray 阴影贴图：使用 mental ray 阴影贴图作为阴影类型，会通知 mental ray 渲染器使用 mental ray 阴影贴图算法生成阴影，扫描线渲染器不支持 mental ray 阴影贴图阴影。当它遇到具有此阴影类型的灯光时，不会为该灯光生成阴影。

使用不同类型阴影的效果如图 6-6 所示。

图 6-6　使用不同类型阴影的效果

6.1.3　系统默认光源

不同类型的标准灯光对象如图 6-7 所示。当场景中没有设置光源时，3ds Max 2016 会提供一个系统默认光源。系统默认光源提供了充足的照明，但它并不适合用于最后的渲染，如图 6-8 所示。

在 3ds Max 2016 的场景中，系统默认光源的数量可以是 1，也可以是 2，并且可以将系统默认光源添加到当前场景中。在将系统默认光源添加到场景中后，即可对它的参数、位置等进行调整。

设置系统默认光源的渲染数量，并且将系统默认光源添加到场景中，具体步骤如下。

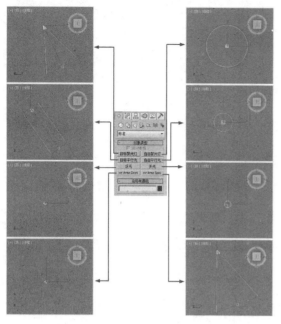

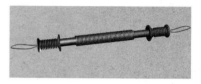

图 6-7　不同类型的标准灯光对象　　　　　　图 6-8　使用默认灯光照明的场景

（1）在【顶】视图左上角右击，在弹出的快捷菜单中选择【配置视口】命令，弹出【视口配置】对话框。

!　提示：还有两种方法可以打开【视口配置】对话框。
- 选择菜单栏中的【视图】|【视口配置】命令，打开【视口配置】对话框。
- 右击【视图控制区】面板中的任意一个按钮，即可打开【视口配置】对话框。

（2）选择【视觉样式和外观】选项卡，选择【使用下列对象照亮】|【默认灯光】|【1 盏灯光】或【2 盏灯光】单选按钮，然后单击【确定】按钮，如图 6-9 所示。

（3）在菜单栏中选择【创建】|【灯光】|【标准灯光】|【添加默认灯光到场景】命令，弹出【添加默认灯光到场景】对话框，将【距离缩放】的值设置为 1.0，单击【确定】按钮，如图 6-10 所示。

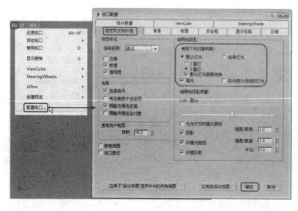

图 6-9　设置系统默认光源的渲染数量　　　　图 6-10　将系统默认光源添加到场景中

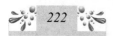

（4）单击【所有视图最大化显示选定对象】按钮 ⊞，将所有视图以最大化方式显示，此时系统默认光源会显示在场景中。

> ！ 提示：当第一次在场景中添加灯光时，3ds Max 2016 会关闭系统默认光源，以便看到新添灯光的效果。只要场景中有灯光存在，无论它们是打开的，还是关闭的，系统默认光源都会被关闭。当场景中所有灯光都被删除时，系统默认光源会自动恢复。

6.1.4 灯光的常用参数

在 3ds Max 2016 中，除了天光灯对象外，所有灯光对象都共享一套控制参数，包括【常规参数】、【强度/颜色/衰减】、【高级效果】、【阴影参数】和【大气和效果】卷展栏，它们控制着灯光对象最基本的特征。

1.【常规参数】卷展栏

【常规参数】卷展栏如图 6-11 所示，该卷展栏中的参数主要用于设置灯光类型与阴影类型，以及控制灯光的目标对象。

图 6-11 【常规参数】卷展栏

【灯光类型】选区。

- 【启用】：用于启用和禁用灯光。如果勾选该复选框，那么使用该灯光进行着色和渲染，从而照亮场景；如果不勾选该复选框，那么在进行着色或渲染时不使用该灯光。默认勾选该复选框。
- 聚光灯 ▼ ：用于选择当前灯光的类型，可以在聚光灯、平行光和泛光灯之间进行转换。
- 【目标】：勾选该复选框，灯光会成为目标，并且在右侧显示灯光与其目标之间的距离。对于自由灯光，可以设置该值；对于目标灯光，可以不勾选该复选框，或者移动灯光或灯光的目标修改该值。

【阴影】选区。

- 【启用】：用于启用或禁用场景中的阴影。
- 【使用全局设置】：勾选该复选框，会将下面的阴影参数应用到场景中的投影灯上。
- 阴影贴图 ▼ ：指定当前灯光使用哪种阴影贴图进行渲染，其中包括【高级光线跟踪】、【mental ray 阴影贴图】、【区域阴影】、【阴影贴图】和【光线跟踪阴影】共 5 种阴影贴图。
- 【排除】：单击该按钮，弹出【排除/包含】对话框，在该对话框中可以设置场景中哪些对象不受当前灯光的影响，如图 6-12 所示。

如果要设置个别对象不产生或不接收阴影，则可以选中该对象并右击，在弹出的快捷菜单中选择【对象属性】命令，在弹出的【对象属性】对话框中取消勾选【接收阴影】或【投影阴影】复选框，如图 6-13 所示。

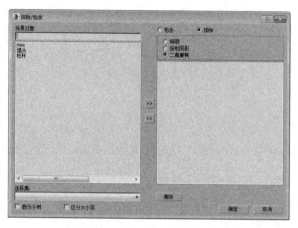

图 6-12 【排除/包含】对话框

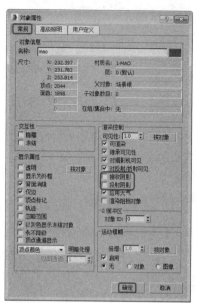

图 6-13 设置不产生或不接收阴影

2.【强度/颜色/衰减】卷展栏

【强度/颜色/衰减】卷展栏是标准的附加参数卷展栏，如图 6-14 所示，该卷展栏中的参数主要用于对灯光的颜色、强度及衰减进行设置。

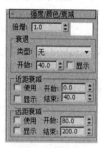

图 6-14 【强度/颜色/衰减】卷展栏

【倍增】：如果勾选该复选框，那么在进行着色或渲染时使用该灯光；如果取消勾选该复选框，那么在进行着色或渲染时不使用该灯光。

【衰退】选区：用于降低远处灯光的照射强度。

● 【类型】：该下拉列表中有 3 个衰退选项。

➢ 【无】：不应用衰退。

➢ 【倒数】：以倒数方式计算衰退，计算公式为 L（亮度）$=RO/R$，RO 为应用灯光衰退的光源半径，R 为照射距离。

➢ 【平方反比】：计算公式为 L（亮度）$=(RO/R)2$，这是真实世界中的灯光衰退公式，也是光度学灯光的衰退公式。

- 【开始】：定义灯光不发生衰退的范围。
- 【显示】：显示灯光进行衰退的范围。

【近距衰减】选区：用于设置灯光从开始衰减到衰减程度最强的区域。

- 【使用】：决定被选择的灯光是否使用它被指定的衰减范围。
- 【显示】：如果勾选该复选框，那么在灯光的周围会出现表示灯光衰减结束的圆圈，如图6-15所示。

图6-15 勾选【显示】复选框

- 【开始】：用于定义灯光不发生衰减的距离，只有在距离比该值更大的照射范围，灯光才开始发生衰减。
- 【结束】：设置灯光衰减结束的距离，即灯光停止照明的距离。在【开始】值和【结束】值之间的位置，灯光按线性衰减。

【远距衰减】选区：用于设置灯光从开始衰减到衰减结束的区域。

- 【使用】：决定灯光是否使用指定的衰减范围。
- 【显示】：如果勾选该复选框，则会出现表示灯光衰减开始和结束的圆圈。
- 【开始】：用于定义灯光不发生衰减的距离。
- 【结束】：设置灯光衰减结束的距离，即灯光停止照明的距离。

3.【高级效果】卷展栏

【高级效果】卷展栏如图6-16所示，其各项参数的功能如下。

【影响曲面】选区。

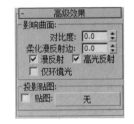

图6-16 【高级效果】卷展栏

- 【对比度】：用于调整曲面的漫反射区域和环境光区域之间的对比度。
- 【柔化漫反射边】：增大该值可以柔化曲面的漫反射区域与环境光区域之间的边缘。
- 【漫反射】：漫反射区域是指从对象表面的亮部到暗部的过渡区域。只有在勾选该复选框的情况下，灯光才会对对象表面的漫反射产生影响。如果取消勾选该复选框，则灯光不会影响漫反射区域。默认勾选该复选框。
- 【高光反射】：反射高光区域是指灯光在对象表面产生的光点。如果勾选该复选框，那么灯光会影响对象的反射高光区域；如果取消勾选该复选框，那么灯光不会影响对象的反射高光区域。默认勾选该复选框。
- 【仅环境光】：如果勾选该复选框，则照射对象会反射环境光的颜色。默认不勾选该复选框。

【投影贴图】选区。

如果勾选【贴图】复选框，则可以单击右侧的按钮为灯光指定一个投影图形，投影贴图可以是静止的图像，也可以是动画，它可以像投影机一样将图形投影到照射的对象表面，如图 6-17 所示。当使用一个黑白位图进行投影时，黑色部分会将光线完全挡住，白色部分对光线没有影响。

4.【阴影参数】卷展栏

【阴影参数】卷展栏中的参数主要用于控制阴影的颜色、浓度，以及是否使用贴图代替颜色作为阴影，如图 6-18 所示，其各项参数的功能如下。

图 6-17　使用灯光投影

图 6-18　【阴影参数】卷展栏

【对象阴影】选区：用于控制对象的阴影效果。

- 【颜色】：用于设置阴影的颜色。
- 【密度】：如果该值较大，则会产生粗糙、有明显锯齿状边缘的阴影；如果该值较小，则会产生边缘平滑的阴影。
- 【贴图】：如果勾选该复选框，则可以对对象的阴影投射图像，但不影响阴影以外的区域。在处理透明对象的阴影时，可以将透明对象的贴图作为投射图像投射到阴影中，从而创建更多的细节，使阴影更真实。
- 【灯光影响阴影颜色】：如果勾选该复选框，则会将灯光颜色与阴影颜色（如果阴影已设置贴图）混合。默认不勾选该复选框。

【大气阴影】选区：用于控制是否允许大气投射阴影。

- 【启用】：如果勾选该复选框，那么当灯光穿过大气时，大气会投射阴影。
- 【不透明度】：用于设置大气阴影的不透明度的百分比。
- 【颜色量】：用于设置大气的颜色和阴影混合的百分比。

6.1.5　【阴影贴图参数】卷展栏

【阴影贴图参数】卷展栏中的参数主要用于对阴影的大小、采样范围、贴图偏移等选项进行控制，如图 6-19 所示，其各项参数的功能如下。

- 【偏移】：通常用于将阴影移向或移离投射阴影的对象。该值越高，阴影与投射阴影的对象离得越远；该值越低，阴影与投射阴影的对象靠得越近，如图 6-20 所示。
- 【大小】：用于确定阴影贴图的大小，该值越大，阴影质量越高。如果阴影面积较大，则提高该值，否则阴影会像素化，边缘会有锯齿。不同【大小】值的效果对比如图 6-21 所示，左图为将【大小】的值设置为 50 的效果，右图为将【大小】的值设置为 512 的效果。

图 6-19　【阴影贴图参数】　　　图 6-20　不同的【偏移】值　　　图 6-21　不同【大小】值的
　　　　　卷展栏　　　　　　　　　　　产生的效果　　　　　　　　　　效果对比

- 【采样范围】：设置阴影中边缘区域的模糊程度，原理是在阴影边界周围的几个像素中取样并进行模糊处理，从而产生模糊的边界。该值越高，阴影边界越模糊。因此阴影质量是由阴影贴图的【偏移】、【大小】和【采样范围】共同决定的。
- 【绝对贴图偏移】：如果取消勾选该复选框，那么系统会相对于场景中的其他对象计算偏移，通常会获得极佳效果。
- 【双面阴影】：用于控制在计算阴影时对象的背面是否产生阴影。

6.1.6　【大气和效果】卷展栏

【大气和效果】卷展栏主要用于指定、删除和设置与灯光有关的大气及渲染特效参数，如图 6-22 所示。单击【添加】按钮，弹出【添加大气或效果】对话框，如图 6-23 所示，在该对话框中可以为灯光添加大气和效果，其各项参数的功能如下。

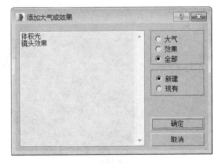

图 6-22　【大气和效果】卷展栏　　　　图 6-23　【添加大气或效果】对话框

- 【大气】：设置列表框中只显示大气相关内容。
- 【效果】：设置列表框中只显示渲染特效。
- 【全部】：设置列表框中可以同时显示大气和渲染效果。
- 【新建】：设置列表框中只显示新建的大气或渲染效果。
- 【现有】：设置列表框中只显示已经指定给灯光的大气或渲染效果。

单击【删除】按钮，可以删除列表框中选中的大气或渲染效果。在列表框中会显示当前灯光指定的所有大气和渲染效果。

单击【设置】按钮，可以对列表框中选中的大气或渲染效果进行设置。

6.2　任务 19：建筑夜景灯光设置——使用聚光灯与泛光灯

本案例主要介绍如何将多盏目标聚光灯与泛光灯结合并设置相关参数，从而在场景中产生建筑夜景灯光效果。本案例所需的素材文件如表 6-2 所示，完成后的效果如图 6-24 所示。

表 6-2　本案例所需的素材文件

案例文件	CDROM|Scenes|Cha06|建筑夜景灯光设置.max
	CDROM|Scenes|Cha06|建筑夜景灯光设置 OK .max
贴图文件	CDROM|Map
视频文件	视频教学|Cha06|建筑夜景灯光设置.avi

图 6-24　建筑夜景灯光效果

6.2.1　任务实施

（1）打开配套资源中的【CDROM|Scenes|Cha06|建筑夜景灯光设置.max】文件，如图 6-25 所示。

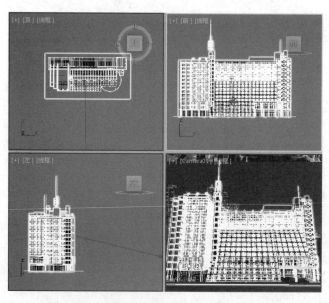

图 6-25　打开【建筑夜景灯光设置.max】文件

（2）在命令面板中选择【创建】|【灯光】|【标准】|【目标聚光灯】工具，在【前】视图中创建第一盏目标聚光灯，在【常规参数】卷展栏中，勾选【阴影】选区中的【启用】复选框；在【强度/颜色/衰减】卷展栏中，将【倍增】的值设置为 1.0，并且将其颜色的 RGB 值设置为123、116、255；在【聚光灯参数】卷展栏中，将【聚光区/光束】和【衰减区/区域】的值分别设置为 0.5 和 40.0；然后在场景中调整目标聚光灯的位置，如图 6-26 所示。

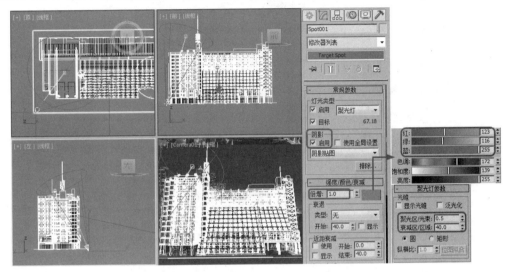

图 6-26　创建第一盏目标聚光灯并调整其位置

（3）在命令面板中选择【创建】|【灯光】|【标准】|【目标聚光灯】工具，在【前】视图中创建第二盏目标聚光灯，在【常规参数】卷展栏中，取消勾选【阴影】选区中的【启用】复选框；在【强度/颜色/衰减】卷展栏中，将【倍增】的值设置为 1.0，并且将其颜色的 RGB 值设置为252、255、0；在【聚光灯参数】卷展栏中，将【聚光区/光束】和【衰减区/区域】的值分别设置为 0.5 和 40.0；然后在场景中调整目标聚光灯的位置，如图 6-27 所示。

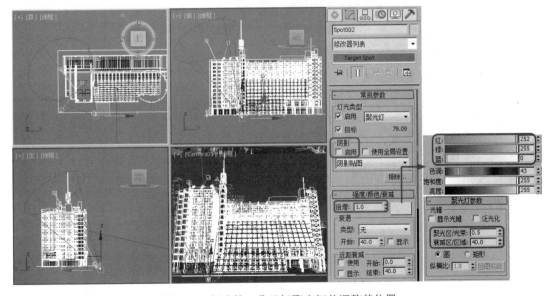

图 6-27　创建第二盏目标聚光灯并调整其位置

（4）在命令面板中选择【创建】|【灯光】|【标准】|【目标聚光灯】工具，在【前】视图中创建第三盏目标聚光灯，在【常规参数】卷展栏中，取消勾选【阴影】选区中的【启用】复选框；在【强度/颜色/衰减】卷展栏中，将【倍增】的值设置为1.0，并且将其颜色的RGB值设置为255、170、170；在【聚光灯参数】卷展栏中，将【聚光区/光束】和【衰减区/区域】的值分别设置为0.5和40.0；然后在场景中调整目标聚光灯的位置，如图6-28所示。

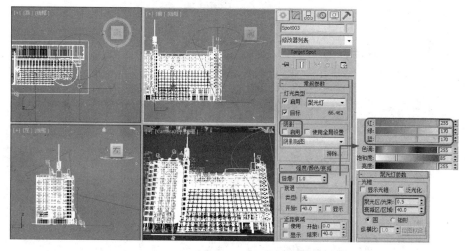

图 6-28　创建第三盏目标聚光灯并调整其位置

（5）在命令面板中选择【创建】|【灯光】|【标准】|【目标聚光灯】工具，在【前】视图中创建第四盏目标聚光灯，在【常规参数】卷展栏中，勾选【阴影】选区中的【启用】复选框；在【强度/颜色/衰减】卷展栏中，将【倍增】的值设置为1.0，并且将其颜色的RGB值设置为255、246、0；在【聚光灯参数】卷展栏中，将【聚光区/光束】和【衰减区/区域】的值分别设置为0.5和40.0；然后在场景中调整目标聚光灯的位置，如图6-29所示。

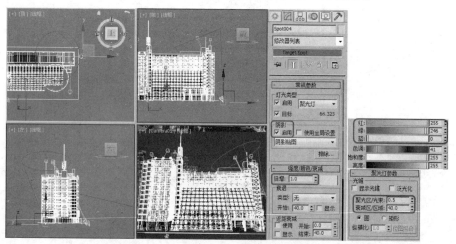

图 6-29　创建第四盏目标聚光灯并调整其位置

（6）在命令面板中选择【创建】|【灯光】|【标准】|【泛光灯】工具，在【前】视图中创建第一盏泛光灯，在【常规参数】卷展栏中，勾选【阴影】选区中的【启用】复选框，将阴影模式设置为【光线跟踪阴影】，然后在场景中调整泛光灯的位置，如图6-30所示。

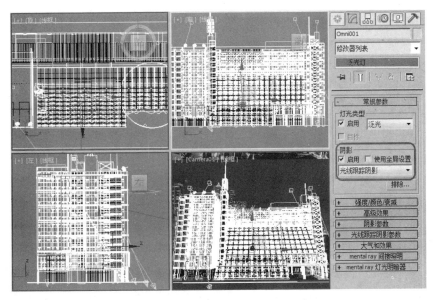

图 6-30　创建第一盏泛光灯并调整其位置

（7）在命令面板中选择【创建】|【灯光】|【标准】|【泛光灯】工具，在【前】视图中创建第二盏泛光灯，在【常规参数】卷展栏中，勾选【阴影】选区中的【启用】复选框，将阴影模式设置为【阴影贴图】；在【强度/颜色/衰减】卷展栏中，将【倍增】的值设置为 1.0，并且将其颜色的 RGB 值设置为 255、255、255；然后在场景中调整泛光灯的位置，如图 6-31 所示。

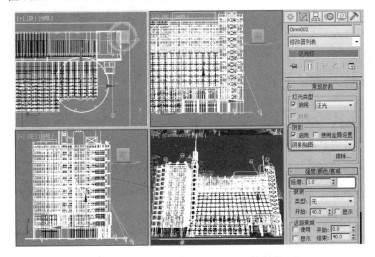

图 6-31　创建第二盏泛光灯并调整其位置

（8）在命令面板中选择【创建】|【灯光】|【标准】|【泛光灯】工具，在【顶】视图中创建第三盏泛光灯，在【常规参数】卷展栏中，取消勾选【阴影】选区中的【启用】复选框；在【强度/颜色/衰减】卷展栏中，将【倍增】的值设置为 0.5；然后在场景中调整泛光灯的位置，如图 6-32 所示。

（9）在命令面板中选择【创建】|【灯光】|【标准】|【泛光灯】工具，在【顶】视图中创建第四盏泛光灯，在【常规参数】卷展栏中，勾选【阴影】选区中的【启用】复选框；在【强度/

颜色/衰减】卷展栏中，将【倍增】的值设置为 1.0；并且在场景中调整泛光灯的位置，如图 6-33 所示。

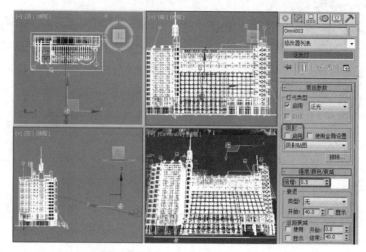

图 6-32 创建第三盏泛光灯并调整其位置

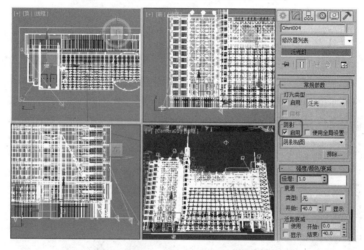

图 6-33 创建第四盏泛光灯并调整其位置

6.2.2 3ds Max 2016 的灯光类型

3ds Max 2016 中内置许多灯光类型，它们可以模拟自然界中的大部分光源，同时也可以创建仅存在于计算机图形学中的虚拟光源。3ds Max 2016 中包括 8 种不同类型的标准灯光，分别为【目标聚光灯】、【Free Spot】、【目标平行光】、【自由平行光】、【泛光灯】、【天光】、【mr 区域泛光灯】和【mr 区域聚光灯】。

1. 聚光灯

聚光灯有 3 种类型，分别为【目标聚光灯】、【自由聚光灯】和【mrArea Spot】。下面对这 3 种聚光灯进行详细介绍。

1）目标聚光灯。

目标聚光灯可以产生一个锥形的照射区域，区域外的对象不受灯光的影响。目标聚光

灯可以调节投射点和目标点，它是一个有方向的光源，对阴影的塑造能力很强。使用目标聚光灯作为体光源可以模拟各种锥形的光柱效果。在【聚光灯参数】卷展栏中勾选【泛光化】复选框，可以将其作为泛光灯使用。存在目标聚光灯的场景如图 6-34 所示，其渲染的效果如图 6-35 所示。

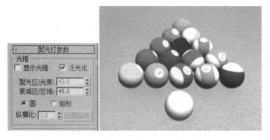

图 6-34　存在目标聚光灯的场景　　　　图 6-35　目标聚光灯的渲染效果

2）自由聚光灯。

自由聚光灯可以产生锥形照射区域，它是一种受限制的目标聚光灯，因为只能控制它的整个图标，而无法在视图中分别调节发射点和目标点。它的优点是不会在视图中改变投射范围，因此适合用于一些动画的灯光，如摇晃的船桅灯、晃动的手电筒、舞台上的投射灯等。自由聚光灯的渲染效果如图 6-36 所示。

3）mrArea Spot。

图 6-36　自由聚光灯效果

在使用 mental ray 渲染器进行渲染时，mrArea Spot 可以从矩形或圆形区域发射光线，产生柔和的照明和阴影。而在使用 3ds Max 2016 默认的扫描线渲染器时，其效果等同于目标聚光灯。mrArea Spot 的【区域灯光参数】卷展栏如图 6-37 所示，mrArea Spot 的渲染效果如图 6-38 所示。

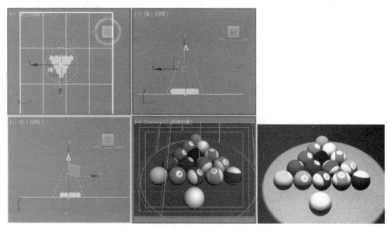

图 6-37　mrArea Spot 的　　　　图 6-38　mrArea Spot 的渲染效果
【区域灯光参数】卷展栏

2. 泛光灯

泛光灯包括【泛光灯】和【mrArea Omni】两种类型，下面对它们进行详细介绍。

1）泛光灯。

泛光灯会向四周发散光线，主要用于在场景中添加辅助照明或模拟点光源。它的优点是易于创建和调节，不用考虑是否有对象在范围外而不被照射；缺点是不能创建太多，否则显得无层次感。

泛光灯可以投射阴影和投影。一盏投射阴影的泛光灯的效果等同于六盏聚光灯的效果。通常使用泛光灯模拟灯泡、台灯等光源对象。

在场景中创建一盏泛光灯，如图 6-39 所示，它可以产生明暗关系的对比，渲染后的效果如图 6-40 所示。

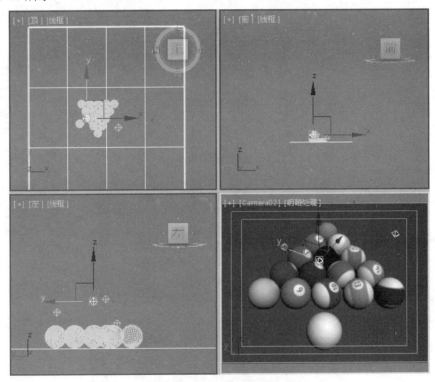

图 6-39　存在泛光灯的场景

图 6-40　泛光灯的渲染效果

2）mrArea Omni。

当使用 Mental ray 渲染器渲染场景时，mrArea Omni 会从球体或圆柱体中向四周体积发射光线，而不是从一个点向外发射光线，如图 6-41 所示。在使用默认的扫描线渲染器进行渲染时，mrArea Omni 会像泛光灯一样发射光线。【区域灯光参数】卷展栏如图 6-42 所示，其大部分参数的功能与 mrArea Spot 的【区域灯光参数】卷展栏中参数的功能相似。

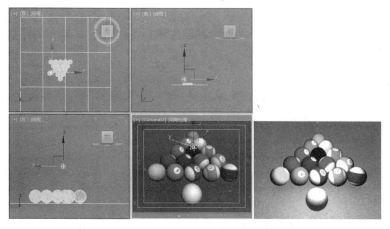

图 6-41　存在 mrArea Omni 的场景

图 6-42　mrArea Omni 的
【区域灯光参数】卷展栏

3. 平行光

平行光包括【目标平行光】和【自由平行光】两种类型。

1）目标平行光。

目标平行光会产生单方向的平行照射区域，它与目标聚光灯的区别是照射区域呈柱体，而不是锥体。目标平行光主要用于模拟阳光的照射，对于户外场景尤为适用。如果作为体积光源，则可以产生一个光柱，通常用于模拟探照灯、激光光束等特殊效果。存在目标平行光的场景如图 6-43 所示，渲染后的效果如图 6-44 所示。

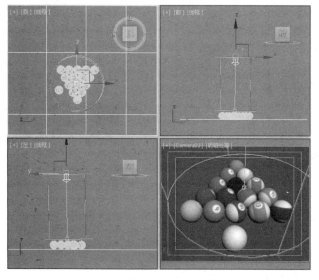

图 6-43　存在目标平行光的场景

图 6-44　目标平行光的渲染效果

!　提示：只有当平行光处于场景几何体边界盒外且指向下方时，才支持【光能传递】计算。

2）自由平行光。

自由平行光会产生平行的照射区域。它其实是一种受限制的目标平行光，在视图中，不可分别对它的投射点和目标点进行调节，只能对其进行整体移动或旋转，这样可以保证照射范围不发生改变。如果对灯光的范围有固定要求，尤其是在灯光的动画中，这是一个非常好的选择。存在自由平行光的场景如图 6-45 所示，渲染后的效果如图 6-46 所示。

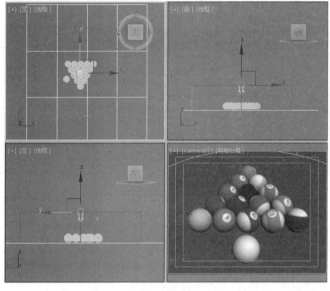

图 6-45　存在自由平行光的场景

图 6-46　自由平行光的渲染效果

4．天光灯

天光灯可以模拟日光照射效果。3ds Max 2016 中有多种模拟日光照射效果的方法，当使用默认扫描线渲染器进行渲染时，将天光灯与光跟踪器或光能传递结合使用效果更佳，如图 6-47 所示。【天光参数】卷展栏如图 6-48 所示。

图 6-47　将天光灯与光跟踪器或光能传递结合使用的效果

图 6-48　【天光参数】卷展栏

!　提示：如果只使用 mental ray 渲染器进行渲染，那么天光灯的照明对象显示为黑色，除非启用最终聚焦功能。

6.3 上机实战——室内日光的模拟

本案例主要介绍如何对一套简单的室内效果图场景进行日光效果的模拟。本案例所需的素材文件如表6-3所示，完成后的效果如图6-49所示。

表6-3 本案例所需的素材文件

案例文件	CDROM|Scenes|Cha06|室内日光的模拟.max
	CDROM|Scenes|Cha06|室内日光的模拟 OK .max
贴图文件	CDROM|Map
视频文件	视频教学|Cha06|室内日光的模拟.avi

图6-49 室内日光的模拟效果

（1）打开配套资源中的【CDROM\|Scenes\|Cha06\|室内日光的模拟.max】文件，如图6-50所示。

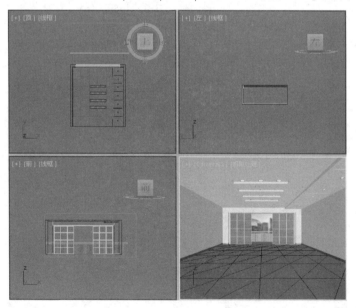

图6-50 打开【室内日光的模拟.max】文件

（2）在命令面板中选择【创建】|【灯光】|【标准】|【目标聚光灯】工具，在【顶】视图中创建一盏目标聚光灯，切换到【修改】命令面板，在【常规参数】卷展栏中，勾选【阴影】选区中的【启用】复选框，将阴影模式设置为【光线跟踪阴影】；在【强度/颜色/衰减】卷展栏中，

将【倍增】的值设置为 0.7，并且将其右侧色块的 RGB 值设置为 201、201、201，然后在场景中调整目标聚光灯的位置，如图 6-51 所示。

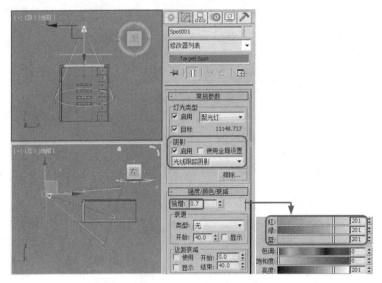

图 6-51　创建目标聚光灯并调整其位置（一）

（3）在【聚光灯参数】卷展栏中，将【聚光区/光束】和【衰减区/区域】的值分别设置为 0.5、62.4，如图 6-52 所示。

（4）使用【目标聚光灯】工具在【顶】视图中创建一盏目标聚光灯，切换到【修改】命令面板，在【强度/颜色/衰减】卷展栏中，将【倍增】的值设置为 0.5，并且将其右侧色块的 RGB值设置为 211、211、211，在【聚光灯参数】卷展栏中，将【聚光区/光束】和【衰减区/区域】的值分别设置为 0.5、31.0，选择【矩形】单选按钮，将【纵横比】的值设置为 3.32，然后在场景中调整目标聚光灯的位置，如图 6-53 所示。

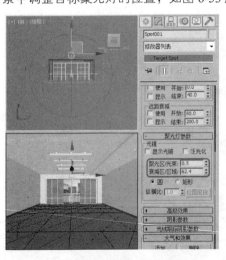

图 6-52　调整目标聚光灯的相关参数

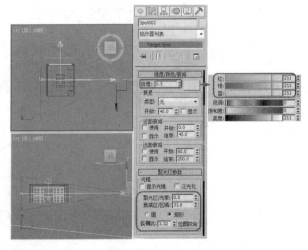

图 6-53　创建目标聚光灯并调整其位置（二）

（5）继续使用【目标聚光灯】工具在【顶】视图中创建目标聚光灯，切换到【修改】命令面板，在【强度/颜色/衰减】卷展栏中，将【倍增】的值设置为 0.4；在【聚光灯参数】卷展栏中，将【聚光区/光束】和【衰减区/区域】的值分别设置为 0.5、24.7，选择【矩形】单选按钮，将【纵横比】的值设置为 2.11，然后在场景中调整目标聚光灯的位置，如图 6-54 所示。

（6）在命令面板中选择【创建】|【灯光】|【标准】|【泛光】工具，在【顶】视图中创建一盏泛光灯，切换到【修改】命令面板，将阴影模式设置为【阴影贴图】，在【常规参数】卷展栏中单击【排除】按钮，弹出【排除/包含】对话框，在左侧列表框中选择【背景】、【推拉门左玻璃】、【推拉门左玻璃 01】和【阳台护栏玻璃】选项，单击 >> 按钮，即可使所选对象不被泛光灯照射，然后单击【确定】按钮，如图 6-55 所示。

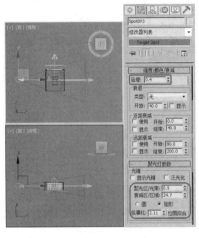
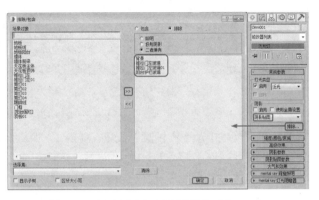

图 6-54　创建目标聚光灯并调整其位置（三）　　　图 6-55　创建泛光灯并设置排除对象（一）

（7）然后在场景中调整泛光灯的位置，如图 6-56 所示。

（8）使用【泛光】工具在【顶】视图中创建一盏泛光灯，切换到【修改】命令面板，在【常规参数】卷展栏中单击【排除】按钮，弹出【排除/包含】对话框，选择【包含】单选按钮，并且在左侧列表框中选择【地板】、【地板线】、【地板阳台】、【推拉门左】和【推拉门左 01】选项，单击 >> 按钮，即可使泛光灯只照射所选对象，然后单击【确定】按钮，如图 6-57 所示。

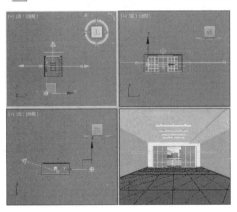
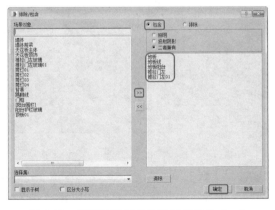

图 6-56　调整泛光灯的位置　　　　　图 6-57　创建泛光灯并设置包含对象（一）

（9）在【强度/颜色/衰减】卷展栏中，将【倍增】的值设置为 0.7，并且将其右侧色块的 RGB 值设置为 255、255、255，然后在场景中调整泛光灯的位置，如图 6-58 所示。

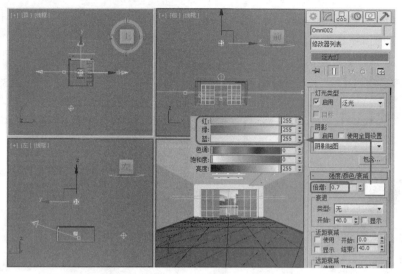

图 6-58 设置泛光灯的相关参数并调整其位置（一）

（10）使用【泛光】工具在【顶】视图中创建一盏泛光灯，切换到【修改】命令面板，在【常规参数】卷展栏中单击【排除】按钮，弹出【排除/包含】对话框，选择【排除】单选按钮，在左侧列表框中选择【背景】、【推拉门左玻璃】和【推拉门左玻璃 01】选项，单击 >> 按钮，即可使所选对象不被泛光灯照射，然后单击【确定】按钮，如图 6-59 所示。

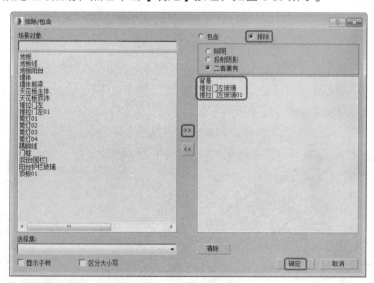

图 6-59 创建泛光灯并设置排除对象（二）

（11）在【强度/颜色/衰减】卷展栏中，将【倍增】右侧色块的 RGB 值设置为 254、247、238，然后在场景中调整泛光灯的位置，如图 6-60 所示。

（12）使用【泛光】工具在【顶】视图中创建一盏泛光灯，切换到【修改】命令面板，在【常规参数】卷展栏中单击【排除】按钮，弹出【排除/包含】对话框，选择【排除】单选按钮，在左侧列表框中选择【背景】、【推拉门左玻璃】、【推拉门左玻璃 01】、【阳台护栏玻璃】和【阳台围栏】选项，单击 >> 按钮，即可使所选对象不被泛光灯照射，然后单击【确定】按钮，如图 6-61 示。

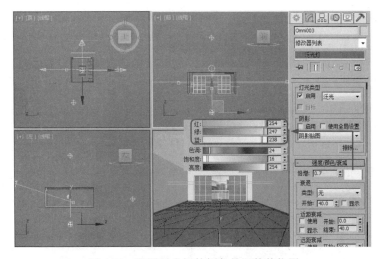

图 6-60　设置泛光灯的颜色并调整其位置

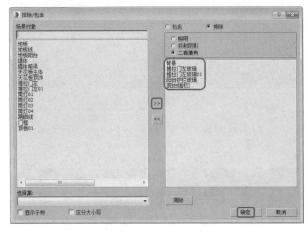

图 6-61　创建泛光灯并设置排除对象（三）

（13）在【强度/颜色/衰减】卷展栏中，将【倍增】的值设置为 0.2，并且将其右侧色块的 RGB 值设置为 211、211、211，然后在场景中调整泛光灯的位置，如图 6-62 所示。

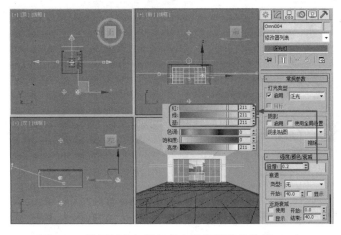

图 6-62　设置泛光灯的相关参数并调整其位置（二）

（14）继续使用【泛光】工具在【顶】视图中创建泛光灯，切换到【修改】命令面板，在【常规参数】卷展栏中单击【排除】按钮，弹出【排除/包含】对话框，选择【包含】单选按钮，在左侧列表框中选择【推拉门左玻璃】和【推拉门左玻璃 01】选项，单击>>按钮，即可使泛光灯只照射所选对象，然后单击【确定】按钮，如图 6-63 所示。

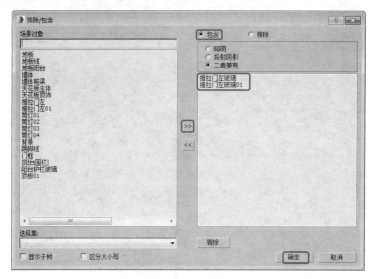

图 6-63　创建泛光灯并设置包含对象（二）

（15）在【强度/颜色/衰减】卷展栏中，将【倍增】的值设置为 0.5，然后在场景中调整泛光灯的位置，如图 6-64 所示。

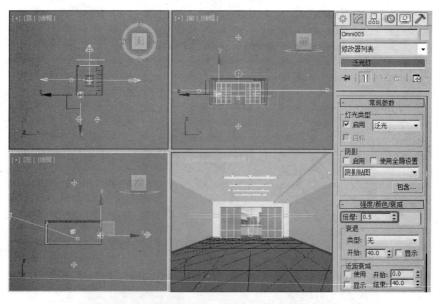

图 6-64　设置泛光灯的【倍增】值并调整其位置

（16）至此，室内日光效果制作完成，对【摄影机】视图进行渲染，渲染效果如图 6-65 所示。最后将完成后的场景文件和效果保存。

图 6-65　室内日光渲染效果

习题与训练

一、填空题

1．3ds Max 2016 提供了 8 种类型的标准灯光，分别是＿＿＿＿＿＿＿、＿＿＿＿＿＿＿、＿＿＿＿＿＿＿、＿＿＿＿＿＿＿、＿＿＿＿＿＿＿、＿＿＿＿＿＿＿、＿＿＿＿＿＿＿ 和 ＿＿＿＿＿＿＿。

2．在＿＿＿＿＿＿＿＿＿＿＿＿＿＿＿＿＿＿命令面板中创建灯光。

3．如果要将某些对象排除在灯光之外，那么应该在＿＿＿＿＿＿＿＿＿＿＿＿＿卷展栏中单击＿＿＿＿＿＿＿＿＿＿＿＿＿＿＿按钮。

4．如果要使用灯光实现阴影效果，那么应该在＿＿＿＿＿＿＿＿＿＿＿＿＿＿＿卷展栏中勾选【阴影】选区中的＿＿＿＿＿＿＿＿＿的复选框。

二、简答题

1．简述创建目标聚光灯的操作步骤。

2．简述标准灯光的类型及其各自的作用。

3．怎样改变灯光的颜色？

第 7 章
摄影机

07

Chapter

本章导读:

基础知识 ◆ 摄影机概述
◆ 【摄影机】视图导航控制
重点知识 ◆ 室内场景——使用摄影机取景
◆ 室外场景——创建摄影机
提高知识 ◆ 摄影机公共参数

摄影机就像人的眼睛,创建场景对象、指定材质所创作的效果图都要通过这双"眼睛"观察。本章主要介绍摄影机的相关知识。

7.1　任务 20：室内场景——使用摄影机取景

本案例主要介绍如何创建一架目标摄影机并设置其相关参数，从而表现室内装修的整体效果。本案例所需的素材文件如表 7-1 所示，完成后的效果如图 7-1 所示。

表 7-1　本案例所需的素材文件

案例文件	CDROM|Scenes|Cha07|室内摄影机.max
	CDROM|Scenes|Cha07|室内摄影机-OK.max
贴图文件	CDROM|Map
视频文件	视频教学|Cha07|室内场景.avi

图 7-1　室内摄影机效果

7.1.1　任务实施

（1）打开配套资源中的【CDROM\|Scenes\|Cha07\|室内摄影机.max】文件，如图 7-2 所示。

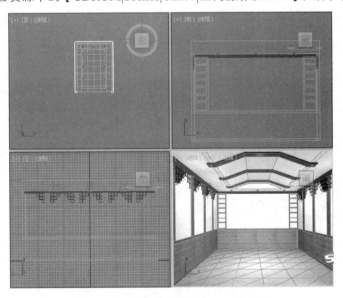

图 7-2　打开【室内摄影机.max】文件

（2）在命令面板中选择【创建】|【摄影机】|【标准】【目标】工具，在【顶】视图中创建一架目标摄影机，在场景中调整目标摄影机的位置，并且将【透视】视图转换为【摄影机】视图，如图 7-3 所示。

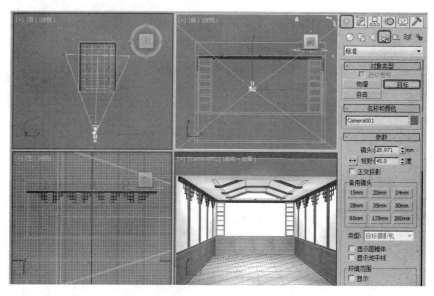

图 7-3　创建目标摄影机并调整其位置

📚知识链接

在添加目标摄影机时，3ds Max 2016 会自动为该摄影机指定注视控制器，将摄影机目标对象指定为【注视】目标。可以在【运动】命令面板中通过对控制器进行设置，将场景中的任何其他对象指定为【注视】目标。

（3）切换到【摄影机】视图，按【Shift+F】组合键显示安全框，如图 7-4 所示。

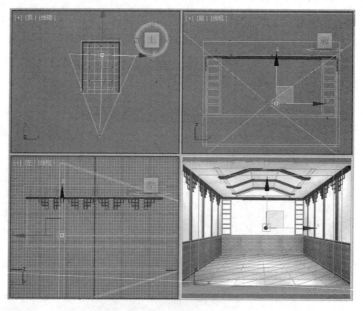

图 7-4　创建安全框

（4）选中目标摄影机，切换到【修改】命令面板，在【参数】卷展栏中，将【镜头】的值设置为 20.373，并且在场景中调整目标摄影机的位置，如图 7-5 所示。

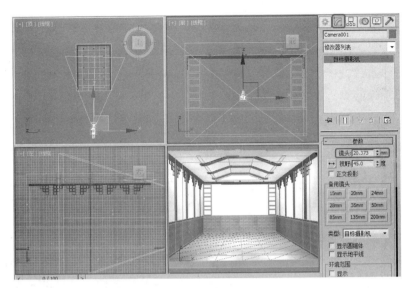

图 7-5　设置摄影机参数

（5）至此室外摄影机添加完成了，切换到【摄影机】视图，按【F9】快捷键进行渲染，并且保存完成后的场景文件和效果。

7.1.2　摄影机概述

摄影机是场景中不可缺少的组成单位，创建的静态、动态图像最终都需要在【摄影机】视图中表现，如图 7-6 所示。

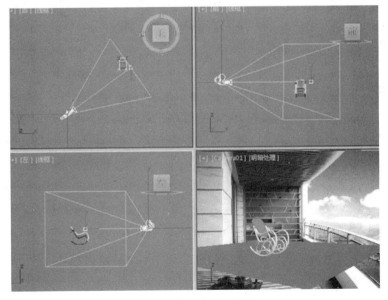

图 7-6　摄影机表现效果

3ds Max 2016 中的摄影机与现实中的摄影机在使用原理上基本相同，但比现实中的摄影机功能强大。例如，更换镜头可以瞬间完成，无级变焦更是现实中的摄影机无法比拟的。对于景深的设置，可以直观地用范围线表示，不用进行光圈计算。

1. 认识摄影机

在命令面板中选择【创建】|【摄影机】命令，进入【摄影机】面板，如图 7-7 所示。

【物理】：单击该按钮，可以在场景中创建一架物理摄影机。物理摄影机是基于物理进行真实照片级渲染的最佳摄影机类型。

【目标】：单击该按钮，可以在场景中创建一架目标摄影机。目标摄影机包括摄影机、目标点两部分，主要用于观察目标点周围的场景效果。目标摄影机便于定位，直接将目标点移动到需要的位置即可。

【自由】：单击该按钮，可以在场景中创建一架自由摄影机。自由摄影机没有目标点，不能单独进行调整，主要用于注视摄影机方向的区域。可以使用自由摄影机制作室内外装潢的环游动画。

【目标】摄影机与【自由】摄影机如图 7-8 所示，左侧为目标摄影机，右侧为自由摄影机。

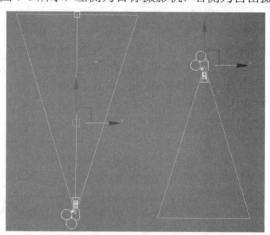

图 7-7　【摄影机】面板　　　　　　图 7-8　【目标】摄影机与【自由】摄影机

2. 摄影机对象的命名

当在视图中创建了多架摄影机时，系统会默认以 Camera001、Camera002 等名称自动为摄影机命名。例如，在制作一个大型建筑效果图或复杂动画时，随着场景变得越来越复杂，要记住哪架摄影机聚焦于哪个镜头变得越来越困难，此时如果按照其表现的角度或方位进行命名，如【Camera 正视】【Camera 左视】【Camera 鸟瞰】等，在进行视图切换的过程中便会减少失误，从而提高工作效率。

3.【摄影机】视图的切换

【摄影机】视图是被选中的摄影机的视图。如果在一个场景中创建了多架摄影机，那么切换到任意一个视图，在视图标签上单击，在弹出的下拉菜单中选择【摄影机】命令，在弹出的子菜单中选择任意一架摄影机，如图 7-9 所示，即可将当前视图切换到所选摄影机的视图。

如果在一个包含多架摄影机的场景中，某架摄影机被选中，那么按【C】快捷键，即可将当前视图切换为该摄影机的视图，不会弹出【选择摄影机】对话框；如果在一个包含多架摄影机的场景中没有选中任何摄影机，那么按【C】快捷键，会弹出【选择摄影机】对话框，如图 7-10 所示。

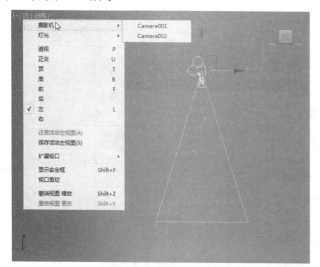

图 7-9　选择摄影机

图 7-10　【选择摄影机】对话框

> **！ 提示**：如果场景中只有一架摄影机，那么无论该摄影机是否处于被选中状态，按
> 【C】快捷键都会直接将当前视图切换为该摄影机的视图。

7.2　任务 21：室外场景——创建摄影机

在制作完成的场景中，经常要添加摄影机并在【摄影机】视图中渲染输出文件。本案例主要介绍如何在设置好的场景中创建一架目标摄影机，并且切换到【摄影机】视图对场景进行渲染。本案例所需的素材文件如表 7-2 所示，渲染后的效果如图 7-11 所示。

表 7-2　本案例所需的素材文件

案例文件	CDROM|Scenes|Cha07|室外摄影机.max
	CDROM|Scenes|Cha07|室外摄影机-OK.max
贴图文件	CDROM|Map
视频文件	视频教学|Cha07|室外场景.avi

图 7-11　渲染后的效果

7.2.1 任务实施

（1）打开配套资源中的【CDROM|Scenes|Cha09|室外摄影机.max】文件，如图 7-12 所示

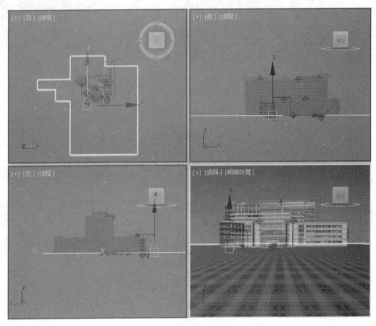

图 7-12 打开【室外摄影机.max】文件

（2）在命令面板中选择【创建】|【摄影机】|【标准】|【目标】工具，在【顶】视图中创建一架目标摄影机，如图 7-13 所示。

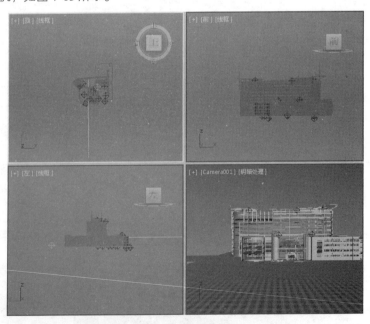

图 7-13 创建目标摄影机

（3）切换到【透视】视图，按【C】快捷键将其切换为【摄影机】视图，然后在其他视图中

使用【选择并移动】工具 调整目标摄影机的位置，如图 7-14 所示。

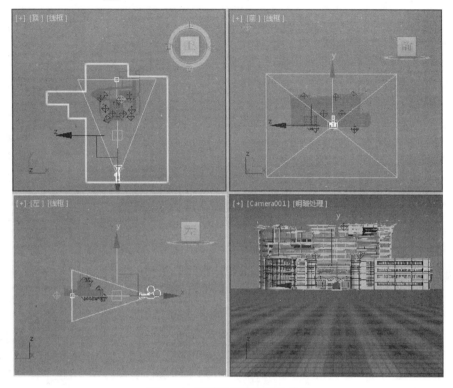

图 7-14　调整目标摄影机的位置

（4）选中场景中的目标摄影机，切换到【修改】命令面板，在【参数】卷展栏中，单击【备用镜头】选区中的【28mm】按钮，如图 7-15 所示。

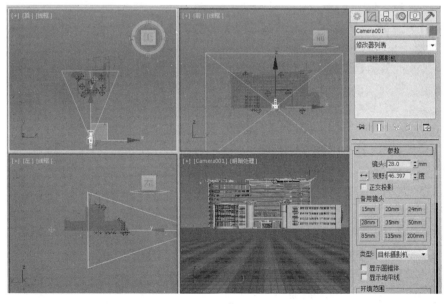

图 7-15　单击【28mm】按钮

7.2.2　摄影机公共参数

目标摄影机和自由摄影机的大部分参数设置是相同的，下面对摄影机的公共参数进行详细介绍。

1.【参数】卷展栏

【参数】卷展栏如图 7-16 所示。

【镜头】：以毫米为单位设置摄影机的焦距。镜头焦距的长短决定了镜头视角、视野、景深范围的大小，是调整摄影机的重要参数。

↔/↕/↗：这 3 个按钮分别代表水平、垂直、对角 3 种调节视野的方式，这 3 种方式不会影响摄影机的效果，默认为水平调节视野方式。

【视野】：决定摄影机在场景中所看到的区域，以度为单位。当采用水平调节视野的方式时，可以直接设置【视野】的值，从而设置摄影机的地平线弧形。当采用其他调节视野方式时同理。

【正交投影】：勾选该复选框，【摄影机】视图与【用户】视图一样；取消该复选框勾选，【摄影机】视图与【透视】视图一样。

【备用镜头】选区：提供了 15mm、20mm、24mm、28mm、35mm、50mm、85mm、135mm、200mm 共 9 种常用镜头，供用户快速选择。

【类型】：在该下拉列表中选择摄影机类型，包括目标摄影机和自由摄影机两种，用户可以随时修改当前选择的摄影机类型，无须重新创建摄影机。

图 7-16　【参数】卷展栏

【显示圆锥体】：显示表示摄影机视野的锥形框。锥形框会出现在其他视图中，但不会出现在【摄影机】视图中。

【显示地平线】：设置是否在【摄影机】视图中显示一条深灰色的水平线条。

【环境范围】选区：主要用于设置环境大气的影响范围。

- 【显示】：以线框的形式显示环境大气的影响范围。
- 【近距范围】：设置环境大气影响范围的近距距离。
- 【远距范围】：设置环境大气影响范围的远距距离。

【剪切平面】选区：剪切平面是平行于摄影机镜头的平面，以红色交叉的矩形表示。

- 【手动剪切】：如果勾选该复选框，则使用下面的数值自定义剪切平面。
- 【近距剪切】和【远距剪切】：分别用于设置近距剪切平面和远距剪切平面。每架摄影机都有近距剪切平面和远距剪切平面，近于近距剪切平面或远于远距剪切平面的对象都不会在【摄影机】视图中显示。如果剪切平面与一个对象相交，则该剪切平面会穿过该对象并创建剖面视图。如果需要生成楼房、车辆、人等的剖面图或带切口的视图，则需要设置该参数。

【多过程效果】选区：主要用于指定摄影机的景深或运动模糊效果。它的模糊效果是通过对同一帧图像进行多次渲染计算并重叠渲染效果生成的，因此会增加渲染时间。景深和运动模糊效果是相互排斥的，由于它们基于多个渲染通道，因此不能将它们同时应用于同一架摄影机。如果需要在场景中同时应用这两种效果，则应该为摄影机设置多过程景深（设置该选区中的参数）并将其与对象运动模糊组合。

- 【启用】：控制景深或运动模糊效果是否有效，如果勾选该复选框，则启用效果预览或渲染功能；如果取消勾选该复选框，则禁用效果预览或渲染功能。
- 【预览】：单击该按钮，能够在激活的【摄影机】视图中预览景深或运动模糊效果。
- 【渲染每过程效果】：如果勾选该复选框，那么在每次进行多过程效果的渲染计算时都会对渲染效果进行处理，速度慢但效果真实，不会出问题；如果取消勾选该复选框，那么在多过程效果渲染计算完成后对渲染效果进行处理，这样可以提高渲染速度。默认不勾选该复选框。

【目标距离】：对于自由摄影机，该参数表示目标摄影机与其目标点之间的距离。通过设置该参数可以为目标摄影机设置一个不可见的目标点，可以围绕该目标点旋转摄影机。

2.【景深参数】卷展栏

【多过程效果】选区的下拉列表中有三个多过程选项，其中有两个景深选项，分别为【景深（mental ray/iray）】和【景深】，如图7-17所示。

- 【景深（mental ray/iray）】：是景深效果中唯一的多重过滤版本。mental ray渲染器还支持摄影机的运动模糊，但相关参数不在摄影机的【参数】卷展栏中，需要在摄影机对象的【对象属性】对话框中设置【动态模糊】参数。
- 【景深】：通过在摄影机与其焦点（目标点）之间的范围产生模糊效果来模拟摄影机的景深效果。

在【参数】卷展栏的【多过程效果】选区的下拉列表中选择【景深】选项，会出现【景深参数】卷展栏，如图7-18所示。

图7-17　【多过程效果】选区中的下拉列表　　图7-18　【景深参数】卷展栏

【焦点深度】选区。

- 【使用目标距离】：如果勾选该复选框，则以摄影机与目标点的距离为摄影机偏移的值；如果取消该复选框勾选，则以【焦点深度】的值为摄影机偏移的值。默认勾选该复选框。

- 【焦点深度】：如果取消勾选【使用目标距离】复选框，则以该值为摄影机偏移的值。

【采样】选区。

- 【显示过程】：如果勾选该复选框，则会在渲染帧窗口中显示多条渲染通道；如果取消勾选该复选框，则只在渲染帧窗口中显示最终结果。此参数对于在【摄影机】视图中预览景深无效。默认勾选该复选框。
- 【使用初始位置】：如果勾选该复选框，那么第一个渲染过程位于摄影机的初始位置。如果取消勾选该复选框，那么第一个渲染过程会发生偏移。默认勾选该复选框。
  - ➢ 【过程总数】：用于生成效果的过程数。增大该值可以增加效果的精确性，相应地也会增加渲染时间。默认值为12。
  - ➢ 【采样半径】：通过移动场景生成模糊的半径。增大该值会增强整体模糊效果，减小该值会减弱整体模糊效果。默认值为1。
  - ➢ 【采样偏移】：设置模糊靠近或远离【采样半径】的权重值。增大该值会增大景深模糊的数量级，提供更均匀的效果；减小该值会减小景深模糊的数量级，提供更随机的效果。取值范围为0～1，默认值为0.5。

【过程混合】选区：该选区中的参数主要用于控制渲染过程中的抖动。这些参数只在渲染过程中对景深效果有效，在视图预览中无效。

- 【规格化权重】：使用随机权重混合的过程可以避免出现条纹等异常效果。如果勾选该复选框，那么会将权重规格化，从而获得较平滑的结果。如果取消勾选该复选框，那么效果会变得清晰，但通常颗粒状效果会更明显。默认勾选该复选框。
- 【抖动强度】：设置用于渲染通道的抖动程度。增大该值会增加抖动量，并且生成颗粒状效果，在对象的边缘位置尤其明显。默认值为0.4。
- 【平铺大小】：使用百分比设置抖动时图案的大小，如果该值为0，则表示采用最小的平铺；如果该值为100，则表示采用最大的平铺。默认值为32。

【扫描线渲染参数】选区：用于在渲染多重过滤场景时取消过滤效果和抗锯齿效果，从而提高渲染速度。

- 【禁用过滤】：如果勾选该复选框，则会取消过滤效果。默认不勾选该复选框。
- 【禁用抗锯齿】：如果勾选该复选框，则会取消抗锯齿效果。默认不勾选该复选框。

3. 【运动模糊参数】卷展栏

在【参数】卷展栏的【多过程效果】选区的下拉列表中选择【运动模糊】选项，会出现【运动模糊参数】卷展栏，如图7-19所示。

摄影机可以生成运动模糊效果。运动模糊是多重过滤效果，它可以在场景中基于移动的偏移渲染通道生成运动模糊的效果。

【采样】选区。

- 【显示过程】：如果勾选该复选框，那么在渲染帧窗口中会显示多条渲染通道；如果取消勾选该复选框，那么在渲染帧窗口中只会显示最终结果。该参数对在【摄影机】视图中预览运动模糊效果没有任何影响。默认勾选该复选框。
- 【过程总数】：用于生成效果的过程数。增大该值可以增加

图7-19　【运动模糊参数】卷展栏

效果的精确性，相应地也会增加渲染时间。默认值为 12。

- 【持续时间（帧）】：动画中运动模糊效果所应用的帧数。该值越大，运动模糊中重像的帧越多，模糊效果越强。默认值为 1。
- 【偏移】：指向或偏离当前帧进行模糊的权重值，取值范围为 0.01～0.99，默认值为 0.5。在默认情况下，模糊效果在当前帧前后是均匀的，即模糊对象出现在模糊区域的中心，与真实摄影机捕捉的模糊效果最接近。增大该值，模糊效果会向后面的帧进行偏移；减少该值，模糊效果会向前面的帧进行偏移。

【过程混合】选区。

- 【规格化权重】：使用随机权重混合的过程可以避免出现异常效果（如条纹）。如果勾选该复选框，那么会将权重规格化，从而获得较平滑的结果；如果取消勾选该复选框，那么效果会变清晰，但通常颗粒状效果更明显。默认勾选该复选框。
- 【抖动强度】：用于控制应用于渲染通道的抖动程度。增大该值会增加抖动量，并且生成颗粒状效果，尤其在对象的边缘上。默认值为 0.4。
- 【瓷砖大小】：用于设置抖动时图案的大小。该值是一个百分比，如果该值为 0，则表示采用最小的平铺；如果该值为 100，则表示采用最大的平铺。默认值为 32。

7.3 上机实战——使用摄影机制作平移动画

本案例主要介绍如何使用摄影机制作平移动画，该动画效果的制作主要是通过使用【推拉摄影机】工具 完成的。本案例所需的素材文件如表 7-3 所示，完成后的效果如图 7-20 所示。

表 7-3 本案例所需的素材文件

案例文件	CDROM|Scenes|Cha07|使用摄影机制作平移动画.max
	CDROM|Scenes|Cha07|使用摄影机制作平移动画-OK.max
贴图文件	CDROM|Map
视频文件	视频教学|Cha07|使用摄影机制作平移动画.avi

图 7-20　使用摄影机制作平移动画的效果

（1）打开配套资源中的【CDROM\|Scenes\|Cha07\|使用摄影机制作平移动画.max】文件，如图 7-21 所示。

（2）在命令面板中选择【创建】|【摄影机】|【标准】|【目标】工具，然后在视图中创建一架目标摄影机，在【透视】视图中按【C】快捷键，切换到【摄影机】视图，在其他视图中调整

目标摄影机的位置，如图 7-22 所示。

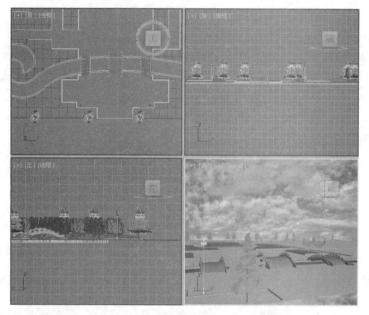

图 7-21　打开【使用摄影机制作平移动画.max】文件

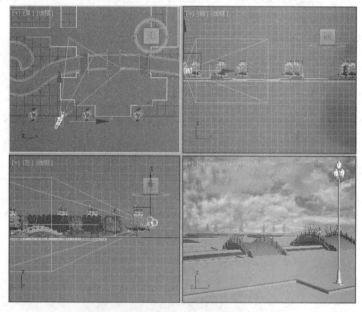

图 7-22　创建目标摄影机并调整其位置

（3）将时间滑块拖动到第 100 帧位置，单击【自动关键点】按钮，切换到【摄影机】视图，并且在【摄影机】视图控制区单击【推拉摄影机】按钮，如图 7-23 所示。

📚 知识链接

【推拉摄影机】：沿视线移动摄影机的出发点，保持出发点与目标点之间连线的方向不变，使出发点在此连线上滑动，这种方式不改变目标点的位置，只改变出发点的位置。

（4）然后在【摄影机】视图中向前推进目标摄影机，效果如图 7-24 所示。

图 7-23　单击【推拉摄影机】按钮

图 7-24　向前推进目标摄影机

（5）单击【自动关键点】按钮。然后设置动画的渲染参数并渲染动画。当渲染到第 20 帧时，动画效果如图 7-25 所示。

（6）当渲染到第 100 帧时，动画效果如图 7-26 所示。

图 7-25　渲染到第 20 帧的动画效果

图 7-26　渲染到第 100 帧的动画效果

习题与训练

一、填空题

1．在 3ds Max 2016 中完成的静态、动态图像最终都需要在_____视图中表现。

2．在一个多摄影机场景中，如果某架摄影机被选中，那么按_____快捷键，可以将当前视图切换为该摄影机视图。

二、简答题

1．在一个多摄影机场景中，如何切换不同的摄影机视图？

2．摄影机参数中的【镜头】参数有什么作用？

第8章
动画制作

08
Chapter

本章导读:

基础知识 ◈ 动画的有关概念
◈ 轨迹视图

重点知识 ◈ 制作泡泡动画
◈ 动画控制器

提高知识 ◈ 【编辑范围】模式
◈ 功能曲线

3ds Max 2016 提供了一些常用动画的制作控件。常用动画包括关键帧动画和轨迹视图动画。本章主要讲解这两种动画的制作流程。通过对本章内容的学习,读者可以对动画制作有一定的了解。

8.1 任务 22：使用【马达】空间扭曲制作泡泡动画
——制作基本动画

本案例主要介绍如何使用【马达】空间扭曲制作泡泡动画。首先制作泡泡材质，将其指定给球体，然后创建粒子云，并且将球体绑定到粒子云上，最后创建【马达】空间扭曲控制器，并且将粒子云绑定到【马达】空间扭曲控制器上。本案例所需的素材文件如表 8-1 所示，完成后的效果如图 8-1 所示。

表 8-1 本案例所需的素材文件

案例文件	CDROM|Scenes|Cha08|制作泡泡动画.max
	CDROM|Scenes|Cha08|制作泡泡动画 OK.max
贴图文件	CDROM|Map
视频文件	视频教学|Cha08|使用【马达】空间扭曲制作泡泡动画.avi

图 8-1 泡泡动画效果

8.1.1 任务实施

（1）启动 3ds Max 2016，打开配套资源中的【CDROM\|Scenes\|Cha08\|制作泡泡动画.max】文件，切换到【摄影机】视图，如图 8-2 所示。

（2）在命令面板中选择【创建】\|【几何体】\|【标准基本体】\|【球体】工具，在【前】视图中创建一个球体，在【参数】卷展栏中，设置【半径】的值为 5.0，设置【分段】的值为 100，如图 8-3 所示。

图 8-2 打开【制作泡泡动画.max】文件

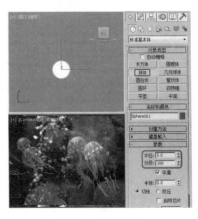

图 8-3 创建球体

（3）按【M】快捷键打开【材质编辑器】窗口，选择一个空白材质球，将其重命名为【气泡】，将明暗器类型设置为【各向异性】；在【各向异性基本参数】卷展栏中，将【环境光】、【漫反射】和【高光反射】的颜色设置为白色，勾选【自发光】选区中的【颜色】复选框，将其颜色设置为白色，将【不透明度】的值设置为0，在【反射高光】选区中，将【高光级别】的值设置为79，将【光泽度】的值设置为40，将【各向异性】的值设置为63，将【方向】的值设置为0；在【贴图】卷展栏中，单击【自发光】通道的【贴图类型】按钮，弹出【材质/贴图浏览器】对话框，选择【贴图】|【标准】|【衰减】选项，单击【确定】按钮，如图8-4所示。

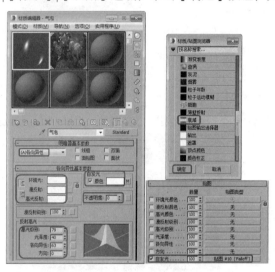

图8-4　设置【气泡】材质（一）

（4）单击【转到父对象】按钮，然后单击【不透明度】通道的【贴图类型】按钮，弹出【材质/贴图浏览器】对话框，选择【贴图】|【标准】|【衰减】选项，单击【确定】按钮，进入【衰减】贴图设置界面，在【衰减参数】卷展栏中，将第一个色块的RGB值设置为47、0、0，将第二个色块的RGB值设置为255、178、178，单击【转到父对象】按钮，将【不透明度】通道的【数量】值设置为40，如图8-5所示。

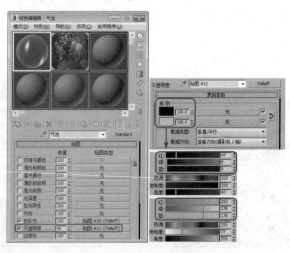

图8-5　设置【气泡】材质（二）

（5）单击【反射】通道的【贴图类型】按钮，弹出【材质/贴图浏览器】对话框，选择【贴图】|【标准】|【光线跟踪】选项，单击【确定】按钮，进入【光线跟踪】贴图设置界面，保持默认的参数设置，单击【转到父对象】按钮 ⚯，将【反射】通道的【数量】值设置为 10，如图 8-6 所示。

（6）将【气泡】材质指定给创建的球体，在命令面板中选择【创建】|【几何体】|【粒子系统】|【粒子云】工具，在【前】视图中创建一个粒子云对象，切换到【修改】命令面板，展开【基本参数】卷展栏，在【显示图标】选区中，将【半径/长度】的值设置为 908.0，将【宽度】的值设置为 370.0，将【高度】的值设置为 3.0，如图 8-7 所示。

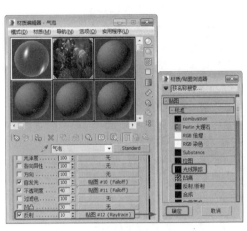

图 8-6　设置【气泡】材质（三）

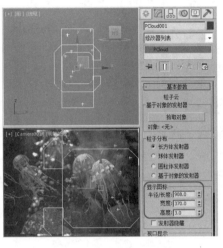

图 8-7　创建粒子云对象

（7）展开【粒子生成】卷展栏，在【粒子数量】选区中选择【使用总数】单选按钮，将其值设置为 300；在【粒子运动】选区中，将【速度】的值设置为 1.0，将【变化】的值设置为 100.0，选择【方向向量】单选按钮，将【X】、【Y】和【Z】的值分别设置为 0.0、0.0 和 10.0；在【粒子计时】选区中，将【发射停止】的值设置为 100；在【粒子大小】选区中，将【大小】的值设置为 3.0，将【变化】的值设置为 100.0，如图 8-8 所示

（8）展开【粒子类型】卷展栏，在【粒子类型】选区中选择【实例几何体】单选按钮，在【实例参数】选区中单击【拾取对象】按钮，拾取场景中的球体，然后单击【材质来源】按钮，如图 8-9 所示。

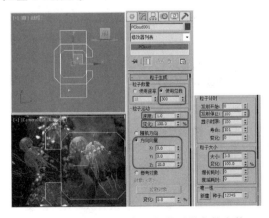

图 8-8　设置【粒子生成】卷展栏中的参数

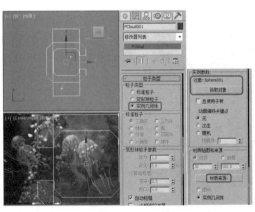

图 8-9　设置【粒子类型】卷展栏中的参数

（9）在命令面板中选择【创建】|【空间扭曲】|【力】|【马达】工具，在【前】视图中创建一个【马达】空间扭曲控制器，单击工具栏中的【绑定到空间扭曲】按钮≋，将创建的粒子云对象绑定到【马达】空间扭曲控制器上，并且调整【马达】空间扭曲控制器的位置，如图 8-10 所示。

（10）选中创建的【马达】空间扭曲控制器，切换到【修改】命令面板，展开【参数】卷展栏，在【计时】选区中，将【结束时间】的值设置为 100；在【强度控制】选区中，将【基本扭矩】的值设置为 100.0，勾选【启用反馈】复选框，将【目标转速】和【增益】的值分别设置为500.0 和 100.0；在【周期变化】选区中勾选【启用】复选框；在【显示图标】选区中，将【图标大小】的值设置为 99.0，如图 8-11 所示。

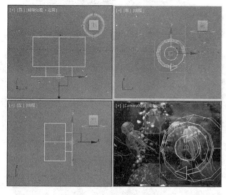

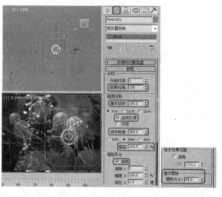

图 8-10　创建【马达】空间扭曲控制器并调整其位置　　图 8-11　设置【参数】卷展栏中的参数

知识链接

【马达】：【马达】空间扭曲控制器可以产生一种螺旋推力，像发动机旋转一样旋转粒子云对象中的粒子，将粒子甩向旋转方向。

【粒子云】：粒子云系统是一个限制控件，可以在空间内部生成粒子效果，空间形状可以是球体、柱体、长方体，也可以是任意指定的分布对象，空间内的粒子可以是任意几何体，通常用于制作堆积的不规则群体。

（11）切换到【显示】命令面板，在【按类别隐藏】卷展栏中取消勾选【摄影机】复选框，然后调整粒子云对象和【马达】空间扭曲控制器的位置，如图 8-12 所示。

（12）在调整完毕后，对动画进行渲染输出，渲染到第 50 帧的动画效果如图 8-13 所示。

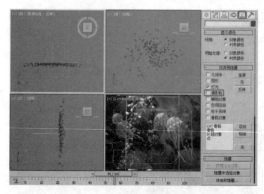

图 8-12　显示摄影机并调整粒子云对象和　　　　图 8-13　渲染到第 50 帧的动画效果

　　　　【马达】空间扭曲控制器的位置

8.1.2　动画的有关概念

学习 3ds Max 2016 的最终目的就是要制作三维动画。对象的移动、旋转、缩放，以及对象形状与表面的改变都可以用于制作动画。

要制作三维动画，必须先掌握 3ds Max 2016 的动画制作原理和方法。3ds Max 2016 根据实际的运动规律提供了多种运动控制器，使制作动画变得简单。3ds Max 2016 还为用户提供了强大的轨迹视图功能，可以编辑动画的各项属性。

1．动画制作原理

动画的产生主要基于人类视觉暂留的原理。人们在观看一组连续播放的图片时，每一幅图片都会在人眼中产生短暂的停留，只要图片播放的速度快于图片在人眼中停留的时间，就可以感觉到它们好像真的在运动一样。这种组成动画的每张图片都叫作"帧"，帧是 3ds Max 动画中最基本、最重要的概念。

2．动画制作方法

1）传统的动画制作方法。

在传统的动画制作方法中，动画制作人员要为整个动画绘制所需的每一幅图片，即每一帧画面，这个工作量是巨大而惊人的，因为要得到流畅的动画效果，每秒钟大概需要 12～30 帧的画面，一分钟的动画需要 720～1800 幅图片，如果低于这个数值，那么画面会闪烁。而且传统动画的图像依靠手工绘制，由此可见，传统的动画制作烦琐，工作量巨大。即使是现在，制作传统形式的动画通常也需要成百上千名专业动画制作人员创建成千上万幅图片。因此，传统动画技术已不适应现代动画技术的发展了。

2）3ds Max 2016 中的动画制作方法。

随着动画技术的发展，关键帧动画的概念应运而生。科技人员发现在组成动画的众多图片中，相邻的图片之间只有极小的变化。因此动画制作人员只需绘制其中比较重要的图片（帧），然后由计算机自动完成各重要图片之间的过渡，这样大大提高了工作效率。由动画制作人员绘制的图片称为关键帧，由计算机完成的关键帧之间的各帧称为过渡帧。

在所有的关键帧和过渡帧绘制完毕后，将这些图像按照顺序连接在一起并将其渲染生成最终的动画图像，如图 8-14 所示。

图 8-14　关键帧动画图像

3ds Max 2016 基于此技术制作动画，并且进行了功能的增强，在用户指定了动画参数后，动画渲染器就接管了创建并渲染每一帧动画的工作，从而得到高质量的动画效果。

8.1.3 帧与时间的概念

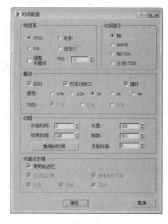

3ds Max 2016 是一款基于时间的动画制作软件，最小的时间单位是 TICK（点），相当于 1/4800 秒。系统中默认的时间单位是帧，帧速率为每秒 30 帧。用户可以根据需要设置软件创建动画的时间长度与精度。设置方法是单击动画控制区中的【时间配置】按钮，弹出【时间配置】对话框，如图 8-15 所示。

【帧速率】选区：用于设置动画的播放速度，可以在不同视频格式之间选择，其中默认的【NTSC】格式动画的帧速率是每秒 30 帧（30bps），【电影】格式动画的帧速率是每秒 24 帧，【PAL】格式动画的帧速率是每秒 25 帧，还可以选择【自定义】格式来设置帧速率，这会直接影响到最终的动画播放效果。

图 8-15 【时间配置】对话框

【时间显示】选区：提供了 4 种时间显示方式。

- 【帧】：帧是默认的时间显示方式，时间转换为帧的数目取决于当前设置的帧速率。
- 【SMPTE】：用 Society of Motion Picture and Television Engineers（电影电视工程协会）格式显示时间，这是许多专业动画制作工作中使用的标准时间显示方式。格式为"分:秒:帧"。
- 【帧:TICK】：使用帧和系统内部的计时增量（称为 TICK）显示时间。选择该方式可以将动画时间精确到 1/4800 秒。
- 【分:秒:TICK】：以分（MM）、秒（SS）和 TICK 显示时间，其间用英文半角的冒号分隔，如 02:16:2240 表示 2 分 16 秒 2240tick。

【播放】选区：用于控制如何播放动画，并且可以设置播放速度。

【动画】选区：用于设置动画激活的时间段和调整动画的长度。

【关键点步幅】选区：用于控制如何在关键帧之间移动时间滑块。

8.1.4 【运动】命令面板

在动画创建过程中会经常使用【运动】命令面板，该命令面板提供了对动画对象的控制能力，体现在可以为动画对象指定各种运动控制器，对各个关键帧信息进行编辑，对运行轨迹进行控制，等等。它为用户提供了现成的动画控制工具，用于制作更复杂的动画效果。

切换到【运动】命令面板，可以看到该命令面板中有两个按钮，【运动】命令面板就是通过这两个按钮切换功能的，如图 8-16 所示。

图 8-16 【运动】命令面板中的两个按钮

8.1.5 参数设置

切换到【运动】命令面板，默认进入【参数设置】面板，该面板中主要包括 5 部分，分别为【指定控制器】卷展栏、【PRS 参数】卷展栏、【位置 XYZ 参数】卷展栏、【关键点信息（基本）】卷展栏、【关键点信息（高级）】卷展栏。

1.【指定控制器】卷展栏

　　在该卷展栏中，可以为选中的对象指定需要的动画控制器，完成对该对象的运动控制。在该卷展栏的列表框中可以看到为对象指定的动画控制器项目，如图 8-17 所示，有一个主项目为变换，有 3 个子项目，分别为位置、旋转和缩放。列表框左上角的【指定控制器】按钮 主要用于给子项目指定不同的动画控制器，可以是一个、多个或没有。在使用时需要选择子项目，然后单击【指定控制器】按钮 ，会弹出指定动画控制器的对话框，选择其中一个动画控制器，单击【确定】按钮，即可在列表框中看到新指定的动画控制器的名称。

图 8-17　选择控制器名称

　　！ **提示**：在指定动画控制器时，选择的子项目不同，弹出的对话框也不同。如果选择【位置】子项目，则会弹出【指定位置控制器】对话框，如图 8-18 所示；如果选择【旋转】子项目，则会弹出【指定旋转控制器】对话框，如图 8-19 所示；如果选择【缩放】子项目，则会弹出【指定缩放控制器】对话框，如图 8-20 所示。

图 8-18　【指定位置控制器】
对话框

图 8-19　【指定旋转控制器】
对话框

图 8-20　【指定缩放控制器】
对话框

2.【PRS 参数】卷展栏

　　【PRS 参数】卷展栏中的参数主要用于基于位置、旋转角度和缩放比例创建和删除关键帧，如图 8-21 所示。

- 【位置】按钮主要用于创建或删除记录位置变化信息的关键帧。
- 【旋转】按钮主要用于创建或删除记录旋转角度变化信息的关键帧。
- 【缩放】按钮主要用于创建或删除记录缩放变形信息的关键帧。

图 8-21　【PRS 参数】卷展栏

　　如果需要创建一个变换参数关键帧，那么在视图中选中对象，拖动时间滑块到要添加关键帧的位置，在【运动】命令面板中展开【PRS 参数】卷展栏，单击相应的按钮即可创建相应类型的关键帧。

> ！ 提示：如果当前帧已经有了一个某种变换操作的关键帧，那么【创建关键点】选区中对应变换操作的按钮会变为不可用，而右侧【删除关键点】选区中的对应按钮会变为可用。

3.【位置 XYZ 参数】卷展栏

【位置 XYZ 参数】卷展栏中的参数主要用于选择 X、Y、Z 坐标轴，如图 8-22 所示。

4.【关键点信息（基本）】卷展栏

【关键点信息（基本）】卷展栏中的参数主要用于查看当前关键帧的基本信息，如图 8-23 所示。

- $\boxed{9}$ 中显示的是当前关键帧的序号，单击左侧的 ← 按钮，可以定位到上一个关键帧，单击 → 按钮，可以定位到下一个关键帧。
- 【时间】数值框中显示的是当前关键帧所在的帧号，可以通过右侧的数值调节按钮更改当前关键帧所在的帧号。右侧的 L 按钮是一个锁定按钮，主要用于在【轨迹视图-曲线编辑器】窗口中使关键帧产生水平移动。
- 【值】数值框主要用于以数值的方式精确调整当前关键帧的数据。

5.【关键点信息（高级）】卷展栏

【关键点信息（高级）】卷展栏中的参数主要用于查看和控制当前关键帧的更高级的信息，如图 8-24 所示。

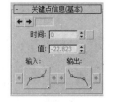

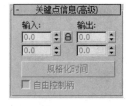

图 8-22 【位置 XYZ 参数】 图 8-23 【关键点信息（基本）】 图 8-24 【关键点信息（高级）】
　　卷展栏　　　　　　　　　　　卷展栏　　　　　　　　　　　卷展栏

- 【输入】数值框中显示的是在接近关键帧时改变的速度。
- 【输出】数值框中显示的是在离开关键帧时改变的速度。
- 【规格化时间】按钮主要用于将关键帧的时间平均，从而得到光滑均衡的运动曲线。当关键帧的时间分配不均时，会出现加速或减速运动造成的顿点。
- 如果勾选【自由控制柄】复选框，则切线的控制手柄长度会按时间自动更新；如果取消勾选【自由控制柄】复选框，则切线的控制手柄长度被自动锁定。

8.1.6　运动轨迹

在创建了一个动画后，如果需要查看动画对象的运动轨迹，或者需要对动画对象的运动轨迹进行修改，则可以在【运动】命令面板中单击【轨迹】按钮，展开【轨迹】卷展栏，如图 8-25 所示。在场景中选中相应对象，就能看到它的运动轨迹。在动画对象的【轨迹】卷展栏中，可以显示动画对象位置的三维变化路径，还可以对路径进行修改。

使用前面小球运动的例子讲解如何查看动画对象的运动轨迹。切换到【运动】命令面板，单击【轨迹】按钮，然后单击场景中的球体，即可看到小球的运动轨迹，如图 8-26 所示。

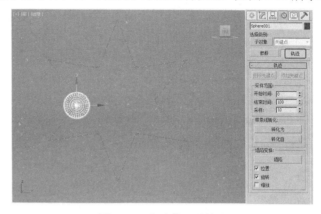

图 8-25   【轨迹】卷展栏   图 8-26   小球的运动轨迹

8.1.7 动画控制器

在动画创建完成后，可以使用动画控制器对其进行修改。动画控制器中存储着动画对象的各种变换动作和动画关键帧数据，并且能在关键帧之间计算出过渡帧。

在添加关键帧后，对动画对象进行的变换操作就会被自动添加到相应的动画控制器中。例如，对于前面制作的小球运动动画，3ds Max 2016 会自动给小球添加【位置 XYZ】动画控制器，用于记录对该小球进行的位置变换操作。

如果需要查看或修改动画控制器，则可以使用以下两种方式。

- 单击工具栏中的【曲线编辑器】按钮，打开【轨迹视图-曲线编辑器】窗口，在该窗口中可以查看动画控制器并对其进行修改，如图 8-27 所示。

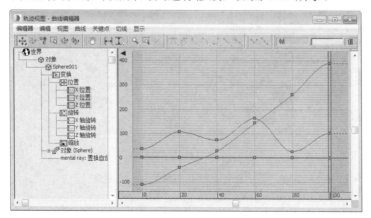

图 8-27   轨迹视图窗口

- 在【运动】命令面板的【指定控制器】卷展栏中对动画控制器进行修改和添加。

动画控制器分为两种，分别为单一属性的动画控制器和复合属性的动画控制器。单一属性的动画控制器只控制 3ds Max 2016 中动画对象的单一属性；复合属性的动画控制器可以管理多个动画控制器，如【PRS】动画控制器、【变换脚本】动画控制器和【列表】动画控制器等都是复合属性的动画控制器。

　　每个动画对象都有与之对应的默认动画控制器，用户可以在创建动画后修改对象的动画控制器，具体有以下两种修改方法。

- 在【运动】命令面板的【指定控制器】卷展栏中选择需要修改的动画控制器，然后单击【指定控制器】按钮🖱️，在弹出的对话框中选择其他动画控制器。注意这里只能为单一对象指定动画控制器。
- 在【轨迹视图-曲线编辑器】窗口的菜单栏中选择【显示】|【过滤器】命令，在弹出的对话框中选择其他动画控制器。

> ❗ 提示：当需要为多个动画对象设置相同的动画控制器时，可以将多个动画对象选中，然后为它们指定相同的动画控制器。

8.2　任务 23：模拟钟表动画——【轨迹视图-曲线编辑器】窗口

　　本案例主要介绍如何制作钟表动画。本案例所需的素材文件如表 8-2 所示，完成后的效果如图 8-28 所示。

表 8-2　本案例所需的素材文件

案例文件	CDROM|Scenes|Cha08|钟表动画.max
	CDROM|Scenes|Cha08|钟表动画 OK.max
贴图文件	CDROM|Map
视频文件	视频教学|Cha08|模拟钟表动画.avi

图 8-28　钟表动画效果

8.2.1　任务实施

　　（1）启动 3ds Max 2016，打开配套资源中的【CDROM|Scenes|Cha08|钟表动画.max】文件，如图 8-29 所示。

　　（2）在工具栏中右击【角度捕捉切换】按钮🔲，打开【栅格和捕捉设置】窗口，选择【选项】选项卡，将【角度】的值设置为 6.0 度，如图 8-30 所示，关闭该窗口。

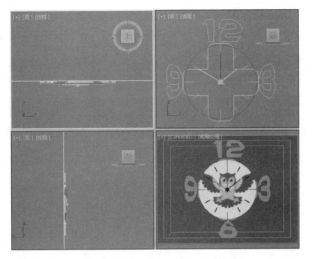

| 图 8-29　打开【钟表动画.max】文件 | 图 8-30　【栅格和捕捉设置】窗口 |

!　提示：在使用【选择并旋转】工具对对象进行调整时，系统会根据设置的捕捉角度进行旋转。

（3）单击【设置关键点】按钮，开启关键帧记录模式，选中【分针】对象，将时间滑块移动到第 0 帧位置，单击【设置关键点】按钮，添加关键帧，如图 8-31 所示。

（4）将时间滑块移动到第 60 帧位置，使用【选择并旋转】工具选中【分针】对象，按住鼠标左键在【前】视图中沿 Z 轴顺时针拖动鼠标，此时【分针】对象会自动旋转 6.0 度，释放鼠标左键，单击【设置关键点】按钮，添加关键帧，如图 8-32 所示。

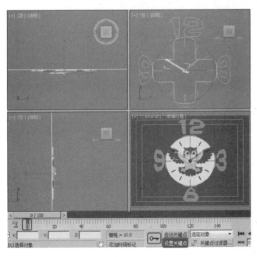

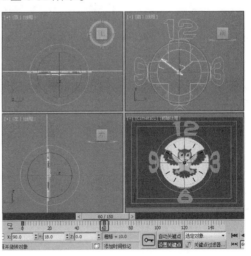

| 图 8-31　添加关键帧（一） | 图 8-32　添加关键帧（二） |

（5）选中【秒针】对象，将时间滑块移动到第 0 帧位置，单击【设置关键点】按钮，添加关键帧，如图 8-33 所示。

（6）将时间滑块移动到第 1 帧位置，使用【选择并旋转】工具选中【秒针】对象，按住鼠标左键在【前】视图中沿 Z 轴顺时针拖动鼠标，此时【秒针】对象会自动旋转 6.0 度，释放鼠标左键，单击【设置关键点】按钮，添加关键帧，如图 8-34 所示。

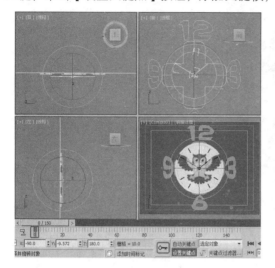
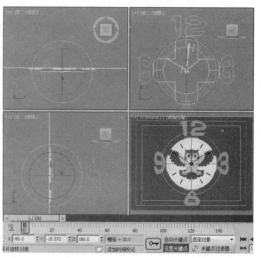

图 8-33　添加关键帧（三）　　　　　　　　图 8-34　添加关键帧（四）

（7）单击【曲线编辑器】按钮，打开【轨道视图-曲线编辑器】窗口，选择【X 轴旋转】【Y 轴旋转】【Z 轴旋转】选项，即可选中相应的关键帧，如图 8-35 所示。

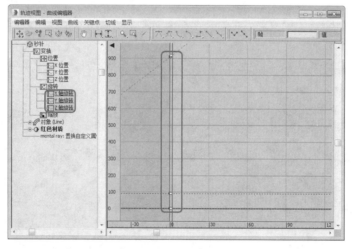

图 8-35　选择关键帧

（8）在【轨道视图-曲线编辑器】窗口中选择【编辑】|【控制器】|【超出范围类型】命令，弹出【参数曲线超出范围类型】对话框，选择【相对重复】选项，然后单击【确定】按钮，如图 8-36 所示。

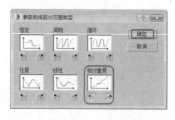

图 8-36　【参数曲线超出范围类型】对话框

（9）使用同样的方法给【分针】对象添加【相对重复】曲线，单击【时间配置】按钮，弹出【时间配置】对话框，将【结束时间】的值设置为 600，单击【确定】按钮，如图 8-37 所示。

（10）渲染到第 300 帧的动画效果如图 8-38 所示。

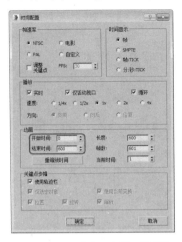

图 8-37　【时间配置】对话框

图 8-38　渲染到第 300 帧的动画效果

8.2.2　轨迹视图

在 3ds Max 2016 中，可以将场景对象的各种动画设置以曲线图的方式显示。只有在【轨迹视图】窗口中，才能显示和修改这种曲线图。在【轨迹视图】窗口中，所有用于设置动画的参数都可以修改。一般将场景对象设置为动画的操作包含 3 部分，分别为创建参数（如长度、宽度和高度）、变换操作（如移动、旋转和缩放）、修改命令（如弯曲、锥化、变形）。此外，其他所有可调参数都可以设置动画，如灯光，材质等。【轨迹视图】窗口采用层级列表式设计，在该窗口中，所有动画设置都可以找到。

1．轨迹视图层级

单击工具栏中的【曲线编辑器】按钮，会打开当前场景的【轨迹视图-曲线编辑器】窗口，如图 8-39 所示。

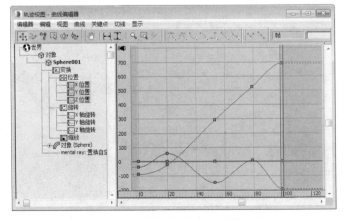

图 8-39　【轨迹视图-曲线编辑器】窗口

在【轨迹视图-曲线编辑器】窗口中，允许用户以图形化的功能曲线形式对动画进行调整，用户可以很容易地设置、调整动画对象的运动轨迹。【轨迹视图-曲线编辑器】窗口中包含菜单栏、工具栏、控制器窗格和关键帧窗格（包括时间标尺、导航等）。

在【轨迹视图-曲线编辑器】窗口的菜单栏中选择【编辑器】|【摄影表】命令，如图 8-40 所示，切换为【轨迹视图-摄影表】窗口。在【轨迹视图-摄影表】窗口中，关键帧以时间块的形式显示，用户可以在【轨迹视图-摄影表】窗口中进行显示关键帧、插入关键帧、缩放关键帧及其他动画时间设置。

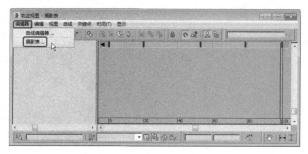

图 8-40　选择【摄影表】命令

【轨迹视图-摄影表】窗口包括两种模式：【编辑关键帧】模式和【编辑范围】模式。

【轨迹视图-摄影表】窗口中的关键帧以矩形框的形式显示，因此用户可以方便地识别关键帧。

2．轨迹视图工具

【轨迹视图-曲线编辑器】窗口中的工具栏如图 8-41 所示。【轨迹视图-摄影表】窗口中的工具栏如图 8-42 所示。

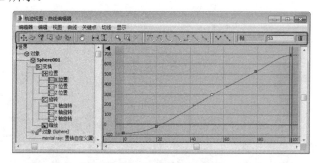

图 8-41　【轨迹视图-曲线编辑器】窗口中的工具栏

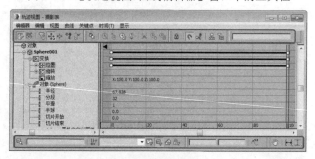

图 8-42　【轨迹视图-摄影表】窗口中的工具栏

在【轨迹视图-曲线编辑器】窗口的菜单栏上右击，在弹出的快捷菜单中选择【显示工具栏】|【全部】命令，如图 8-43 所示，即可显示完整的工具栏。

在菜单栏中选择【编辑】|【控制器】|【超出范围类型】命令，弹出【参数曲线超出范围类型】对话框，在该对话框中可以看到所选关键帧的参数曲线越界类型，共有 6 种，如图 8-44 所示。

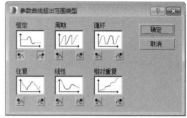

图 8-43　选择【全部】命令　　　图 8-44　【参数曲线超出范围类型】对话框

- 【恒定】：将确定的关键帧范围的两端部分设置为常量，使动画对象在关键帧范围外不生成动画。在系统默认情况下，使用常量方式。
- 【周期】：使当前关键帧范围内的动画呈周期性循环播放。需要注意的是，如果开始与结束的关键帧设置不合理，则会产生跳跃效果。
- 【循环】：使当前关键帧范围的动画重复播放，会将动画首尾对称连接，不会产生跳跃效果。
- 【往复】：使当前关键帧范围内的动画在播放后反向播放，如此反复，就像一个乒乓球被两个运动员以相同的方式打来打去。
- 【线性】：使动画对象在关键帧范围内的两端进行线形运动。
- 【相对重复】：在关键帧范围内重复播放相同的动画，但每次重复会根据范围末端的值有一个偏移。

8.2.3　【编辑范围】模式

在【轨迹视图-摄影表】窗口的【编辑范围】模式下，所有通道都会以范围条的形式显示，这种方式有助于快速地缩放或移动整条动画通道。

在【轨迹视图-摄影表】窗口中，单击工具栏中的【编辑范围】按钮，进入【编辑范围】模式，如图 8-45 所示。单击【修改子树】按钮，可以拖动范围条，当该按钮处于被选中状态时，会在 Objects 通道中显示一个范围条，它是默认的所有命名对象的父对象。如果拖动这个父对象的范围条，则会影响场景中的所有对象。

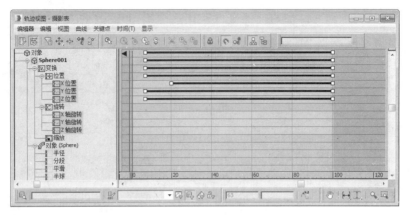

图 8-45 【编辑范围】模式

8.2.4 功能曲线

功能曲线可以将选中的动画控制器显示为曲线形式，以便观察和编辑动画对象的运动轨迹。

下面通过制作一个弹跳球动画来了解功能曲线的作用。

（1）重置一个新的场景，在视图中创建一个球体，在【参数】卷展栏中设置【半径】的值为 33.0。在动画控制区中单击【自动关键点】按钮，将时间滑块拖动到第 10 帧位置，在【前】视图中沿 Y 轴向上移动球体，如图 8-46 所示。

（2）将时间滑块拖动到第 20 帧位置，在【前】视图中沿 Y 轴向下移动球体，如图 8-47 所示。

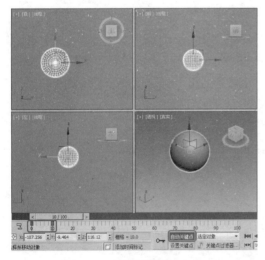

图 8-46 创建关键帧（一）

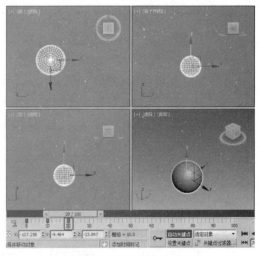

图 8-47 创建关键帧（二）

（3）单击【自动关键点】按钮，在工具栏中单击【曲线编辑器】按钮 ▣ ，打开【轨迹视图-曲线编辑器】窗口，选择【编辑】|【控制器】|【超出范围类型】命令，弹出【参数曲线超出范围类型】对话框，选择【循环】选项，如图 8-48 所示。

（4）单击【确定】按钮，此时的功能曲线如图 8-49 所示。功能曲线由原来的直线变为与第 0～20 帧形状相同的重复曲线，从而可以很形象地看出域外扩展方式的作用。

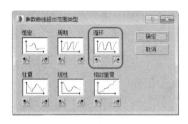

图 8-48　【参数曲线超出范围类型】
对话框

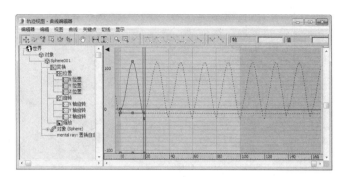

图 8-49　功能曲线

8.3　上机实战——游动的鱼

本案例主要介绍如何制作游动的鱼动画。首先选中【鱼鳍】对象，然后给其添加【波浪】修改器，使鱼鳍颤动，再创建一个【波浪】空间扭曲控制器，最后将【鱼鳍】对象与【波浪】空间扭曲控制器绑定，从而制作出最终动画。本案例所需的素材文件如表 8-3 所示，完成后的效果如图 8-50 所示。

表 8-3　本案例所需的素材文件

案例文件	CDROM|Scenes|Cha08|游动的鱼.max
	CDROM|Scenes|Cha08|游动的鱼 OK.max
贴图文件	CDROM|Map
视频文件	视频教学|Cha08|游动的鱼.avi

图 8-50　游动的鱼效果

（1）启动 3ds Max 2016，打开配套资源中的【CDROM|Scenes|Cha08|游动的鱼.max】文件，如图 8-51 所示。

（2）选中【鱼鳍】对象，切换到【修改】命令面板，在【修改器列表】下拉列表中选择【网格选择】选项，添加【网格选择】修改器，将当前选择集定义为【顶点】，选中所有的顶点，在【软选择】卷展栏中勾选【使用软选择】复选框，将【衰减】的值设置为 80.0，如图 8-52 所示。

图 8-51　打开【游动的鱼.max】文件

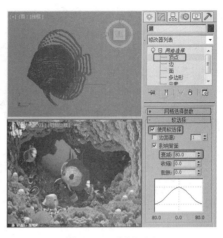

图 8-52　选择顶点

（3）在【修改器列表】下拉列表中选择【波浪】选项，添加【波浪】修改器，在【参数】卷展栏中，将【振幅 1】和【振幅 2】的值均设置为 5.0，单击【设置关键点】按钮，开启动画记录模式，将时间滑块移动到第 100 帧位置，设置【相位】的值为 10.0，添加关键帧，关闭动画记录模式，如图 8-53 所示。

（4）在命令面板中选择【创建】|【空间扭曲】|【几何/可变形】|【波浪】工具，创建一个【波浪】空间扭曲控制器，切换到【修改命令】面板，在【参数】卷展栏中，将【振幅 1】和【振幅 2】的值均设置为 0.0，将【波长】的值设置为 110.0，如图 8-54 所示。

图 8-53　添加关键帧（一）

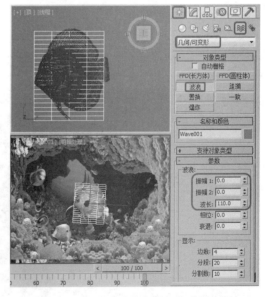

图 8-54　创建【波浪】空间扭曲控制器

📚知识链接

振幅 1：设置沿【波浪】空间扭曲控制器的局部 X 轴的波浪振幅。

振幅 2：设置沿【波浪】空间扭曲控制器的局部 X 轴的波浪振幅。

（5）在工具栏中单击【绑定到空间扭曲】按钮 ≋，将【鱼鳍】对象绑定到【波浪】空间扭曲控制器上。选中【波浪】空间扭曲控制器，单击【设置关键点】按钮，开启动画记录模式，在【参数】卷展栏中，将【振幅1】和【振幅2】的值均设置为5.0，如图8-55所示。

> ！ 提示：振幅用单位数表示。该波浪是一个沿其 Y 轴为正弦、沿其 X 轴为抛物线的波浪。认识振幅之间区别的另一种方法是，振幅1位于【波浪】空间扭曲控制器Gizmo的中心，而振幅2位于【波浪】空间扭曲控制器Gizmo的边缘。

（6）将时间滑块移动到第60帧位置，在【参数】卷展栏中，将【振幅1】和【振幅2】的值均设置为10.0，如图8-56所示。

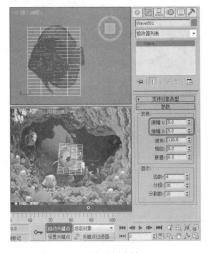

图8-55　添加关键帧（二）　　　　　图8-56　添加关键帧（三）

（7）将时间滑块移动到第100帧位置，在【参数】卷展栏中，将【振幅1】和【振幅2】的值均设置为20.0，如图8-57所示

（8）选中【鱼】对象的所有部分，并且将其成组，将时间滑块移动到第0帧位置，选中【鱼】对象和【波浪】空间扭曲控制器，调整它们的位置，添加关键帧，如图8-58所示。

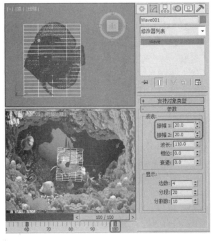

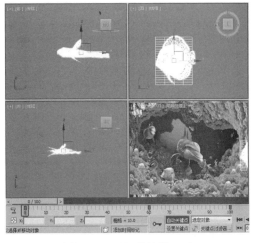

图8-57　添加关键帧（四）　　　　　图8-58　添加关键帧（五）

（9）将时间滑块移动到第 100 帧位置，调整【鱼】对象和【波浪】空间扭曲控制器的位置，添加关键帧，如图 8-59 所示。

（10）关闭动画记录模式，对【摄影机】视图进行渲染，渲染到第 50 帧时的效果如图 8-60 所示。

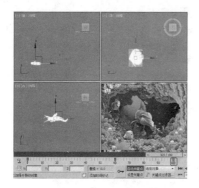

图 8-59　添加关键帧（六）

图 8-60　渲染到第 50 帧时的效果

习题与训练

一、填空题

1．默认的【NTSC】格式动画的帧速率是每秒_____帧，【电影】格式动画的帧速率是每秒_____帧，【PAL】格式动画的帧速率是每秒_____帧。

2．在动画创建过程中经常使用_____命令面板，该命令面板提供了对动画对象的控制能力，体现在可以为动画对象指定各种运动控制器，对各个关键帧信息进行编辑，对_____进行控制，等等。

3．动画控制器分为_____和_____两种类型。

二、简答题

1．动画的原理是什么？

2．如何显示动画对象的运动轨迹？

第 9 章

粒子系统、空间扭曲与视频后期处理

09
Chapter

本章导读：

基础知识 ◆ 冬日飘雪——使用【雪】粒子系统
◆ 粒子系统的功能与创建

重点知识 ◆ 太阳耀斑——【视频后期处理】窗口
◆ 空间扭曲

提高知识 ◆ 心形闪烁

本章主要介绍粒子系统、空间扭曲与视频后期处理的相关知识。粒子系统可以模拟自然界中的雨、雪、雾等效果。粒子系统生成的粒子随时间变化而变化，主要用于制作动画。空间扭曲可以创建力场，使其他对象发生变形。视频后期处理是指对模型对象进行编辑、合成与特效处理。在【视频后期处理】窗口中可以将场景中的对象及过滤效果等各要素结合起来，从而生成一个综合结果。通过对本章内容的学习，读者可以对粒子系统、空间扭曲及视频后期处理有一个简单的认识并掌握其使用方法。

9.1 任务 24：冬日飘雪——使用【雪】粒子系统

本案例主要介绍冬日飘雪动画的制作方法。本案例所需的素材文件如表 9-1 所示，完成后的效果如图 9-1 所示。

表 9-1 本案例所需的素材文件

案例文件	CDROM|Scenes|Cha09|使用雪粒子系统制作飘雪效果.max
	CDROM|Scenes|Cha09|使用雪粒子系统制作飘雪效果-OK.max
贴图文件	CDROM|Map
视频文件	视频教学|Cha09|冬日飘雪.avi

图 9-1 冬日飘雪效果

9.1.1 任务实施

（1）打开配套资源中的【CDROM\|Scenes\|Cha09\|使用雪粒子系统制作飘雪效果.max】文件，切换到【摄影机】视图查看效果，如图 9-2 所示。

（2）在命令面板中选择【创建】|【几何体】|【粒子系统】|【雪】工具，在【顶】视图中创建一个【雪】粒子系统发射器，将其重命名为【雪】，展开【参数】卷展栏，在【粒子】选区中，将【视口计数】、【渲染计数】、【雪花大小】、【速度】和【变化】的值分别设置为 1000、800、1.8、8.0 和 2.0，选择【雪花】单选按钮，在【渲染】选区中选择【面】单选按钮，如图 9-3 所示。

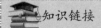知识链接

【雪花大小】：用于设置渲染时颗粒的大小。

【速度】：用于设置微粒从发射器中流出的速度。

【变化】：用于设置影响粒子的初速度和方向。该值越大，粒子喷射得越猛烈，喷射的范围越广。

（3）在【计时】选区中，将【开始】和【寿命】的值分别设置为-100 和 100，在【发射器】选区中，将【宽度】和【长度】的值分别设置为 430.0 和 488.0，如图 9-4 所示。

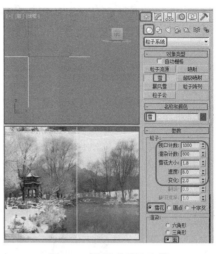

图9-2　打开【使用雪粒子系统制作飘雪效果.max】文件　　　图9-3　设置【雪】参数

> ！提示：粒子系统是一个相对独立的造型系统，主要用于创建雨、雪、灰尘、泡沫、火花等对象，它还能将任意造型制作为粒子，并且表现群体动画效果。粒子系统与时间和速度的关系非常紧密，一般用于制作动画。

　　（4）按【M】快捷键打开【材质编辑器】窗口，选择一个空白材质球，将其重命名为【雪】，将明暗器类型设置为【Blinn】，在【Blinn基本参数】卷展栏中，勾选【自发光】选区中的【颜色】复选框，然后将该颜色的RGB值设置为196、196、196；在【贴图】卷展栏中，单击【不透明度】通道的【贴图类型】按钮，在弹出的【材质/贴图浏览器】对话框中选择【贴图】|【标准】|【渐变坡度】选项，单击【确定】按钮，进入【渐变坡度】贴图设置界面；在【渐变坡度参数】卷展栏中，在【渐变类型】下拉列表中选择【径向】选项，展开【输出】卷展栏，勾选【反转】复选框，如图9-5所示。

图9-4　设置【计时】和【发射器】选区
　　　　的相关参数

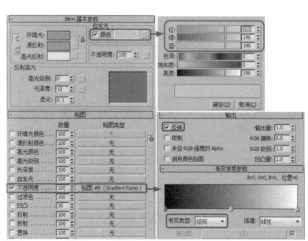

图9-5　设置【雪】材质的相关参数

　　（5）将制作好的【雪】材质指定给场景中的【雪】对象，进行渲染并查看效果。

9.1.2　粒子系统的功能与创建

粒子系统由两部分组成：粒子系统发射器和粒子。

1. PF Source

在命令面板中选择【创建】|【几何体】|【粒子系统】|【PF Source】工具，在视图中拖动即可创建一个【PF Source】粒子系统发射器，如图 9-6 所示。

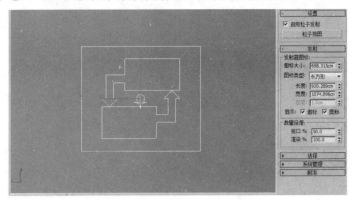

图 9-6　创建【PF Source】粒子系统发射器

在【设置】卷展栏中单击【粒子视图】按钮，打开【粒子视图】窗口，如图 9-7 所示。在该对话框中，可以直接拖动下面的事件并将其赋予上面的粒子系统，然后驱动粒子系统进行该事件的设置，设置方法是在粒子系统选项中选择驱动事件，然后在右面的事件选项中进行参数设置。

图 9-7　【粒子视图】窗口

2. 喷射

【喷射】粒子系统主要用于模拟水滴下落的效果，如下雨、喷泉、瀑布等，也可以表现彗星拖尾效果。这种粒子系统的参数较少，易于控制，使用起来很方便，所有数值均可用于制作动画效果。

在命令面板中选择【创建】|【几何体】|【粒子系统】|【喷射】工具，在视图中拖动即可创建一个【喷射】粒子系统发射器。该发射器可以发射垂直的粒子流，发射的粒子可以是四面体，也可以是四边形。拖动时间滑块，即可看到从该发射器中喷射出来的粒子，如图9-8所示。【喷射】粒子系统的【参数】卷展栏如图9-9所示。

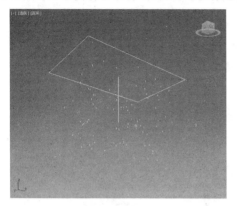

图9-8　创建【喷射】粒子系统发射器

图9-9　【喷射】粒子系统的【参数】卷展栏

> ！ **提示**：粒子系统发射器的方向是当前平面的Z轴负方向，因此它喷射出的粒子会向当前平面的Z轴负方向运动。

3. 雪

【雪】粒子系统可以模拟飞舞的雪花、纸屑等效果。【雪】粒子系统与【喷射】粒子系统几乎没有差别，但【雪】粒子系统具有一些控制雪花旋转效果的附加参数，而且渲染参数也不同。【雪】粒子的形态是六角形，用于模拟雪花，而且增加了翻滚参数，控制每片雪花在落下的同时进行翻滚运动。【雪】粒子系统不仅可以模拟下雪，还可以将多维材质指定给它，从而产生五彩缤纷的碎片下落效果，通常用于增添节日的喜庆气氛；如果将【雪】粒子向上发射，则可以表现从火中升起的火星效果。

在命令面板中选择【创建】|【几何体】|【粒子系统】|【雪】工具，在视图中拖动即可创建一个【雪】粒子系统发射器，拖动时间滑块，即可看到从该发射器中发射出的【雪】粒子，如图9-10所示。【雪】粒子系统的【参数】卷展栏如图9-11所示。

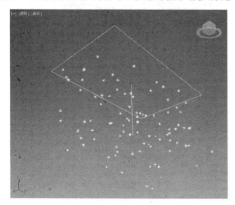

图9-10　创建【雪】粒子系统发射器

图9-11　【雪】粒子系统的【参数】卷展栏

4. 暴风雪

【暴风雪】粒子系统是一种高级粒子系统，可以模拟更加真实的下雪效果。

在命令面板中选择【创建】|【几何体】|【粒子系统】|【暴风雪】工具，在视图中拖动即可创建一个【暴风雪】粒子系统发射器，拖动时间滑块，即可看到从该发射器中发射出的【暴风雪】粒子，如图 9-12 所示。【暴风雪】粒子系统的各卷展栏如图 9-13 所示。

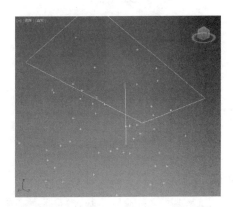

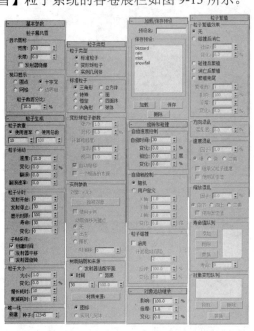

图 9-12　创建【暴风雪】粒子系统发射器　　　图 9-13　【暴风雪】粒子系统的各卷展栏

5. 粒子云

【粒子云】粒子系统会限制一个空间，在空间内部产生粒子效果。这个空间可以是球体、柱体、长方体，也可以是任意指定的分布对象，空间内的粒子可以是标准基本体、变形球粒子或替身几何体。【粒子云】粒子系统通常用于制作堆积的不规则群体。

在命令面板中选择【创建】|【几何体】|【粒子系统】|【粒子云】工具，在视图中拖动即可创建一个【粒子云】粒子系统发射器，拖动时间滑块，即可看到从该发射器中发射出的粒子，如图 9-14 所示。【粒子云】粒子系统的【基本参数】卷展栏如图 9-15 所示。

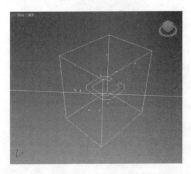

图 9-14　创建【粒子云】粒子系统发射器　　图 9-15　【粒子云】粒子系统的【基本参数】卷展栏

6. 粒子阵列

【粒子阵列】粒子系统拥有大量的控制参数，可以表现出喷发、爆裂等特殊效果。【粒子阵列】粒子系统的计算速度非常快，并且可以很容易地将一个对象炸成带有厚度的碎片，这是电影特技中经常使用的功能。

在命令面板中选择【创建】|【几何体】|【粒子系统】|【粒子阵列】工具，在视图中拖动即可创建一个【粒子阵列】粒子系统发射器，拖动时间滑块，即可看到从该发射器中发射出的粒子，如图 9-16 所示。【粒子阵列】粒子系统的【基本参数】卷展栏如图 9-17 所示。

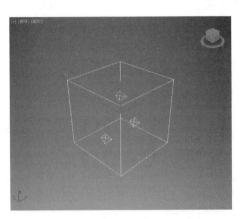

图 9-16　创建【粒子阵列】粒子系统发射器　图 9-17　【粒子阵列】粒子系统的【基本参数】卷展栏

7. 超级喷射

【超级喷射】粒子系统可以喷射出可控制的水滴状粒子，它与【喷射】粒子系统相似，但是功能更强大。

在命令面板中选择【创建】|【几何体】|【粒子系统】|【超级喷射】工具，在视图中拖动即可创建一个【超级喷射】粒子系统发射器，拖动时间滑块，即可看到从该发射器中发射出的粒子，如图 9-18 所示。【超级喷射】粒子系统的【基本参数】卷展栏如图 9-19 所示。

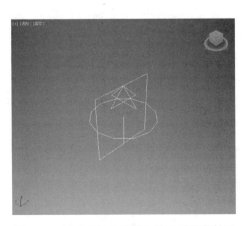
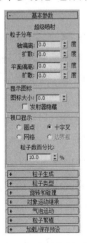

图 9-18　创建【超级喷射】粒子系统发射器　图 9-19　【超级喷射】粒子系统的【基本参数】卷展栏

> ! 提示：发射器初始方向取决于当前在哪个视图中创建粒子系统。在通常情况下，如果在【前】视图中创建该粒子系统，则发射器会朝向用户这一面；如果在【透视】视图中创建该粒子系统，则发射器会朝上。

9.1.3　空间扭曲

空间扭曲是一种特殊的力场，施加空间扭曲作用后的场景可以模拟自然界中的各种动力效果，使对象的运动规律与现实更加贴近，产生重力、风力、爆发力、干扰力等作用效果。空间扭曲对象是一类在场景中影响其他对象的不可渲染的对象，它们能够创建力场，使其他对象发生变形，从而生成涟漪、波浪、强风等效果。它是 3ds Max 2016 为对象制作特殊效果动画的一种方式，可以将其想象为一个作用区域，它对区域内的对象产生影响，如果对象发生移动，那么产生的作用也会发生变化，区域外的对象则不受影响。

> ! 提示：虽然空间扭曲能够像编辑修改器一样改变对象的内部结构，但它的效果却取决于对象在场景中的变换方式。在一般情况下，编辑修改器和空间扭曲的作用是相同的。如果要使单个对象发生局部变化，并且该变化依赖于数据流中的其他操作，则应该使用编辑修改器；如果要使多个对象产生全局效果，并且该效果与对象在场景中的位置有关，则应该使用空间扭曲。

在 3ds Max 2016 中，空间扭曲工具包括 5 大类，简单说明如下。

- 力：用于模拟各种力的作用效果，如风、重力、推力和阻力等，可以对粒子系统和动力学系统产生影响。
- 导向器：用于改变粒子系统的方向，并且只能作用于粒子系统，对其他对象没有影响。
- 几何/可变形：用于生成各种几何变形效果，共包含 7 种空间扭曲，分别是 FFD（长方体）、FFD（圆柱体）、波浪、涟漪、置换、配置变形、炸弹。
- 基于修改器：共包含 6 种空间扭曲，都是基于修改器的空间扭曲。
- 粒子和动力学：用于提供向量场功能，如描述对象的方向、速度等属性。

创建并使用空间扭曲的一般步骤如下。

（1）创建一种需要的空间扭曲，它会以框架形式显示在视图中，称其为控制器。

（2）单击工具栏中的【绑定到空间扭曲】按钮 ❈，在要应用空间扭曲的对象上按住鼠标左键，将其拖动到空间扭曲控制器上，完成绑定操作。此时对象所受的影响会在视图中显示出来。

（3）调整空间扭曲控制器的参数，对空间扭曲控制器进行移动、旋转和缩放等操作，影响被绑定的对象，从而生成用户所需的效果。

（4）用户可以利用空间扭曲控制器的参数变化及转换操作创建动画，也可以使用被绑定对象创建动画，从而实现动态效果。

对象在被绑定到空间扭曲控制器上后，会受到该空间扭曲的影响，空间扭曲会显示在该对象的修改器堆栈中。一般在应用转换功能或添加修改器后才应用空间扭曲，一个对象可以绑定多个空间扭曲控制器，一个空间扭曲也可以同时应用在多个对象上。

9.1.4 【力】空间扭曲

【力】空间扭曲共有 9 种，本节介绍比较常用的【阻力】、【重力】和【风】空间扭曲。

1.【阻力】空间扭曲

【阻力】空间扭曲可以模拟空间中任意方向的力，下面通过将【阻力】空间扭曲作用于【喷射】粒子系统来说明其具体使用方法。

（1）在命令面板中选择【创建】|【几何体】|【粒子系统】|【喷射】工具，在【顶】视图中按住鼠标左键并拖动鼠标，创建一个【喷射】粒子系统发射器，如图 9-20 所示。

（2）拖动视图下方的时间滑块至第 100 帧位置，此时的【喷射】粒子系统如图 9-21 所示。

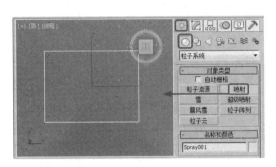

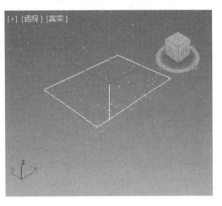

图 9-20　创建【喷射】粒子系统发射器　　　图 9-21　拖动时间滑块后的【喷射】粒子系统

（3）在命令面板中选择【创建】|【空间扭曲】|【力】|【阻力】工具，在视图中按住鼠标左键并拖动鼠标，创建一个【阻力】空间扭曲控制器，如图 9-22 所示。

> ! 提示：【阻力】空间扭曲控制器的大小并不代表阻力的大小，只有改变阻力参数才可以改变阻力的大小。

单击工具栏中的【绑定到空间扭曲】按钮 ，将【喷射】粒子系统拖动到【阻力】空间扭曲控制器上，完成绑定操作，如图 9-23 所示。

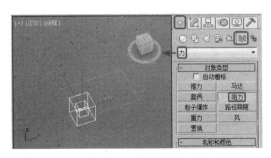

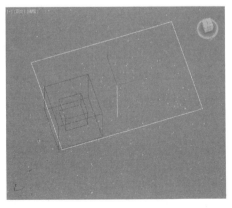

图 9-22　创建【阻力】空间扭曲控制器　　　图 9-23　将【喷射】粒子系统绑定到【阻力】
空间扭曲控制器上

选中【阻力】空间扭曲控制器，切换到【修改】命令面板，展开【参数】卷展栏，在【阻尼特性】选区中选择【线性阻尼】单选按钮，设置【Z轴】的值为 50.0%，如图 9-24 所示，按【Enter】键确认，这时的【喷射】粒子系统在 Z 轴上被施加了阻力，【喷射】粒子的运动被分离到空间扭曲的局部 X 轴、Y 轴和 Z 轴向量中，如图 9-25 所示。在它上面对各个向量施加阻尼的区域是一个无限的平面，其厚度由相应的【范围】值决定。

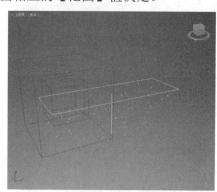

图 9-24　修改【阻力】空间扭曲控制器的相关参数　　图 9-25　发生变化的【喷射】粒子系统（一）

- 【X 轴】【Y 轴】【Z 轴】：指定受阻尼影响粒子沿局部坐标轴运动的百分比。
- 【范围】：设置垂直于指定坐标轴的范围平面或无限平面的厚度。仅在取消勾选【无限范围】复选框时生效。
- 【衰减】：指定在 X 轴、Y 轴或 Z 轴范围外应用线性阻尼的距离，其最小值与【范围】值相等。阻尼在距离为【范围】值时的强度最大，在距离为【衰减】值时的强度最低，在超出【衰减】值的部分没有任何效果。【衰减】效果仅在超出【范围】值的部分生效，它是从【阻力】空间扭曲控制器的中心开始测量的。仅在取消勾选【无限范围】复选框时生效。

（6）在工具栏中单击【选择并旋转】按钮 ，选中【阻力】空间扭曲控制器，对其进行旋转操作，【喷射】粒子系统也会随之发生相应的变化，如图 9-26 所示。

图 9-26　旋转【阻力】空间扭曲控制器

（7）将【阻力】空间扭曲控制器的作用形式由【线性阻尼】转换为【球形阻尼】，并且将【径向】和【切向】的值分别设置为 5.0% 和 100.0%，如图 9-27 所示，按【Enter】键确定，这时的【喷射】粒子系统如图 9-28 所示。

图 9-27　设置【球形阻尼】的相关参数　　　图 9-28　发生变化的【喷射】粒子系统（二）

当【阻力】空间扭曲控制器采用【球形阻尼】作用形式时，其图标是一个球体内的球体，粒子运动被分解到径向和切向向量中，阻尼应用于球体体积内的各个向量。如果取消勾选【无限范围】复选框，那么该球体的半径由【范围】的值设置。

- 【径向】：用于指定受阻尼影响粒子朝向或背离【阻力】空间扭曲控制器中心运动的百分比。
- 【切向】：用于指定受阻尼影响粒子穿过【阻力】空间扭曲控制器运动的百分比。
- 【范围】：以系统单位数指定距【阻力】空间扭曲控制器中心的距离，该距离内的阻尼为全效阻尼。仅在取消勾选【无限范围】复选框时生效。
- 【衰减】：指定在径向或切向范围外应用球形阻尼的距离，其最小值与【范围】值相等。阻尼在距离为【范围】值时的强度最大，在距离为【衰减】值时线性降至最低，在超出【衰减】值的部分没有任何效果。【衰减】效果仅在超出【范围】的部分生效，它是从【阻力】空间扭曲控制器的中心开始测量的。仅在取消勾选【无限范围】复选框时生效。

2.【重力】空间扭曲

【重力】空间扭曲可以在应用粒子系统时模拟重力作用的效果，它具有方向属性，即沿着【重力】空间扭曲控制器的箭头方向做加速运动，或者背向箭头方向做减速运动。下面通过将【重力】空间扭曲作用于【雪】粒子系统来说明【重力】空间扭曲的具体使用方法。

（1）在命令面板中选择【创建】|【几何体】|【粒子系统】|【雪】工具，在视图中按住鼠标左键并拖动鼠标，创建一个【雪】粒子系统发射器，如图 9-29 所示。

（2）在命令面板中选择【创建】|【空间扭曲】|【力】|【重力】工具，在视图中按住鼠标左键并拖动鼠标，创建一个【重力】空间扭曲控制器，如图 9-30 所示。

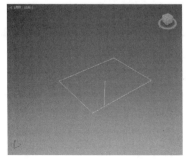

图 9-29　创建【雪】粒子系统发射器　　　图 9-30　创建【重力】空间扭曲控制器

（3）单击工具栏中的【绑定到空间扭曲】按钮 ⧉，拖动【雪】粒子系统到【重力】空间扭曲控制器上，完成绑定操作，如图 9-31 所示。

（4）将时间滑块调整到第 100 帧位置，选中【重力】空间扭曲控制器，切换到【修改】命令面板，展开【参数】卷展栏，在【力】选区中将【强度】的值设置为 3，这时的【雪】粒子系统如图 9-32 所示，在【力】选区中将【强度】的值设置为 -3 时的【雪】粒子系统如图 9-33 所示。由此可见，改变【强度】的值可以改变重力影响的程度。将【重力】空间扭曲控制器的作用形式由【平面】转换为【球形】时的【雪】粒子系统如图 9-34 所示。

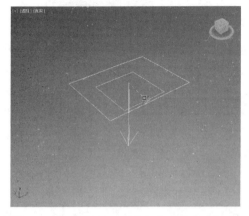

图 9-31　将【雪】粒子系统绑定到【重力】空间
扭曲控制器上

图 9-32　增大【强度】值后的【雪】粒子系统

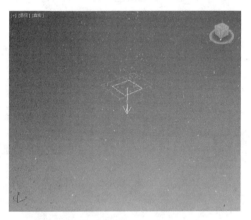

图 9-33　减小【强度】值后的【雪】粒子系统

图 9-34　施加【球形】重力后的【雪】粒子系统

- 【强度】：增大该值，会增加重力的效果，即对象的移动与【重力】空间扭曲控制器的箭头方向有关。如果该值小于 0，则会创建负向重力，该重力会排斥以相同方向移动的粒子，并且吸引以相反方向移动的粒子。如果该值为 0，那么【重力】空间扭曲没有任何效果。
- 【衰退】：当该值为 0 时，【重力】空间扭曲会使用相同的强度贯穿整个世界空间。增大该值，会导致重力强度从【重力】空间扭曲控制器的所在位置开始随距离的增加而减弱。默认值为 0。
- 【平面】：重力效果与贯穿场景的【重力】空间扭曲控制器所在的平面垂直。

- 【球形】：重力效果为球形，以【重力】空间扭曲控制器的中心为中心，主要用于生成喷泉或行星效果。

3.【风】空间扭曲

【风】空间扭曲可以模拟风吹粒子系统的效果，它具有方向属性，即沿着【风】空间扭曲控制器的箭头方向做加速运动，或者背向箭头方向做减速运动。

未施加任何力的【雪】粒子系统如图 9-35 所示，在侧面施加【风】空间扭曲后，【雪】粒子系统会真的像受到风吹一样偏移，其效果如图 9-36 所示。

图 9-35 未施加任何力的【雪】粒子系统

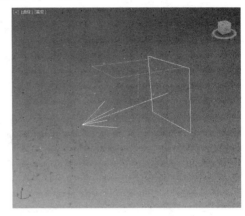

图 9-36 施加【风】空间扭曲后的【雪】粒子系统

【风】空间扭曲控制器的【参数】卷展栏如图 9-37 所示，通过修改该卷展栏中的各参数值可以改变风的强度、衰减程度、类型等，从而实现更加逼真的效果。

图 9-37 【风】空间扭曲
控制器的【参数】卷展栏

【力】选区。

- 【强度】：增加该值会增加风力效果。如果该值小于 0，则会产生吸力，该吸力它会排斥以相同方向运动的粒子，并且吸引以相反方向运动的粒子。如果该值为 0，则【风】空间扭曲无效。

- 【衰退】：当该值为 0 时，【风】空间扭曲在整个世界空间内有相同的强度。增大该值会导致风力强度从【风】空间扭曲对象的所在位置开始随距离的增加而减弱。默认值为 0。

- 【平面】：风力效果垂直于贯穿场景的【风】空间扭曲对象所在的平面。

- 【球形】：风力效果为球形，以【风】空间扭曲控制器的中心为中心。

【风力】选区。

- 【湍流】：使粒子在被风吹动时随机改变路线。该值越大，湍流效果越明显。

- 【频率】：当该值大于 0 时，会使湍流效果随时间呈周期变化。这种微妙的效果可能无法看见，除非绑定的粒子系统生成大量粒子。

- 【比例】：缩放湍流效果。当该值较小时，湍流效果会更平滑、更规则。增大该值，紊乱效果会变得更不规则、更混乱。

9.2 任务 25：太阳耀斑——【视频后期处理】窗口

本案例主要介绍自然风景中太阳耀斑效果的制作方法。该案例使用泛光灯作为产生镜头光斑的灯光，使用 Vide Post 视频合成器中的【镜头效果光斑】特效过滤器产生耀斑效果。本案例所需的素材文件如表 9-2 所示，完成后的效果如图 9-38 所示。

表 9-2 本案例所需的素材文件

案例文件	CDROM\Scenes\Cha09\太阳耀斑-OK.max
贴图文件	CDROM\Map
视频文件	视频教学\Cha09\太阳耀斑.avi

图 9-38 太阳耀斑的效果

9.2.1 任务实施

（1）按【8】快捷键，打开【环境和效果】窗口，在默认的【环境】选项卡中单击【环境贴图】按钮，在弹出的对话框中选择【CDROM\Map\0829.jpg】贴图文件，单击【打开】按钮。按【M】快捷键打开【材质编辑器】窗口，在【环境和效果】窗口中选中要添加的贴图，按住鼠标左键将其拖动到【材质编辑器】窗口中的空白材质球上，弹出【实例（副本）贴图】对话框，选择【实例】单选按钮，单击【确定】按钮，在【坐标】卷展栏中将【贴图】设置为【屏幕】，如图 9-39 所示。

（2）在命令面板中选择【创建】|【摄影机】|【标准】|【目标】工具，在视图中创建一架目标摄影机并调整其位置，如图 9-40 所示。在【透视】视图中按【C】快捷键，切换到【摄影机】视图。

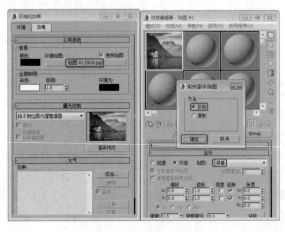

图 9-39 设置背景贴图和材质

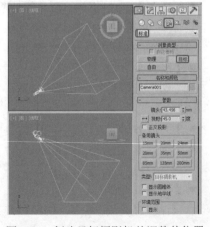

图 9-40 创建目标摄影机并调整其位置

（3）在菜单栏中选择【视图】|【视口背景】|【配置视口背景】命令，弹出【视口配置】对话框，选择【背景】选项卡，选择【使用环境背景】单选按钮，单击【确定】按钮，即可在视图中显示背景，如图9-41所示。

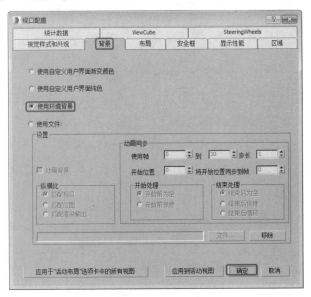

图9-41　【视口配置】对话框

（4）在命令面板中选择【创建】|【灯光】|【标准】|【泛光】工具，在场景中创建一盏泛光灯，并且在【摄影机】视图中调整泛光灯的位置，如图9-42所示。

（5）在菜单栏中选择【渲染】|【视频后期处理】命令，打开【视频后期处理】窗口，单击【添加场景事件】按钮 ，弹出【添加场景事件】对话框，在【视图】选区中选择前面创建的目标摄影机，单击【确定】按钮，如图9-43所示。

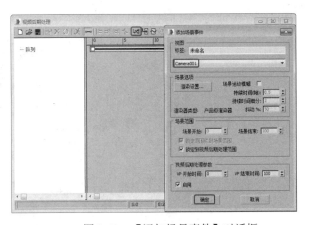

图9-42　创建泛光灯并调整其位置　　　　　图9-43　【添加场景事件】对话框

（6）在【视频后期处理】窗口的工具栏中单击【添加图像过滤事件】按钮 ，弹出【添加图像过滤事件】对话框，将过滤器插件设置为【镜头效果光斑】，单击【确定】按钮，如图9-44所示。

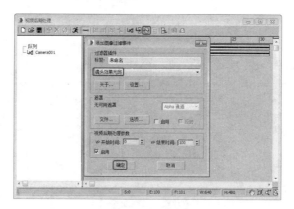

图 9-44 【添加图像过滤事件】对话框

（7）在序列窗格中双击【镜头效果光斑】选项，弹出【编辑过滤事件】对话框，单击【设置】按钮，如图 9-45 所示。

图 9-45 【编辑过滤事件】对话框

（8）打开【镜头效果光斑】窗口，单击【预览】和【VP 队列】按钮，在【镜头光斑属性】选区中，单击【节点源】按钮，在弹出的【选择光斑对象】对话框中选择创建的泛光灯；在【首选项】选项卡中设置相应的参数，如图 9-46 所示。

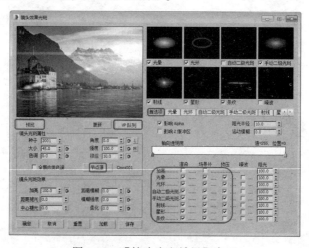

图 9-46 【镜头光斑效果】窗口

（9）在【光晕】选项卡中，将【大小】的值设置为 50.0，如图 9-47 所示。

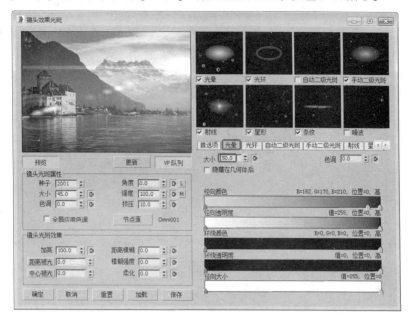

图 9-47　设置【光晕】选项卡中的参数

（10）在【条纹】选项卡中，将【大小】的值设置为 260.0，将【角度】的值设置为 50.0，将【宽度】的值设置为 13，单击【确定】按钮，如图 9-48 所示。

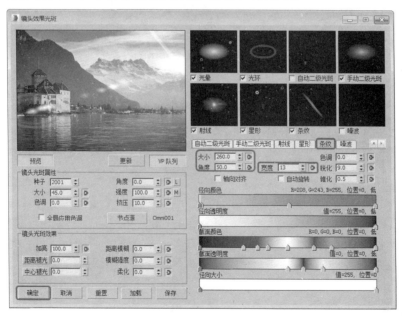

图 9-48　设置【条纹】选项卡中的参数

（11）返回【视频后期处理】窗口，单击工具栏中的【执行序列】按钮，在打开的【执行视频后期处理】面板中设置图像的输出尺寸，单击【渲染】按钮即可进行渲染，如图 9-49 所示。最后将场景文件保存。

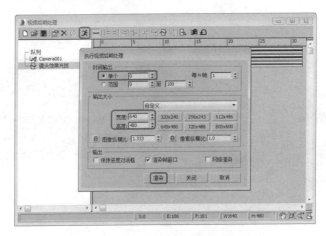

图 9-49　【执行视频后期处理】面板

9.2.2　【视频后期处理】窗口

在菜单栏中选择【渲染】|【视频后期处理】命令，打开【视频后期处理】窗口，如图 9-50 所示。

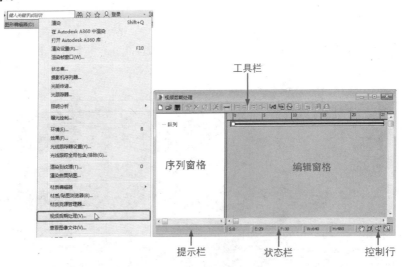

图 9-50　【视频后期处理】窗口

从外表上看，【视频后期处理】窗口由 4 部分组成：顶端为工具栏，用于进行各种操作；左侧为序列窗格，用于添加和调整合成的项目序列；右侧为编辑窗格，使用滑块控制当前项目所处的活动区段；底行包括提示栏、状态栏和控制栏，分别用于显示提示信息、状态信息，以及提供控制工具。

1．工具栏

【视频后期处理】窗口顶端的工具栏中包含【视频后期处理】窗口中的所有命令按钮，这些命令按钮主要用于对图像和动画事件进行编辑，各命令按钮的功能如下。

- 【新建序列】按钮 □：新建一个序列，并且将当前窗口中的所有序列删除。在删除序列前，会弹出相应的提示框进行确认。

- 【打开序列】按钮 ：窗口中的序列可以存储为.vpx 格式的文件。单击该按钮，可以将存储的.vpx 文件通过该窗口调入。
- 【保存序列】按钮 ：单击该按钮，可以将当前【视频后期处理】窗口中的序列存储为.vpx 格式的文件，将来可以应用于其他场景。
- 【编辑当前事件】按钮 ：当窗口中有编辑事件时，该按钮可用。单击该按钮，弹出【编辑过滤事件】对话框，如图 9-51 所示。与双击事件的效果相同。
- 【删除当前事件】按钮 ：单击该按钮，可以将当前选中的事件删除。
- 【交换事件】按钮 ：当两个相邻的事件同时被选中时，该按钮可用。单击该按钮，可以将选中的两个相邻事件调换顺序。在根级目录中，可以直接使用鼠标进行拖动。
- 【执行序列】按钮 ：用于将当前【视频后期处理】窗口中的序列渲染输出。单击该按钮，打开【执行视频后期处理】面板，如图 9-52 所示。【执行视频后期处理】面板中的参数与【渲染设置】窗口中的参数基本相同，使用方法也相同。

图 9-51　【编辑过滤事件】对话框　　　图 9-52　【执行视频后期处理】面板

> ！ 提示：图 9-52 中的参数的设置与【渲染设置】窗口中参数的设置是各自独立的，互不影响。

- 【编辑范围栏】按钮 ：这是【视频后期处理】窗口中的基本编辑工具，对序列窗格和编辑窗格都有效。
- 【将选定项靠左对齐】按钮 ：单击该按钮，可以将选中的多个事件范围栏左端对齐。在对齐时，用于作为基准的事件范围栏（别的事件范围栏与之对齐的事件范围栏）应该最后一个被选中，它的两端方块为红色，与它对齐的事件范围栏两端的方块为白色。可以同时将多个事件与一个事件对齐。
- 【将选定项靠右对齐】按钮 ：单击该按钮，可以将选中的多个事件范围栏右端对齐。使用方法与【将选定项靠左对齐】按钮的使用方法类似。
- 【使选定项大小相同】按钮 ：单击该按钮，可以将选中的多个事件范围栏长度与最后一个选中的范围栏长度对齐。
- 【关于选定项】按钮 ：用于对多个影片进行连接。单击该按钮，将选中的事件范围栏以首尾对齐的方式进行排列。在选择事件范围栏时，不用考虑选择的先后顺序，对结果没有影响。

- 【添加场景事件】按钮 ：单击该按钮，弹出【添加场景事件】对话框，该对话框主要用于在【视频后期处理】窗口中添加新事件，事件来源于当前场景中的一个视图，如图 9-53 所示。
- 【添加图像输入事件】按钮 ：单击该按钮，弹出【添加图像输入事件】对话框，在该对话框中可以将外部的各种格式的图像文件作为一个事件添加到【视频后期处理】窗口中，如图 9-54 所示。就文件的格式而言，可输入的文件格式比可输出的文件格式多。

图 9-53　【添加场景事件】对话框　　　　图 9-54　【添加图像输入事件】对话框

- 【添加图像过滤事件】按钮 ：单击该按钮，弹出【添加图像过滤事件】对话框，在该对话框中可以对添加的图像进行特殊处理，如添加光晕、星空等效果。
- 【添加图像输出事件】按钮 ：单击该按钮，弹出【添加图像输出事件】对话框，在该对话框中可以将最后合成的结果保存为图像文件。文件的格式种类比输入项目少。
- 【添加图像层事件】按钮 ：单击该按钮，弹出【添加图像层事件】对话框，在该对话框中可以为两个项目指定特殊的合成效果，如交叉衰减变换。
- 【添加外部事件】按钮 ：单击该按钮，弹出【添加外部事件】对话框，在该对话框中可以为当前事件加入一个外部处理程序，如 Photoshop 和 CorelDraw 等。
- 【添加循环事件】按钮 ：单击该按钮，弹出【添加循环事件】对话框，在该对话框中可以对指定事件进行循环处理。

2. 序列窗格

【视频后期处理】窗口的左侧空白区为序列窗格。在序列窗格中，将各个项目以分支树的形式连接在一起，项目的种类可以任意指定，它们之间也可以分层，这与材质分层、轨迹分层的概念相同。

【视频后期处理】窗口中的大部分工作，是在各个项目的自身设置面板中完成的。在序列窗格中可以设置这些项目的顺序，从上至下，越往下，层级越高，下面的层级会覆盖在上面的层级之上。所以对于背景图像，应该将其放置在最上面（最低层级）。

双击序列窗格中的事件可以直接打开它的参数控制面板，从而对其进行参数设置。单击序列窗格中的事件可以将其选中，配合键盘上的【Ctrl】键可以添加事件或删除事件，配合【Shift】键可以将选中的两个事件之间的所有事件选中。

3．编辑窗格

【视频后期处理】窗口的右侧是编辑窗格。在编辑窗格中，使用条柱表示当前事件作用的时间段，上面有一个可以滑动的时间标尺，用于确定时间段的坐标，可以对事件条柱进行移动、缩放、对齐操作。双击事件条柱可以打开它的参数控制面板，从而对其进行参数设置。

4．提示栏、状态栏和控制栏

【视频后期处理】窗口的底行是提示栏、状态栏和控制栏。

提示栏主要用于显示各种提示信息。

状态栏中各参数的功能如下。

- 【S】：当前选中项目的起始帧。
- 【E】：当前选中项目的结束帧。
- 【F】：当前选中项目的总帧数。
- 【W】【H】：显示最终输出的图像尺寸，单位为 Pixel（像素）。

控制栏中各控制工具按钮的功能如下。

- 【平移】按钮：对编辑窗格进行左右移动。
- 【最大化显示】按钮：将编辑窗格中的全部内容最大化显示，使它们都出现在屏幕上。
- 【缩放时间】按钮：对时间标尺进行缩放。
- 【缩放区域】按钮：可以使编辑窗格中的框选区域放大到满屏显示。

9.2.3 镜头特效过滤器

在【视频后期处理】窗口中，使用镜头特效过滤器可以给场景添加镜头特效。镜头特效过滤器有 4 种，分别为【镜头效果高光】、【镜头效果光斑】、【镜头效果光晕】和【镜头效果焦点】。

1．基本使用方法

镜头特效过滤器的基本使用方法如下。

（1）在菜单栏中选择【渲染】|【视频后期处理】命令，打开【视频后期处理】窗口，单击【添加场景事件】按钮，向该窗口中添加场景事件。

（2）单击【添加图像过滤事件】按钮，弹出【添加图像过滤事件】对话框，在【过滤器插件】选区的下拉列表中选择一种镜头特效过滤器，单击【确定】按钮，返回【视频后期处理】窗口。双击添加的镜头特效事件，在弹出的对话框中单击【设置】按钮，即可进入它的设置对话框。

> ！ 提示：该设置对话框是一种浮动对话框，在它打开后，仍然可以在视图中进行各种操作，并且可以进行动画记录。

（3）在设置完成后，单击【保存】按钮，可以保存设置对话框中的所有参数设置，以便应用于其他场景。

（4）单击【确定】按钮，完成参数设置。

（5）单击【执行序列】按钮进行序列渲染，即可看到最后的效果。

2．预览特效效果

在预览窗口可以显示当前【视频后期处理】窗口中的实际处理效果，也可以显示系统预定义的场景处理效果。预览窗口及命令按钮如图 9-55 所示。

图 9-55　预览窗口及命令按钮

【预览】：当该按钮处于激活状态时，会对每一次参数调节都自动进行更新显示，否则不会显示预览效果，也就意味着不进行预览计算。

> ! 提示：在每次参数调节完成后，都要进行预览计算。如果觉得预览计算慢，则可以先取消激活【预览】按钮，在需要观察效果时再激活它。

【更新】：单击该按钮，会对整个场景的设置和效果进行更新计算。

【VP 队列】：当该按钮处于禁用状态时，在预览窗口中会以一个内定的场景显示预览效果，单击激活该按钮，会对整个序列发生作用，当前过滤器会作用于它上层的所有事件结果。

3．镜头效果光斑

在镜头特效过滤器中，【镜头效果光斑】过滤器是最复杂的过滤器。

【镜头效果光斑】窗口如图 9-56 所示。

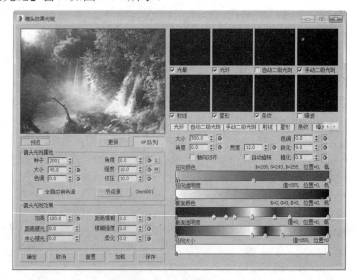

图 9-56　【镜头效果光斑】窗口

在【镜头效果光斑】窗口中，左半部分是正规的参数设置区，在预览窗口中可以观察镜头光斑效果；右半部分是细部参数设置区，包括 9 个选项卡，第 1 个选项卡中的参数用于设置后 8 个选项卡的组合情况，后 8 个选项卡中的参数分别用于控制镜头光斑的不同属性。

制作镜头光斑的一般步骤如下。

（1）在左半部分单击【节点源】按钮，选中镜头光斑依附的对象。

（2）在右半部分勾选如图 9-57 所示的复选框，选择镜头光斑的组成部分。

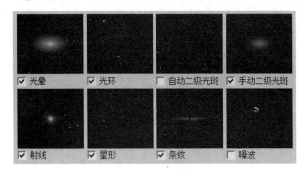

图 9-57　选中镜头光斑的组成部分

（3）分别调节镜头光斑各部分的参数，主要调节颜色、大小等。

（4）在左半部分设置镜头光斑的整体参数，如大小、角度等。

【镜头光斑属性】选区。

- 【种子】：在不影响所有参数的情况下对最后效果稍做更改，使具有相同参数的对象产生的光斑效果不同。而且这些变化是很细微的，不会破坏整体效果。

- 【大小】：设置包括二级光斑及其他部分的整体光斑的大小。该参数的值主要用于调节整体光斑尺寸。

- 【色调】：控制整体光斑的色调。

- 【全局应用色调】：用于设置色调的全局效果。

- 【角度】：调节光斑从自身默认位置旋转的角度，从而控制光斑的位置，是相对于摄影机而言的。可以通过调节该参数的值制作动画。右侧的 L 按钮为锁定按钮，主要用于设置二级光斑是否旋转，如果不激活该按钮，二级光斑就不会旋转。

- 【强度】：通过调整该参数的值控制整个光斑的明亮程度和不透明度，该值越大，光斑越亮、越不透明；该值越小，光斑越暗、越透明。系统默认值为 100。

- 【挤压】：用于校正光斑的长宽比，以便满足不同的屏幕比例需求。当该值大于 0 时，会在水平方向上拉长光斑，在垂直方向上缩短光斑。可以通过设置该参数的值制作椭圆形的光斑。

- 【节点源】：单击该按钮，弹出一个用于选择名称的对话框，可以选择任何类型的对象作为光芯来源，将光芯定位在对象的轴心点位置。通常使用灯光作为光芯来源。

> ！ 提示：用户可能会想，是否可以使用粒子系统作为光芯来源，从而产生满天光斑的效果？答案是否定的，无法通过这种途径实现此效果，只会在粒子系统对象的轴心点位置产生一个光斑。

【镜头光斑效果】选区。

- 【加亮】：用于设置光斑对整个图像的照明影响，当该值为 0 时，没有照明效果。默认值为 100。
- 【距离褪光】：根据光斑与摄影机的距离生成褪光效果。要求应用于【摄影机】视图。
- 【中心褪光】：沿光斑主轴，以主光斑为中心对二级光斑进行褪光处理。通常用于模拟真实镜头光斑效果。

> ！ 提示：【距离褪光】与【中心褪光】按钮只在激活时有效，而且采用的都是 3ds Max 2016 的标准世界单位。

- 【距离模糊】：根据光斑与摄影机的距离进行模糊处理。采用 3ds Max 2016 的标准世界单位。
- 【模糊强度】：用于对光斑的整体强度进行模糊处理，从而产生光晕效果。
- 【柔化】：对整个光斑进行柔化处理。

4．镜头效果光晕

在镜头特效过滤器中，【镜头效果光晕】是最常用的过滤器。它可以对对象表面进行灼烧处理，使其产生一层光晕，从而生成发光的效果。很多情况都可以使用发光特效，如火球、金属字、飞舞的光团等。

【镜头效果光晕】窗口如图 9-58 所示。该窗口中共有 4 个选项卡，分别为【属性】、【首选项】、【渐变】和【噪波】，用户可以在该窗口中设置光斑参数，从而生成所需效果。

5．镜头效果高光

【镜头效果高光】过滤器可以在对象表面生成针状光芒，通常用于表现强烈反光特性。例如，在强烈阳光直射下的汽车，表面高光点会出现闪烁的光芒。另一个体现高光效果的较好示例是创建细小的灰尘。此外，创建粒子系统对象，为其设置动画，并且为每个粒子对象应用微小的四角高光星形，从而生成星光闪烁动画效果。

【镜头效果高光】窗口如图 9-59 所示。

图 9-58 　【镜头效果光晕】窗口

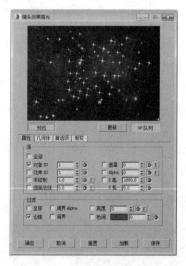

图 9-59 　【镜头效果高光】窗口

6. 镜头效果焦点

【镜头效果焦点】过滤器可以模拟镜头焦点以外发生散焦模糊的视觉效果，通过对象与摄影机之间的距离进行模糊计算，在自然景观和室外建筑的场景中，经常需要模糊远景，从而突出图画主题，增加真实感，通常会使用该过滤器。

【镜头效果焦点】窗口如图 9-60 所示。

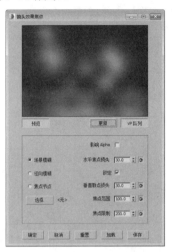

图 9-60　【镜头效果焦点】窗口

> ！ 提示：mental ray 渲染器不支持该过滤器。

9.3　上机实战——心形闪烁

本案例主要介绍如何制作心形闪烁动画。首先添加一幅图像作为背景，然后绘制一个心形，并且创建粒子系统与空间扭曲，再将粒子系统与空间扭曲绑定，并且为其添加【镜头效果光晕】与【镜头效果高光】图像过滤事件，最后对其进行渲染输出。本案例所需的素材文件如表 9-3 所示，完成后的效果如图 9-61 所示。

表 9-3　本案例所需的素材文件

案例文件	CDROM|Scenes|Cha09|心形闪烁-OK.max
贴图文件	CDROM|Map
视频文件	视频教学|Cha09|心形闪烁.avi

图 9-61　心形闪烁效果

（1）新建一个空白场景，按【8】快捷键打开【环境和效果】窗口，选择【环境】选项卡，在【背景】选区中单击【环境贴图】按钮，弹出【材质/贴图浏览器】对话框，选择【贴图】|【标准】|【位图】选项，如图 9-62 所示。

（2）单击【确定】按钮，弹出【选择位图图像文件】对话框，打开配套资源中的【CDROM|Map|心形背景.jpg】贴图文件，如图 9-63 所示。

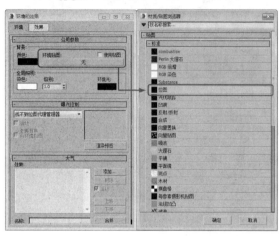

图 9-62　选择【位图】选项　　　　　　　图 9-63　选择【心形背景.jpg】贴图文件

（3）按【M】快捷键打开【材质编辑器】窗口，在【环境和效果】窗口中选中【环境贴图】材质，按住鼠标左键将其拖动到【材质编辑器】窗口中一个空白材质球上，在弹出的【实例（副本）贴图】对话框中选择【实例】单选按钮，如图 9-64 所示。

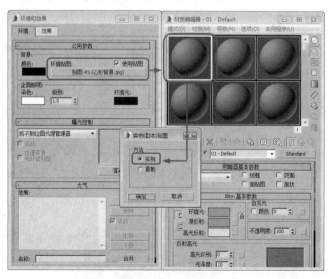

图 9-64　复制材质

（4）单击【确定】按钮，在【坐标】卷展栏中，将【贴图】设置为【屏幕】；在【位图参数】卷展栏中，勾选【裁剪/放置】选区中的【裁剪】复选框，将【U】、【V】、【W】和【H】的值分别设置为 0.0、0.063、1.0 和 0.881，如图 9-65 所示。

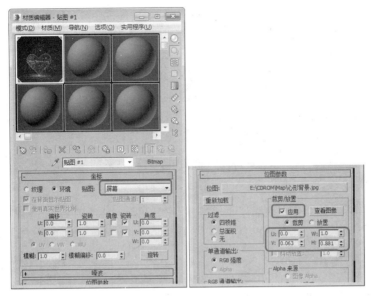

图 9-65　设置贴图类型

（5）在设置完成后，关闭【材质编辑器】窗口与【环境和效果】窗口。在命令面板中选择【创建】|【图形】|【样条线】|【线】工具，在【前】视图中绘制一个图形，如图 9-66 所示。

（6）切换到【修改】命令面板，将当前选择集定义为【顶点】，在视图中调整绘制的图形顶点的位置，如图 9-67 所示。

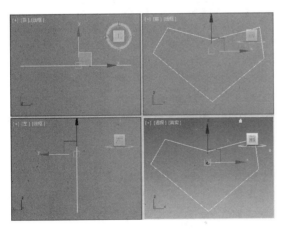

图 9-66　绘制图形

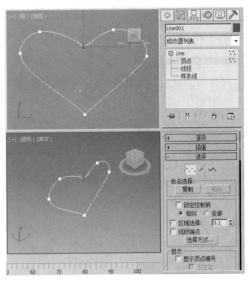

图 9-67　调整图形顶点的位置

（7）在设置完成后，单击【确定】按钮。在命令面板中选择【创建】|【摄影机】|【标准】|【目标】工具，在【顶】视图中创建一架目标摄影机，如图 9-68 所示。

（8）切换到【透视】视图，按【C】快捷键，将其转换为【摄影机】视图，并且在其他视图中调整目标摄影机的位置，效果如图 9-69 所示。

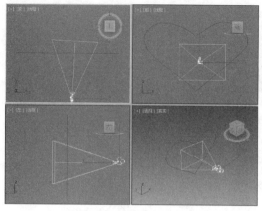
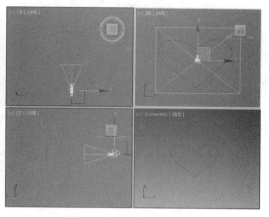

图 9-68　创建目标摄影机　　　　　　　　　图 9-69　调整目标摄影机的位置

（9）按【Shift+C】组合键将目标摄影机隐藏。在命令面板中选择【创建】|【几何体】|【粒子系统】|【超级喷射】工具，在【左】视图中创建一个【超级喷射】粒子系统发射器，如图 9-70 所示。

（10）选中【超级喷射】粒子系统发射器，切换到【修改】命令面板，展开【基本参数】卷展栏，在【粒子分布】选区中，将【轴偏离】的【扩散】值设置为 15.0 度，将【平面偏离】的【扩散】值设置为 180.0 度；在【显示图标】选区中，将【图标大小】的值设置为 45.0；在【视口显示】选区中，将【粒子数百分比】的值设置为 50.0%，如图 9-71 所示。

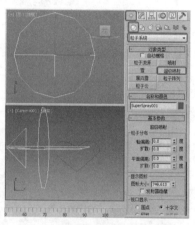
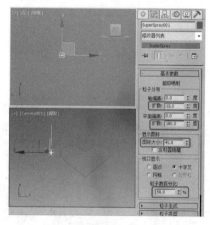

图 9-70　创建【超级喷射】粒子系统发射器　　　图 9-71　设置【基本参数】卷展栏中的参数

（11）展开【粒子生成】卷展栏，在【粒子运动】选区中，将【速度】和【变化】的值分别设置为 8.0 和 5.0%；在【粒子计时】选区中，将【发射开始】、【发射停止】、【显示时限】、【寿命】和【变化】的值分别设置为 30、150、180、25 和 5；在【粒子大小】选区中，将【大小】、【变化】、【增长耗时】和【衰减耗时】的值分别设置为 8.0、18.0%、5 和 5，如图 9-72 所示。

（12）展开【气泡运动】卷展栏，将【幅度】和【周期】的值分别设置为 10.0 和 45；展开【粒子类型】卷展栏，在【标准粒子】选区中选择【球体】单选按钮，如图 9-73 所示。

（13）在命令面板中选择【创建】|【空间扭曲】|【力】|【路径跟随】工具，在【顶】视图中创建一个【路径跟随】空间扭曲控制器，如图 9-74 所示。

（14）将其图标大小设置为 219.5，在视图中调整【路径跟随】空间扭曲控制器与【超级喷射】粒子系统的位置，效果如图 9-75 所示。

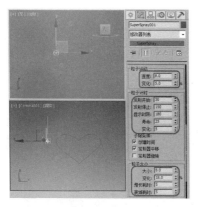

图 9-72　设置粒子生成参数

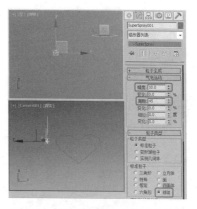

图 9-73　设置气泡运动及粒子类型

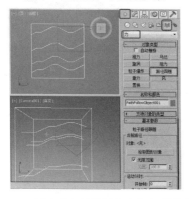

图 9-74　创建【路径跟随】空间扭曲控制器

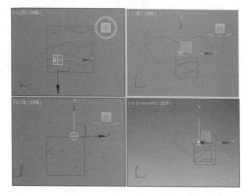

图 9-75　调整【路径跟随】空间扭曲控制器与
【超级喷射】粒子系统的位置

（15）选中【路径跟随】空间扭曲控制器，切换到【修改】命令面板，在【参数】卷展栏中单击【拾取图形对象】按钮，在视图中拾取【Line001】对象（前面绘制的图形），如图 9-76 所示。

（16）在工具栏中单击【绑定到空间扭曲】按钮，在【超级喷射】粒子系统上单击，并且按住鼠标左键将其拖动到【路径跟随】空间扭曲控制器上，如图 9-77 所示。

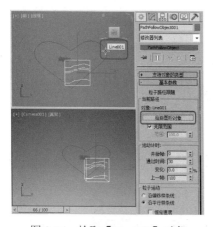

图 9-76　拾取【Line001】对象

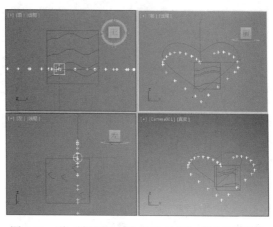

图 9-77　将【超级喷射】粒子系统与【路径跟随】
空间扭曲控制器绑定

（17）在视图中选中【超级喷射】粒子系统并右击，在弹出的快捷菜单中选择【对象属性】命令，如图 9-78 所示。

（18）弹出【对象属性】对话框，选择【常规】选项卡，在【G 缓冲区】选区中将【对象 ID】的值设置为 1，如图 9-79 所示。

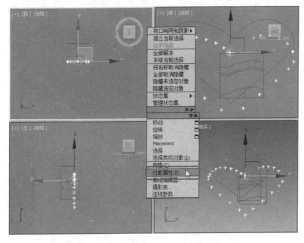

图 9-78　选择【对象属性】命令　　　　图 9-79　设置【对象 ID】的值

（19）切换到【透视】视图，在菜单栏中选择【视图】|【环境背景】命令，显示背景贴图，如图 9-80 所示。

（20）在设置完成后，单击【确定】按钮，在菜单栏中选择【渲染】|【视频后期处理】命令，如图 9-81 所示。

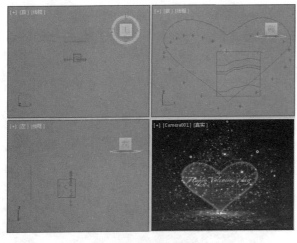

图 9-80　显示背景贴图　　　　　　　图 9-81　选择【视频后期处理】命令

（21）打开【视频后期处理】窗口，单击【添加场景事件】按钮，弹出【添加场景事件】对话框，将视图设置为【Camera001】，如图 9-82 所示。在设置完成后，单击【确定】按钮。

（22）在【视频后期处理】窗口中单击【添加图像过滤事件】按钮，在弹出的对话框中将过滤器类型设置为【镜头效果光晕】，单击【确定】按钮，然后在【视频后期处理】窗口中双击该事件，在弹出的对话框中单击【设置】按钮，弹出【镜头效果光晕】对话框，单击【预览】与

【VP队列】按钮，选择【首选项】选项卡，在【效果】选区中将【大小】的值设置为2.0，在【颜色】选区中选择【像素】单选按钮，如图9-83所示。

（23）选择【噪波】选项卡，在【设置】选区中，将【运动】的值设置为5.0，勾选其右侧的【红】、【绿】和【蓝】复选框；在【参数】选区中，将【大小】和【速度】的值分别设置为1.0和0.5，如图9-84所示。

图9-82　【添加场景事件】
对话框

图9-83　设置【首选项】
选项卡中的相关参数（一）

图9-84　设置【噪波】选项卡
中的相关参数

（24）在设置完成后，单击【确定】按钮，根据前面介绍的方法添加一个【镜头效果高光】图像过滤事件，在【视频后期处理】窗口中双击该事件，在弹出的对话框中单击【设置】按钮，弹出【镜头效果高光】对话框，单击【预览】与【VP队列】按钮，选择【几何体】选项卡，在【效果】选区中，将【角度】和【钳位】的值分别设置为40.0和10，如图9-85所示。

（25）选择【首选项】选项卡，在【效果】选区中将【大小】的值设置为7.0，在【颜色】选区中选择【渐变】单选按钮，如图9-86所示。

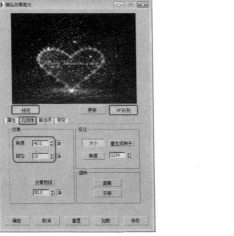

图9-85　设置【几何体】选项卡中的相关参数　　图9-86　设置【首选项】选项卡中的相关参数（二）

（26）在设置完成后，单击【确定】按钮，根据前面介绍的方法对场景进行渲染输出并保存。

习题与训练

一、填空题

1. 在【创建】命令面板中单击【几何体】按钮◎，进入【几何体】面板，在该面板的下拉列表中选择＿＿＿＿＿＿选项，即可进入创建粒子系统的面板。

2. 3ds Max 2016 提供了 7 种粒子系统，分别是粒子流源、＿＿＿＿＿＿＿、＿＿＿＿＿＿＿、＿＿＿＿＿＿＿、粒子阵列、粒子云和＿＿＿＿＿＿＿。

3. 使用【几何/可变形】空间扭曲中的＿＿＿＿＿＿＿，可以制造出爆炸效果。

二、简答题

1. 简述创建粒子系统的一般步骤。
2. 简述应用空间扭曲的一般步骤。

3ds Max 快捷键

单字母类			
Q——【选择对象】工具	Y——【选择并放置】工具	W——【选择并移动】工具	E——【选择并旋转】工具
R——【选择并均匀缩放】工具	S——【捕捉开关】工具	A——【角度捕捉切换】工具	P——切换到【透视】视图
T——切换到【顶】视图	B——切换到【底】视图	F——切换到【前】视图	L——切换到【左】视图
U——切换到【正交】视图	C——切换到【摄影机】视图	Z——最大化显示当前视图	D——禁用视图开关
G——网格显示开关	I——交互式平移	H——打开【从场景选择】对话框	M——打开【材质编辑器】窗口
N——切换自动关键点模式	K——在当前时间设置关键点	/——播放/停止动画	<——上一帧
>——下一帧	X——搜索 3ds Max 命令		

F 键盘类：			
F1——帮助文档	F2——明暗处理选定面	F3——切换线框/真实视觉模式	F5——约束到 X 轴方向
F6——约束到 Y 轴方向	F7——约束到 Z 轴方向	F8——约束轴面循环	F9——快速渲染
F10——打开【渲染设置】窗口	F11——MAXScript 侦听器	F12——打开【变换输入】对话框	

字母键盘类：			
Delete——删除选定对象	Space——选择集锁定开关	End——跳转到最后一帧	Home——跳转到起始帧
Insert——切换到【仅影响轴】模式	PageUp——选择父系	PageDown——选择子系	

组合键盘类：			
Ctrl+Z——撤销	Ctrl+Y——重做	Ctrl+H——暂存	Alt+Ctrl+F——取回
Ctrl+V——克隆	Ctrl+Alt+M——全选	Ctrl+D——全部不选	Ctrl+I——反选
Ctrl+Q——选择类似对象	Alt+Q——孤立当前选择的对象	Alt+A——对齐	Shift+A——快速对齐
Shift+I——【间隔】工具	Alt+N——法线对齐	Shift+V——创建预览动画	Shift+Ctrl+P——百分比捕捉切换
Alt+D,Alt+F3——在捕捉中启用轴约束	Shift+Z——撤销视图操作	Shift+Y——重做视图操作	Alt+Ctrl+V——显示 ViewCube 3D 导航控件
Shift+W——切换 SteeringWheels	Shift+Ctrl+J——漫游建筑轮子	Ctrl+C——在当前视图中创建摄影机	Alt+B——配置视图背景
Ctrl+X——切换到专家模式	Alt+1——参数编辑器	Alt+2——参数收集器	Ctrl+5——连线参数
Alt+5——打开【参数连线】对话框	Alt+0——锁定 UI 布局	Alt+6——显示主工具栏	Ctrl+N——新建场景

Ctrl+O——打开文件	Ctrl+S——保存文件	Shift+L——显示/隐藏灯光	Shift+C——显示/隐藏摄影机
Shift+F——显示/隐藏安全框			
数字键盘类：			
6——打开【粒子视图】对话框	7——在活动视口中显示统计	8——打开【环境和效果】窗口	0——渲染到纹理

1.1　任务 1：制作艺术人生片头动画——3ds Max 2016 的基本操作	1.2　任务 2：制作打开门动画——3ds Max 2016 的基本操作	1.3　上机实战——风车旋转动画

2.1　任务 3：制作五角星——使用标准基本体构造模型	2.2　任务 4：【工艺台灯】模型——使用扩展基本体构造模型	2.3　上机实战——【排球】模型

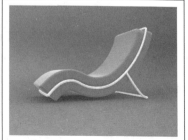

3.1　任务 5：【一次性水杯】模型——添加【编辑样条线】和【车削】修改器	3.2　任务 6：金属文字——添加【倒角】修改器	3.3　任务 7：【休闲躺椅】模型——创建放样复合对象

3.4　上机实战——【瓶盖】模型	4.1　任务 8：【休闲石凳】模型——添加【挤出】修改器	4.2　任务 9：【骰子】模型——布尔运算

4.3　任务 10：【足球】模型——添加【编辑网格】修改器	4.4　上机实战——【草坪灯】模型	5.1　任务 11：制作黄金材质——材质基本参数

5.2　任务 12：制作青铜器材质——【漫反射颜色】贴图	5.3　任务 13：瓷器材质——材质编辑器	5.4　任务 14：礼盒贴图——【凹凸】贴图
	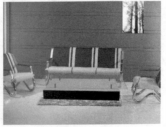	
5.5　任务 15：玻璃画框——【反射】贴图和【折射】贴图	5.6　任务 16：玻璃桌面——【双面】材质	5.7　任务 17：魔方材质——【多维/子对象】材质

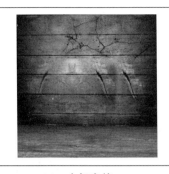		
5.8　上机实战—— 制作石墙材质	6.1　任务18：灯光的模拟与 设置——使用泛光灯	6.2　任务19：建筑夜景灯光设 置——聚光灯与泛光灯

6.3　上机实战——室内日光的 模拟	7.1　任务20：室内场景——使 用摄影机取景	7.2　任务21：室外场景—— 创建摄影机

7.3　上机实战——使用摄影机 制作平移动画	8.1　任务22：使用【马达】 空间扭曲制作泡泡动画—— 制作基本动画	8.2　任务23：模拟钟表 动画——【轨迹视图-曲线编辑 器】窗口

8.3　上机实战——游动的鱼	9.1　任务24：冬日飘雪——使 用【雪】粒子系统	9.2　任务25：太阳耀斑—— 【视频后期处理】窗口

9.3　上机实战——心形闪烁		